工业和信息化
精品系列教材

计算机导论

第2版

周舸 / 编著

Introduction of
Computer

人民邮电出版社

北　京

图书在版编目（CIP）数据

计算机导论 / 周舸编著. -- 2版. -- 北京 : 人民
邮电出版社, 2023.8
工业和信息化精品系列教材
ISBN 978-7-115-61825-2

Ⅰ. ①计… Ⅱ. ①周… Ⅲ. ①电子计算机－高等学校
－教材 Ⅳ. ①TP3

中国国家版本馆CIP数据核字(2023)第092345号

内 容 提 要

本书是计算机科学与技术专业学生的入门教材。全书共10章，系统地介绍计算机基础知识、计算机硬件系统、计算机软件系统、算法与数据结构基础、多媒体技术基础、数据库技术基础、软件工程基础、计算机网络技术基础、计算机信息安全基础知识，以及云计算与物联网的相关内容。为了让读者能够及时地检查学习效果，巩固所学知识，每章章末还附有大量习题。

本书可作为高等院校计算机科学与技术专业及其他相关专业的教材，也可作为计算机初学者的入门读物和参考资料。

◆ 编　著　周　舸
　　责任编辑　郭　雯
　　责任印制　王　郁　焦志炜

◆ 人民邮电出版社出版发行　　　北京市丰台区成寿寺路 11 号
　　邮编　100164　电子邮件　315@ptpress.com.cn
　　网址　https://www.ptpress.com.cn
　　北京市艺辉印刷有限公司印刷

◆ 开本：787×1092　1/16
　　印张：14.75　　　　　　　　2023 年 8 月第 2 版
　　字数：377 千字　　　　　　 2023 年 8 月北京第 1 次印刷

定价：59.80 元

读者服务热线：(010)81055256　印装质量热线：(010)81055316
反盗版热线：(010)81055315
广告经营许可证：京东市监广登字 20170147 号

前 言 FOREWORD

计 算机科学是一个知识更新快，新方法、新技术、新产品不断涌现的学科领域。
所以，计算机基础教育和素质教学要跟上形势的发展，不仅要解决教师教什
么、如何教的问题，还要解决学生学什么、如何学的问题。值得一提的是，很多学生
和教师往往将"计算机文化基础"（或"计算机应用基础"）与"计算机导论"两门课
程混为一谈。其实，它们是两门性质不同的课程。"计算机文化基础"（或"计算机应
用基础"）侧重于学生对计算机工具性功能的认识，其教学目的在于培养学生操作计算
机的初步能力，所以常着眼于应用操作的具体细节。而"计算机导论"作为计算机科
学与技术专业学生的入门课程，是学生了解专业历史、专业发展、应用前景，以及学
科体系、课程设置等的引导课，也是学生学习专业知识，训练专业技能、熟悉职业需
求的基础课。它对学生理清学习思路、制定学习目标、确定职业去向有着重要的意义。
为了更好地满足广大院校大一新生的学习需要，编者精心编写了本书。

本书自 2016 年首版出版以来，多次重印，受到了众多院校的欢迎。为了更好地满
足更多院校学生的学习需要，编者结合近几年的教学改革实践，以及广大读者的反馈
意见，对本书进行了修订和改版。在本书的修订过程中，编者始终坚持介绍该学科中
的成熟理论和前沿知识，基础理论以应用为目的，以必要、够用为度。除此以外，本
书内容贯彻党的二十大报告中"深入实施人才强国战略。培养造就大批德才兼具的高
素质人才，是国家和民族长远发展大计"的要求，努力培养、造就更多大师和卓越工
程师、大国工匠和高技能人才。

本书经修订后，内容更全面，叙述更加准确和通俗易懂，更有利于教师的教学和
读者的自学。本次修订的主要内容如下。

（1）补充了大量核心知识点

例如，在第 4 章"算法与数据结构基础"中增加了对程序设计语言和面向对象
程序设计等内容的详细介绍；在第 5 章"多媒体技术基础"中增加了虚拟现实技术
和全息幻影技术的介绍；增加了第 7 章"软件工程基础"，详细介绍了常用的软件开
发模型、软件开发方法，以及统一建模语言等内容；在第 8 章"计算机网络技术基
础"中增加了对无线网络、蓝牙技术、Wi-Fi 技术、无线通信技术的介绍；在第 10
章"云计算与物联网"中增加了阿里云计算和华为云计算的内容。另外，还更新了
书中一些过时的内容，补充了更新的技术讲解，如在第 9 章"计算机信息安全基础
知识"中介绍了防火墙产品 CheckPoint FireWall-1 V3.0。

（2）更新了大量课后习题

课后习题还提供参考答案，有利于读者进一步深入学习相关专业知识。

全书参考总学时数为 48 学时，各章的学时分配如下表所示。

章	名称	学时数	章	名称	学时数
第 1 章	计算机基础知识	4	第 6 章	数据库技术基础	4
第 2 章	计算机硬件系统	8	第 7 章	软件工程基础	4
第 3 章	计算机软件系统	6	第 8 章	计算机网络技术基础	8
第 4 章	算法与数据结构基础	4	第 9 章	计算机信息安全基础知识	2
第 5 章	多媒体技术基础	4	第 10 章	云计算与物联网	4

本书由周舸编著。在本书的修订过程中，编者得到了电子科技大学刘乃琦教授和周光峦教授的关心和指导，周光峦教授仔细审阅了全稿，提出了很多宝贵的意见。何敏老师完成了部分文稿的录入工作，高天、周沁等老师完成了部分图片的处理及部分文稿的校对工作。在此，向所有关心和支持本书出版的人表示衷心的感谢！

限于编者的学术水平，书中难免存在不足之处，敬请读者批评指正，来信请至zhou-ge@163.com。

周　舸

2023 年 3 月

目录 CONTENTS

第 ① 章 计算机基础知识

计算机是一种能迅速且高效地自动完成信息处理的电子设备，它按照程序对信息进行存储、加工和处理。在当今高速发展的信息社会中，计算机已经广泛应用于各个领域，成为信息社会必不可少的工具。学习并牢固掌握计算机基础知识是更好地使用计算机的前提。本章从计算机的产生和发展出发，对计算机的特点、分类和应用进行详细阐述，重点介绍计算机中常用的数制及其转换，以及不同数据类型的编码和存储。

本章学习目标

- 了解计算机的发展历史、工作特点、分类、应用领域等相关知识。
- 掌握数制的基本概念、各种数制的相互转换。
- 掌握二进制原码、反码、补码的表示方法。
- 理解英文字符、汉字字符等的编码方式。

1.1 概述

1.1.1 计算机的产生

1. ENIAC

美国宾夕法尼亚大学在 1946 年 2 月研发出了世界上第一台通用电子计算机，其目的是计算非常复杂的弹道非线性方程组。这台机器被命名为"埃尼阿克"（Electronic Numerical Integrator And Computer，ENIAC），如图 1-1 所示。

从技术上看，ENIAC 采用十进制进行计算、采用二进制进行存储，在结构上没有明确的中央处理器（Central Processing Unit，CPU）概念，主要采用电子管作为基本电子元器件，共使用了约 1.8 万只真空管，以及数千只二极

图 1-1 ENIAC

管和数万只电阻器、电容器等基本元器件。整台机器占地约 170 m²，重约 30 t，功率约 150 kW，运算速度约为每秒 5000 次加法运算。这一速度虽然远远比不上今天最普通的一台个人计算机（Personal Computer，PC），如表 1-1 所示，但在当时它已经成为运算速度上

的绝对冠军，并且其运算的精度和准确度也是史无前例的。以圆周率（π）的计算为例，我国古代数学家、天文学家祖冲之利用算筹，耗费15年心血，才把圆周率精确到小数点后7位数。一千余年后，英国人尚克斯以毕生精力致力于圆周率计算，精确到小数点后707位（在第528位时发生错误），而ENIAC仅用40 s就可准确无误地精确到尚克斯一生计算所达到的位数。

表 1-1 ENIAC 与当代 PC 的比较

比较项	ENIAC	当代 PC
耗资	48 万美元	500 美元
重量	28 t	5 kg
占地	170 m^2	0.25 m^2
功率	150 kW	250 W
主要元器件	约 1.8 万只真空管和约 1500 个继电器	约 100 块集成电路（数千万只微型晶体管）
运算速度	约 5000 次加法/秒（人类 5 次加法运算/秒）	约 30 亿次浮点运算/秒

ENIAC 奠定了电子计算机的发展基础，在计算机史上具有跨时代的意义，它的问世标志着电子计算机时代的正式到来。

2．EDVAC 方案

1945 年，电子离散变量自动电子计算机（Electronic Discrete Variable Automatic Computer，EDVAC）方案被提出，对存在缺陷的 ENIAC 提出了重大的改进理论。著名的"存储程序控制原理"作为该方案的核心内容也被首次提出。该原理的观点如下。

（1）冯·诺依曼明确了计算机由 5 个部分组成，即运算器、控制器、存储器、输入设备和输出设备，并描述了这 5 个部分的职能和相互关系。ENIAC 还没有很明晰的 CPU 概念，甚至完全没有内存概念，这不利于计算机各部分功能的设计和实现。

（2）采用二进制机器码进行存储和计算。ENIAC 按十进制进行计算、按二进制进行存储，因此机器在计算结束时需把十进制数转换为二进制数进行存储，而将数据从存储器中取出交由机器处理前又不得不将其转换回十进制数，不停地在两种数制间进行转换严重影响计算效率。此外，十进制的方式会导致计算机的内部结构异常复杂。冯·诺依曼根据电子元器件双稳态工作的特点，大胆建议在电子计算机中抛弃十进制，无论是数据还是指令，全部采用二进制并预言二进制的采用将简化机器的逻辑电路。实践已经证明了该观点的正确性。

（3）把数据和运算指令存放在同一存储器中，计算机按照程序事先编排的顺序一步步地取出运算指令，实现自动计算，即存储程序控制方式。

冯·诺依曼通过对 ENIAC 的考查，敏锐地抓住了它的最大弱点——没有真正的存储器。ENIAC 只有 20 个暂存器（最多只能寄存 20 个 10 位的十进制数），它的程序是外插型的（用开关连线进行控制），指令存储在计算机的其他电路中。解题之前，必须先想好所需的全部指令，然后通过手动方式对相应的控制电路进行焊接连通，为了进行几分钟或几小时的高速计算，经常要花费几小时甚至几天进行手动连线，这严重影响了 ENIAC 的计算效率。

针对这个问题，冯·诺依曼提出了程序内存的思想：把运算指令和数据一同存放在存储器里。计算机只需要在存储器中按照程序事先编排的顺序一步步地取出指令，就可以完全摆脱外界的影响，以自己可能的速度（电子的速度）自动地完成指令规定的操作，实现计算机的自动计算，这标志着电子计算机走向成熟且该思想已成为电子计算机设计的基本原则，影响至今。根据这一原理和思想而制造出的计算机被称为"冯·诺依曼机"。

1952 年 1 月，EDVAC 终于在美国宾夕法尼亚大学研制成功。它共使用了大约 6000 个电子管和 12000 个二极管，占地面积约为 45.5 m^2，重达 7.85 t，功率约为 56 kW。与 ENIAC 相比，EDVAC 的体积、重量、功率都减小了许多，而运算速度提高了约 10 倍。冯·诺依曼的设计思想在这台计算机上得到了圆满的体现。可以说，EDVAC 是第一台现代意义上的通用计算机。

虽然现在的计算机系统在性能指标、运行速度、工作方式、应用领域和价格等方面都与 EDVAC 有了很大的差别，但其基本原理和结构没有发生变化，都属于"冯·诺依曼机"。

随着科学技术的不断进步，人们逐渐意识到了"冯·诺依曼体系结构"的不足，它制约了计算机能力的进一步增强，进而又提出了"非冯·诺依曼体系结构"。关于"冯·诺依曼体系结构"的具体内容，我们将在第 2 章中详细讨论。

1.1.2 计算机的发展

ENIAC 诞生后的短短几十年间，硬件技术，特别是半导体技术的突飞猛进，促使计算机不断更新换代。特别是体积小、价格低、功能强的微型计算机的出现，使得计算机迅速普及，进入办公室和家庭。

1. 电子计算机发展的四个阶段

根据计算机采用物理元器件的不同，如图 1-2 所示，可将电子计算机的发展主要划分为以下四个阶段。

（1）第一阶段（1946—1958 年）：电子管计算机。其基本特征是采用电子管作为计算机的逻辑元器件，使用水印延迟线、阴极射线管等材料制作主存储器，利用穿孔卡作为外部存储设备，运算速度仅为每秒几千次。第一代电子计算机体积庞大、运算速度低、造价昂贵、可靠性差、内存容量小，主要用于军事和科学计算。

（a）电子管   （b）晶体管   （c）中、小规模集成电路   （d）大规模、超大规模集成电路

图 1-2 计算机中采用的物理元器件

（2）第二阶段（1959—1964 年）：晶体管计算机。其基本特征是采用晶体管作为计

算机的逻辑元器件，使用磁性材料制造主存储器（磁芯存储器），利用磁鼓和磁盘作为辅助存储器。由于电子技术的发展，其运算速度可达每秒几万至几十万次，内存容量增至几十 KB。

与第一代计算机相比，晶体管计算机无论是耗电量还是产生的热量都大大降低，而可靠性和计算机能力则大为提高。除了用于科学计算，晶体管计算机还用于数据处理和事务处理。

这一时期出现了中、小型计算机，特别是廉价的小型数据处理用计算机也开始大规模量产。与此同时，计算机软件技术也有了较大发展，出现了 FORTRAN、COBOL、ALGOL 等高级语言。操作系统初步成型使计算机的使用方式由手动操作改变为自动作业。

（3）第三阶段（1965—1970 年）：中、小规模集成电路计算机。其基本特征是采用小规模集成电路（Small Scale Integrated Circuit，SSI）和中规模集成电路（Middle Scale Integrated Circuit，MSI）作为计算机的逻辑元器件，使用硅半导体制造主存储器，内存容量增至几 MB。

随着硅半导体技术的发展，集成电路工艺已经达到可以把十几个甚至上百个电子元器件组成的逻辑电路集成在指甲盖大小的单晶硅片上的水平，其运算速度可达每秒几十万次到几百万次。第三代计算机体积更小、价格更低，软件逐步完善，操作系统（Operating System，OS）开始出现。系统化、通用化和标准化是这一时期计算机设计的基本思想。

这一时期，高级程序语言有了很大的发展，操作系统日趋完善，具备了批处理、分时处理、实时处理等多种功能；数据库管理系统（Database Management System，DBMS）、通信处理系统等也不断被增添到软件子系统中，使计算机的使用效率显著提高，计算机开始广泛应用于各个领域。

（4）第四阶段（1971 年至今）：大规模、超大规模集成电路计算机。其特征是采用大规模集成电路（Large Scale Integrated Circuit，LSI）和超大规模集成电路（Very Large Scale Integrated Circuit，VLSI）技术。进入 20 世纪 70 年代以后，计算机用集成电路的集成度迅速从小、中规模发展到大规模、超大规模的水平，微处理器和微型计算机应运而生，运算速度可以达到每秒上千万次至上亿次。

1981 年 8 月 12 日，国际商用机器公司（International Business Machines Corporation，IBM）的唐·埃斯特奇（被 IBM 内部尊称为"个人计算机之父"）领导 13 人团队开发完成了世界上首款 PC——IBM PC5150，如图 1-3 所示。该计算机最大的特色是首次推出开放性架构并附带一本技术参考手册，这成为后来 PC 的行业标准，掀开了改变世界的历史性一页。

1984 年 1 月，苹果（Apple）公司推出了世界上首款采用图形界面的操作系统——System 1.0（早期为 DOS，采用命令行界面），含有桌面、窗口、图标、光标、菜单

图 1-3　IBM PC5150

和卷动栏等项目，如图 1-4 所示，并且第一次使 PC 具有多媒体处理能力。

自 1985 年起，随着微型计算机的高速普及，实现其互联的局域网（Local Area Network，LAN）、广域网（Wide Area Network，WAN）逐渐兴起，进一步推动计算机应用向网络化发展，计算机的发展进入以计算机网络为特征的全新时代。

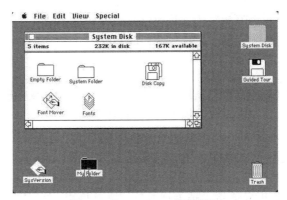

图 1-4　System 1.0 系统界面

2. 下一代计算机

硅芯片技术的高速发展意味着硅技术越来越接近其物理极限，为此，世界各国的研究人员正在加紧研究开发下一代计算机，俗称"第五代计算机"。那时，计算机从元器件的变革到体系结构的变革都将产生一次质变和飞跃，新型量子计算机、神经网络计算机、生化计算机、光子计算机等将在不久的未来逐步走进我们的生活。

（1）量子计算机。量子计算机是一类遵循量子力学规律进行高速数学和逻辑运算、存储及处理的量子物理设备。当某个设备由量子元器件组装、处理和计算的是量子信息、运行的是量子算法时，它就是量子计算机。量子计算机在安全通信上有巨大的潜力，这种超级安全通信被称为"量子密匙分配"，它允许某人发送信息给其他人，而只有使用量子密匙解密后才能阅读信息。如果第三方拦截到密匙，鉴于量子力学的"神奇能力"，信息会变得毫无用处，也没人能够再读取它。

（2）神经网络计算机。人脑总体运行速度相当于约 1000 万亿次/秒的计算机功能，可将生物大脑神经网络视为大规模并行处理的、紧密耦合的、能自行重组的计算网络。从大脑工作的模型中抽取计算机设计模型，用许多处理机模仿人脑的神经元结构，将信息存储在神经元之间并采用大量的并行分布式网络，就构成了神经网络计算机。

（3）化学计算机和生物计算机。在运行机制上，化学计算机以化学制品中的微观碳分子为信息载体来实现信息的传输与存储。DNA 分子在酶的作用下可以从某基因代码通过生物化学反应转变为另一种基因代码，转变前的基因代码可以作为输入数据，转变后的基因代码可以作为运算结果，利用这一过程可以制成新型生物计算机。生物计算机最大的优点是生物芯片的蛋白质具有生物活性，能够与人体的组织结合在一起，特别是可以与人的大脑和神经系统有机地连接起来，使"人机接口"自然吻合，免除了烦琐的人机对话。这样，生物计算机就可以听人"指挥"，成为人脑的外延或扩充部分，还能够从人体的细胞中吸收营养、补充能量，不需要任何外界的能源。由于生物计算机的蛋白质分子具有自我组合的能力，故生物计算机具有自调节能力、自修复能力和自再生能力，更易于模拟人类大脑的功能。如今，科学家已研制出了许多生物计算机的主要部件——生物芯片。

（4）光子计算机。光子计算机是用光子代替半导体芯片中的电子、以光互连来代替导线制成的数字计算机。光子计算机是"光"导计算机，光在光介质中以许多个波长不同或波长相同而振动方向不同的光波传输，不存在寄生电阻器、电容器、电感器和电子相互作用问题，光器件无电位差，因此光子计算机的信息在传输中畸变或失真的概念较小，可在一条狭窄的通道中传输数量大得令人难以置信的数据。

3. 摩尔定律

1965 年，英特尔（Intel）公司共同创始人之一戈登·摩尔在整理并绘制一份观察数据时发现了一个惊人的趋势：集成电路上可容纳的晶体管数每隔 18 个月左右就会增加一倍，性能提高一倍，价格同比下降 50%。这就是现在所谓的"摩尔定律"。它所阐述的趋势持续多年且始终准确，该定律也成为许多计算机周边工业对于性能预测的基础，"统治"了硅谷乃至全球计算机行业 40 多年。

2000 年以后，随着半导体技术越来越接近其物理极限，"摩尔定律"面临失效。这预示着传统半导体计算机的更新速度已跟不上时代前进的步伐，许多国家及信息技术（Information Technology，IT）业"巨头"纷纷投入重金、进行下一代计算机的研制工作。

4. 计算机未来的发展趋势

计算机未来的发展趋势是多极化、智能化、网络化和虚拟化。

（1）多极化。如今，PC，包括平板计算机、智能手机及穿戴设备等已席卷全球，但由于计算机应用的不断深入，用户对巨型机、大型机的需求也稳步增长。巨型机、大型机、小型机、微型机各有自己的应用领域，形成了一种多极化形势。例如，巨型计算机主要应用于天文、气象、地质、核反应、航天飞机和卫星轨道计算等尖端科学技术领域和国防事业领域，它反映了一个国家的计算机技术发展水平，是综合国力的一种体现。2022 年 10 月，由国防科技大学研制的运算速度达每秒 20 亿亿次、高精度浮点运算、数据存储能力达 20000000 GB 的"天河"新一代超级计算机在国家超级计算长沙中心正式投入运行，如图 1-5 所示。

（2）智能化。智能化使计算机具有模拟人的感觉和思维过程的能力，使计算机成为智能计算机，这也是正在研制的下一代计算机要实现的目标。智能化的研究包括模式识别、图像识别、自然语言的生成和理解、博弈、定理自动证明、自动程序设计、专家系统、学习系统和智能机器人等。目前已研制出多种具有人的部分智能的机器人，如图 1-6 所示。

图 1-5 我国研制的"天河"新一代超级计算机

图 1-6 具有人的部分智能的机器人

（3）网络化。网络化是计算机发展的一个重要趋势。从单机走向联网是计算机应用发展的必然结果。计算机网络化就是指用现代通信技术和计算机技术把分布在不同地点的计算机互联起来，组成一个规模大、功能强、可以互相通信的网络结构。网络化的目的是使网络中的软件、硬件和数据等资源被网络上的用户共享。目前，大到世界范围的通信网，小到实验室内部的局域网，均已经很普及，互联网已经连接了包括我国在内的 150 多个国家和地区。由于计算机网络实现了多种资源的共享和处理，提高了资源的使用效率，因而深受广大用户的欢迎，得到了越来越广泛的应用。

（4）虚拟化。虚拟化就是将原本运行在真实环境中的计算机系统运行在虚拟出来的环境中，其主要目标是基础设施虚拟化、系统软件虚拟化和应用软件虚拟化等。特别是在因特网平台上，虚拟化使人们能够在任何时间、任何地方通过任何网络设备分享各种软、硬件服务。虚拟化的意义在于重新定义、划分 IT 资源，实现 IT 资源的动态分配、灵活调度和跨域共享，提高 IT 资源利用率，使 IT 资源真正成为社会基础设施，满足各行各业中灵活多变的应用需求。

1.1.3　计算机的特点

计算机之所以能在现代社会各领域获得广泛的应用，与其自身特点是分不开的。计算机的特点可概括为以下几个。

1. 高度自动化

计算机可以不需要人工干预而自动、协调地完成各种运算或操作。这是因为人们将需要计算机完成的工作预先编成程序并存储在计算机中，使计算机能够在程序控制下自动完成工作。能自动、连续地高速运行是计算机最突出的特点，这也是它与其他计算工具的本质区别。

2. 运算速度快

计算机运算部件采用半导体电子元器件，不仅具有数学运算和逻辑运算能力，而且运算速度很快，如超级计算机可达每秒亿亿次浮点运算速度。随着科学技术的不断发展和人们对计算机要求的不断提高，其运算速度还将更快，不仅可以极大地提高人们的工作效率，还使许多复杂问题的运算有了实现的可能。

3. 计算精度高

计算机内用于表示数的位数越多，其计算精度就越高，有效位数可为十几位、几十位，甚至可达到几百位。

4. 存储能力强

计算机拥有容量很大的存储设备，可以存储所需要的原始数据信息、处理的中间结果和最后结果，还可以存储指挥计算机工作的程序指令。计算机不仅能保存大量文字、图像、声音等信息，还能对这些信息加以处理、分析、呈现和重新组合，以满足各种应用对这些信息的需求。

5. 逻辑判断能力强

计算机具有逻辑推理和判断能力，可以替代人脑完成部分工作，如参与管理、指挥生产、自动驾驶等。随着计算机的不断发展，这种判断能力还将增强，人工智能型计算机将具有一定的思维和学习能力。

6. 人机交互性强

用户可通过图形化界面，以及鼠标、键盘、显示器等输入/输出（Input/Output，I/O）设备完成对计算机的控制管理。

7. 通用性强

目前，人类社会的各种信息都可以表示为二进制的数字信息，都能被计算机存储、识别和处理，所以计算机得以广泛应用。由于运算器的数据逻辑部件既能进行算术运算，又能进行逻辑运算，因而计算机既能进行数值计算，又能对各种非数值信息进行处理，如信息检索、图像处理、语音处理、逻辑判断等。正因为计算机具有极强的通用性，故其被应用于各行各业，渗透到人们工作、学习和生活等的各个方面。

1.1.4 计算机的分类

计算机的分类比较复杂，并无严格的标准。结合用途、费用、规模和性能等综合因素，计算机一般分为巨型计算机，大、中型计算机，小型计算机，个人计算机，工作站和嵌入式计算机等。

值得注意的是，这种分类只能限定于某个特定年代，因为计算机的发展速度太快了，如我们现在所用的笔记本电脑、平板计算机，以及智能手机的性能就远远强过以前的大型机甚至巨型机了。

1. 巨型计算机

巨型计算机通常具有运算速度最快、处理的信息流量最大、容纳的用户最多、价格最高等特点，因此能处理其他计算机无法处理的复杂的、高强度的运算问题。高强度的运算意味着必须用高度复杂的数学模型来进行大规模的数据处理。例如，分子状态演算、宇宙起源模拟运算、实时天气预报、模拟核爆炸、实现卫星及飞船的空间导航、石油勘探、龙卷风席卷的尘埃运动追踪等都需要对海量的数据进行准确的操作、处理和分析。巨型计算机的运算速度一般可达 100000000 MIPS（每秒百万亿条指令）并能容纳几百个用户同时工作、同时完成多个任务。

2. 大、中型计算机

大、中型计算机的运行速度和价格都低于巨型计算机，典型的大、中型计算机的速度一般在 10000 MIPS（每秒百亿条指令）左右，通常用于商业区域或政府部门，具有数据集中存储、处理和管理功能。在可靠性、安全性、集中控制要求很高的环境中，大、中型计算机是一种不错的选择。随着近年来云计算技术的兴起，大、中型计算机再次成为许多大型企业的采购首选。

3. 小型计算机

大、中型计算机价格昂贵、操作复杂，往往只有大型企业才有能力购买。在集成电路技术的推动下，20 世纪 60 年代开始出现小型计算机。小型计算机运行速度一般低于 1000 MIPS（每秒十亿条指令），价格比较便宜，规模比大、中型计算机小，适于一些中、小企业，高等院校及地方政府部门进行科学研究、行政及事务管理等工作。例如，高等院校的计算机中心多以一台小型计算机为主机，配以几十台至上百台终端机，以满足大量学生学习、程序设计课程或上机考试的需要。

4．个人计算机

PC 也称微型计算机，是一种基于微处理器的、为满足个人需求而设计的计算机。它具有多种多样的应用功能，如文字处理、照片编辑、收发电子邮件、上网等。

根据尺寸大小，PC 分为桌面计算机和便携式计算机。便携式计算机又分为笔记本电脑、平板计算机等。笔记本电脑又称"膝上计算机"，过去它是移动办公的首选，如今更加轻薄的平板计算机成为一种较好的选择。

PC 的特点是轻、小、价廉、易用。在过去 20 多年中，PC 使用的微处理器平均每一年半集成度增加一倍、处理速度提高一倍，而价格却下降一半。随着芯片性能的提高，PC 与小型计算机的差距在逐渐缩小，并且大有用 PC 替代小型计算机的发展趋势。

今天，PC 的应用已遍及各个领域，从工厂的生产控制到政府的自动化办公，从商店的数据处理到个人的学习娱乐，几乎无处不在、无所不能。目前，PC 已占整个计算机市场份额的 95%以上。

5．工作站

工作站（Workstation）是一种速度更高、存储容量更大的 PC，即高档 PC。它介于小型计算机和普通 PC 之间，通常配有高档的 CPU、高分辨率的大屏显示器、大容量的内存储器和外存储器，具有较强的信息处理能力、较高的图形图像处理功能及高速网络，特别适合三维建模、图像处理、动画设计和办公自动化等领域。

值得注意的是，这里所说的工作站和网络系统中的工作站有些区别。网络系统中的工作站是指在网络中扮演客户端的计算机，简称客户端（Client），与之对应的就是服务器（Server）。服务器在计算机网络中为客户端提供各种网络服务。例如，一台网站服务器能够在网络中为客户提供在线网页浏览服务。因此，服务器不是指一种特定类型的计算机，任何 PC、工作站、大型计算机、中小型计算机或巨型计算机都可以配置成一台服务器。

6．嵌入式计算机

嵌入式计算机是一种使用单片机技术或嵌入式芯片技术构建的专用计算机系统，包括电子收款机（Point of Sale，POS）、自动柜员机（Automated Teller Machine，ATM）、工业控制系统、各种自动监控系统等。典型的单片机或嵌入式芯片有 Intel 8051 系列、Z80 系列、ARM 系列、Power PC 系列等。嵌入式技术的应用使各种机电设备具有智能化的特点。例如，在手机中集成嵌入式 ARM 芯片，利用安卓（Android）软件系统，就可以使手机具有移动通信、上网、摄影、播放 MP3、全球定位等多种功能。由于嵌入式芯片性能的飞速提升，其应用领域也越来越广泛，如今它集文字处理、电子表格、移动存储、电子邮件、Web 访问、个人理财管理、移动通信、数码相机、数码音乐和视频播放、全球定位系统（Global Positioning System，GPS）、电子地图等功能于一身，使得微型计算机与嵌入式计算机（如智能手机）的差距越来越小。

1.1.5　计算机的应用

计算机最初的应用是科学计算，后来随着计算机技术的发展，计算机的计算能力日益强大，计算范围日益广泛，计算内容日益丰富，计算机的应用领域也日益广泛。归纳起来，计算机的应用主要表现在以下几个方面。

1. 科学计算

科学计算也称数值计算，是指利用计算机完成科学研究和工程技术中提出的数学问题的计算。早期的计算机主要应用于科学计算。目前，科学计算仍然是计算机应用的一个重要领域。随着计算机技术的发展，其计算能力越来越强，计算速度越来越快，计算精度也越来越高。利用计算机进行数值计算，可以节省大量的时间、人力和物力，解决人工无法解决的复杂计算问题。

2. 信息管理

信息管理也称非数值计算，是指利用计算机对数据进行及时的记录、整理、计算并将其加工成人们所需要的形式，如企业管理、物资管理、报表统计、信息检索等。信息管理是目前计算机应用得最广泛的一个领域，如股票信息的分析与管理，如图 1-7 所示。

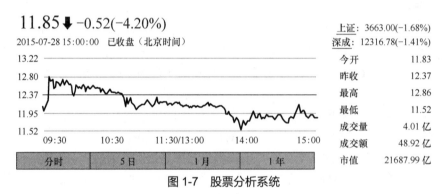

图1-7　股票分析系统

3. 过程控制

过程控制又称实时控制，是指利用计算机及时采集数据，将数据处理后，按最佳值迅速地对控制对象进行控制，使被控对象能够正确地完成物体的生产、制造和运行。现代工业由于生产规模不断扩大，技术、工艺日趋复杂，从而对实现生产过程自动化控制的系统的要求也日益提高。利用计算机进行过程控制不仅可以大大提高自动化控制水平，而且可以提高控制的及时性和准确性，从而改善劳动条件、提高质量、节约能源、降低成本。计算机过程控制在冶金、石油、化工、纺织、机械、航天等领域都得到了广泛的应用。

4. 辅助技术

计算机作为辅助工具，目前已被广泛应用于各行各业，辅助人们进行各个领域的工作，形成了一系列综合应用，主要包括计算机辅助设计（Computer Aided Design，CAD）、计算机辅助制造（Computer Aided Manufacturing，CAM）、计算机辅助测试（Computer Aided Testing，CAT）、计算机辅助教学（Computer Aided Instruction，CAI）等，图 1-8 所示为使用专业 CAD 软件制作的室内装修效果图。

图 1-8　使用专业 CAD 软件制作的室内装修效果图

5．人工智能

人工智能（Artifical Intelligence，AI）是指利用计算机模拟人类的某些智能活动和行为的理论、技术和应用。人工智能是计算机应用研究最前沿的学科之一，这方面的研究和应用正处于发展阶段。智能机器人是计算机人工智能模拟的典型例子，如图 1-9 所示。

图 1-9　智能机器人

6．多媒体技术

多媒体是计算机和信息界的一个新的应用领域。通常所说的"多媒体"（Multimedia）是一种将文本（Text）、图形（Graphic）、音频（Audio）、视频（Video）、动画（Animation）等多种媒体信息，经过计算机设备的获取、存储、操作、编辑等处理后，以单独或合成的交互形态表现出来的技术和方法。多媒体技术拓展了计算机的应用领域，使计算机渗透并广泛应用于教育、服务、文化、娱乐、艺术等人类生活和工作的各个领域。

多媒体正改变着人类的生活和工作方式，为人类成功塑造了一个绚丽多彩的数字化多媒体世界。图 1-10 所示为多媒体教学现场。

图 1-10　多媒体教学现场

7．网络通信

计算机技术和数字通信技术各自发展后又相互融合产生了计算机网络，计算机网络利用通信设备和线路让地理位置不同、功能独立的多台计算机互相连接，得以实现信息交换、资源共享和分布式处理。计算机网络是当前计算机应用的一个重要领域。通过计算机网络把多个独立的计算机系统地联系在一起，实现不同地域、不同国家、不同民族、不同行业、不同组织的人们的互联，改变了人们获取信息的方式并逐步改变着各行各业人们的工作、生活与思维方式。

1.2 计算机中信息的表示与编码

设计计算机的最初目的是进行数值计算，所以计算机中首先存储和表示的数据就是数值信息。但随着计算机应用的发展，现在的计算机数据以不同的形式出现，如数字、文字、声音、图形、视频等，如图 1-11 所示。但是，在计算机内部，这些数据还是以数字形式被存储和处理的。数据输入时要转换成

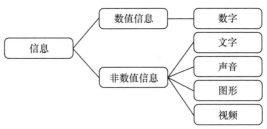

图 1-11　信息的分类与表现形式

二进制代码，输出时要还原成其原来的形式。因此，掌握信息编码的概念和处理技术是至关重要的。我们把将一般形式的数据信息转换成二进制代码形式的过程称为信息的编码；反之，称为解码（也称译码）。不同类型的数据，信息的编码方式不同。

1.2.1　数制及其转换

1. 数字体系

我们通常使用数码符号（简称数符）来表示数字，如罗马数字、阿拉伯数字，如图 1-12 所示。但任何语言中的数符数量都是有限的，这就意味着在我们表示数字的时候，数符需要被重复使用。为了重复使用这些有限的数符，人类在长期的实践中摸索出数字的两类表示体系：位置化数字体系和非位置化数字体系。

图 1-12　采用罗马数字和阿拉伯数字的手表

（1）位置化数字体系。位置化数字体系使用相同的数符且数值大小与位置有关（数符依据位置的不同，代表不同的数量）。例如，阿拉伯数字 10 和 1000 中都含有 1，但两者所表示的数量大小却相差 100 倍。

（2）非位置化数字体系。非位置化数字体系使用相同的数符且数值大小与位置无关（每个数符都代表固定的数量，不随其位置的变化而变化）。例如，罗马数字 MC 和 MCⅢ中都含有 C，但两个 C 所表示的数量大小相同（都等于阿拉伯数字 100）。

由于计算机使用的是位置化数字体系，因此在以后的学习中，我们讨论的都是位置化数字体系。

2. 数制及其属性

（1）数制。数制是一种表示和计算数的方法。日常生活中，我们习惯用十进制记数，有时也采用别的进制记数，如计算时间用六十进制、计算星期用七进制、计算月份用十二进制等。在计算机中表示和处理数据常用二进制、八进制和十六进制。

（2）数制的 3 个属性。数制具有以下 3 个属性。

① 基数：指数制中所用到的数码符号的个数。

例如，十进制数用 0、1、2、3、4、5、6、7、8、9 这 10 个不同的数码符号表示，基数为 10；而二进制数用 0、1 两个不同的数码符号表示，基数为 2。

② 记数规则：指数制的进位和借位规则。

例如，十进制数的进位规则是"逢十进一"，借位规则是"借一当十"，如图 1-13 所示。二进制数的进位规则是"逢二进一"，借位规则是"借一当二"，如图 1-14 所示。

$$
\begin{array}{cc}
109 & 100 \\
+\ \ 11 & -\ \ 11 \\
\hline
120 & 89
\end{array}
\qquad
\begin{array}{cc}
101 & 100 \\
+\ \ 001 & -\ \ 11 \\
\hline
110 & 001
\end{array}
$$

图 1-13　十进制加减法　　　　　图 1-14　二进制加减法

③ 位权：不同位置上的 1 所表示的数值大小即该位的位权。

例如，十进制数 $111.11 = 1\times10^2 + 1\times10^1 + 1\times10^0 + 1\times10^{-1} + 1\times10^{-2}$，其中，$10^2$（100）、$10^1$（10）、$10^0$（1）、$10^{-1}$（0.1）、$10^{-2}$（0.01）就称为该十进制数各个位置上的位权。

二进制数 $111.11 = 1\times2^2 + 1\times2^1 + 1\times2^0 + 1\times2^{-1} + 1\times2^{-2}$，其中，$2^2$（4）、$2^1$（2）、$2^0$（1）、$2^{-1}$（0.5）、$2^{-2}$（0.25）就称为该二进制数各个位置上的位权。

注意　任何一种数制的数都可以按位权进行展开且展开之后的结果为十进制数，我们称这种方法为"位权展开法"，也称"幂级数展开法"。

例如，$(101.01)_B = 1\times2^2 + 0\times2^1 + 1\times2^0 + 0\times2^{-1} + 1\times2^{-2} = (5.25)_D$，展开结果是十进制数 5.25，其中，$2^2$、$2^1$、$2^0$、$2^{-1}$、$2^{-2}$ 称为该二进制数各个位置上的位权。

$(257.2)_O = 2\times8^2 + 5\times8^1 + 7\times8^0 + 2\times8^{-1} = (175.25)_D$，展开结果是十进制数 175.25，其中，$8^2$、$8^1$、$8^0$、$8^{-1}$ 称为该八进制数各个位置上的位权。

$(A4D.4)_H = 10\times16^2 + 4\times16^1 + 13\times16^0 + 4\times16^{-1} = (2637.25)_D$，展开结果是十进制数 2637.25，其中，$16^2$、$16^1$、$16^0$、$16^{-1}$ 称为该十六进制数各个位置上的位权。

3. 常用数制介绍

（1）十进制数（Decimal）。具体介绍如下。

基数及数码符号：基数为 10，由 0、1、2、3、4、5、6、7、8、9 这 10 个不同的基本数码符号构成。

记数规则：逢十进一；借一当十。

位权：整数部分第 i 位的位权为 10^{i-1} ；小数部分第 j 位的位权为 10^{-j} 。

字母表示：在十进制数的后面用大写字母 D 标示，如 $(120.45)_D$ 。

现实意义与由来：十进制是人们日常生活中最习惯使用的数制，这可能与古人自然而然地首先使用十个手指记数有关。

（2）二进制数（Binary）。具体介绍如下。

基数及数码符号：基数为 2，由 0、1 这两个不同的基本数码符号构成。

记数规则：逢二进一；借一当二。

位权：整数部分第 i 位的位权为 2^{i-1} ；小数部分第 j 位的位权为 2^{-j} 。

字母表示：在二进制数的后面用大写字母 B 标示，如 $(101.11)_B$ 。

现实意义与由来：二进制是计算机中使用得最广泛的数制，这是因为冯·诺依曼型计算机中的数据以半导体元器件的物理状态表示，具有两种稳定状态的元器件最容易找到且最稳定，如继电器的接通和断开、晶体管的导通和截止、电脉冲电平的高和低等。而要找到具有 10 种稳定状态的元器件来对应十进制的 10 个数码符号就困难得多。除此之外，二进制还与逻辑量天然吻合（0 和 1 两个数码符号正好对应逻辑量 False 和 True），可简化逻辑电路。正是因为电子元件的上述特性，二进制在计算机内部使用是再自然不过的事了。

（3）八进制数（Octal）。具体介绍如下。

基数及数码符号：基数为 8，由 0、1、2、3、4、5、6、7 这 8 个不同的基本数码符号构成。

记数规则：逢八进一；借一当八。

位权：整数部分第 i 位的位权为 8^{i-1} ；小数部分第 j 位的位权为 8^{-j} 。

字母表示：在八进制数的后面用大写字母 O（或 Q）标示，如 $(174.4)_O$ 。

（4）十六进制数（Hexadecimal）。具体介绍如下。

基数及数码符号：基数为 16，由 0、1、2、3、4、5、6、7、8、9、A（10）、B（11）、C（12）、D（13）、E（14）、F（15）这 16 个不同的基本数码符号构成。

记数规则：逢十六进一；借一当十六。

位权：整数部分第 i 位的位权为 16^{i-1} ；小数部分第 j 位的位权为 16^{-j} 。

字母表示：在十六进制数的后面用大写字母 H 标示，如 $(1AF.8)_H$ 。

现实意义与由来：八进制数（2^3）、十六进制数（2^4）与二进制数存在联系。8 等于 2 的 3 次方（1 个八进制数可以用 3 个二进制数来表示，其读写效率是二进制的 3 倍）；16 等于 2 的 4 次方（1 个十六进制数可以用 4 个二进制数来表示，其读写效率是二进制的 4 倍），所以计算机中冗长的二进制数据与短小的八进制及十六进制数据的换算都十分简便。这样一来，既避免了程序员读写冗长的二进制数的不便（二进制的弱点），又不影响他们观察二进制数每一位的情况。因此，八进制，特别是十六进制已成为人机交流中最受欢迎的数制。

4. 常用数制的转换

微型计算机内部采用二进制数操作，软件编程时通常采用八进制数和十六进制数，而人们日常习惯使用十进制数，因而要求计算机能对不同数制的数进行快速转换。当然，软件编程人员也必须熟悉这些数制的转换方法。

（1）R 进制转换为十进制。通过"位权展开法"，可以将 R 进制数转换为等值的十进制数。其位权展开过程式如下。

$$(a_n \cdots a_2\, a_1 . a_{-1} \cdots a_{-m})_R = a_n \times R^{n-1} + \cdots + a_2 \times R^1 + a_1 \times R^0 + a_{-1} \times R^{-1} + \cdots + a_{-m} \times R^{-m}$$

【例1-1】 分别把二进制数 101 . 01、八进制数 257 . 2 和十六进制数 A5E . 2 转换成十进制数。

解：

$$(101 . 01)_B = 1 \times 2^2 + 0 \times 2^1 + 1 \times 2^0 + 0 \times 2^{-1} + 1 \times 2^{-2} = (5 . 25)_D$$

$$(257 . 2)_O = 2 \times 8^2 + 5 \times 8^1 + 7 \times 8^0 + 2 \times 8^{-1} = (175 . 25)_D$$

$$(A5E . 2)_H = 10 \times 16^2 + 5 \times 16^1 + 14 \times 16^0 + 2 \times 16^{-1} = (2654 . 125)_D$$

（2）十进制转换为 R 进制。整数部分和小数部分的转换方法是不同的，下面分别加以介绍。

① 整数部分的转换：采用"除基取余法"，即对十进制整数部分反复除以基数 R，直到商为 0 为止，再把历次相除的余数按逆序（先得到的余数为低位，后得到的余数为高位）进行读取，即 R 进制整数部分各位的数码。

【例1-2】 把十进制数 25 转换成二进制数。

解：

2	25	取余：	11001
2	12	1	
2	6	0	
2	3	0	
2	1	1	
	0	1	

所以，（ 25)_D = (11001)_B。

第一位余数是最低位，最后一位余数是最高位。

② 小数部分的转换：采用"乘基取整法"，即对十进制数的小数部分反复乘以基数 R，直到乘积的小数部分为 0（若不为 0，则满足精度要求）为止，再把历次乘积的整数部分按顺序（先得到的整数为高位，后得到的整数为低位）读取，即 R 进制小数部分各位的数码。

【例1-3】 把十进制数 0.625 转换成二进制数。

解：

```
              0.625
         ×    2        取整：    101
           1.250         1
              0.250
         ×    2
           0.500         0
              0.500
         ×    2
           1.000         1
              0.000
```

所以，（ 0.625)_D = (0.101)_B。

第一位整数是最高位，最后一位整数是最低位。

③ 对于既有整数又有小数的十进制数，可以先将整数部分和小数部分分别进行转换后，再合并得到所要的结果。

【例 1-4】 把十进制数 29.375 转换成二进制数。

解：

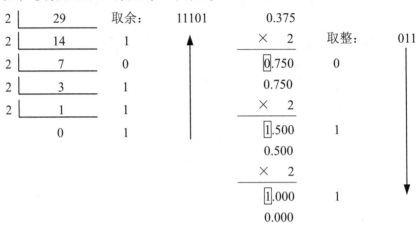

所以，$(29.375)_D = (11101.011)_B$。

同理，采用"除 8 取余数，乘 8 取整数"的方法可将十进制数转换为八进制数；采用"除 16 取余数，乘 16 取整数"的方法可将十进制数转换为十六进制数。

（3）二进制数与八进制数、十六进制数的转换。下面对其分别加以介绍。

① 二进制数与八进制数的转换。由于八进制数的基数为 8，二进制数的基数为 2，两者满足 $8 = 2^3$，故每 1 位八进制数可转换为等值的 3 位二进制数，反之亦然。因此，将八进制数转换为二进制数时，可采用"分组法"，即只需将八进制数的每 1 位直接转换成对应的 3 位二进制数即可。

【例 1-5】 把二进制数 10111011.10111 转换成八进制数。

解：

$$(010 \quad 111 \quad 011 \; . \; 101 \quad 110)_B$$
$$\downarrow \qquad \downarrow \qquad \downarrow \qquad \downarrow \qquad \downarrow$$
$$(2 \qquad 7 \qquad 3 \; . \; 5 \qquad 6)_O$$

所以，$(10111011.10111)_B = (273.56)_O$。

二进制数转换成八进制数进行分组时，以小数点为界，整数部分从右往左 3 位为一组；小数部分从左往右 3 位为一组。若位数不够分组，只需在整数最高位前或小数最低位后添 0 补位。

【例 1-6】 把八进制数 273.56 转换成二进制数。

解：

$$(\underline{2} \quad \underline{7} \quad \underline{3} \; . \; \underline{5} \quad \underline{6})_O$$
$$\downarrow \qquad \downarrow \qquad \downarrow \qquad \downarrow \qquad \downarrow$$
$$(010 \quad 111 \quad 011 \; . \; 101 \quad 110)_B$$

所以，$(273.56)_O = (10111011.10111)_B$。

② 二进制数与十六进制数的转换。同理，由于十六进制数的基数为 16，二进制数的基数为 2，两者满足 $16 = 2^4$，故每 1 位十六进制数可转换为等值的 4 位二进制数，反之亦然。因此，将十六进制数转换为二进制数时，可采用"分组法"，即只需将十六进制数的每 1 位直接转换成对应的 4 位二进制数即可。

【例 1-7】 把二进制数 1011001101.10101 转换成十六进制数。

解：

（ 0010	1100	1101 .	1010	1000	）B
↓	↓	↓	↓	↓	
（ 2	C	D .	A	8 ）H	

所以，（ 1011001101.10101 ）B=（ 2CD.A8 ）H。

二进制数转换成十六进制数进行分组时，以小数点为界，整数部分从右往左 4 位为一组；小数部分从左往右 4 位为一组。若位数不够分组，只需在整数最高位前或小数最低位后添 0 补位。

【例 1-8】 把十六进制数 A7F.C3 转换成二进制数。

解：

（ A	7	F .	C	3 ）H
↓	↓	↓	↓	↓
（ 1010	0111	1111 .	1100	0011 ）B

所以，（ A7F.C3 ）H=（ 101001111111.11000011 ）B。

③ 八进制数与十六进制数的转换。八进制数与十六进制数的转换，一般以二进制数作为桥梁，如图 1-15 所示，即先将八进制数或十六进制数转换为二进制数，再将二进制数转换成十六进制数或八进制数。

【例 1-9】 把八进制数 351.27 转换成十六进制数。

解：

（ 3	5	1 .	2	7 ）O
↓	↓	↓	↓	↓
（ 011	101	001 .	010	111 ）B

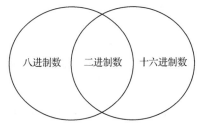

图 1-15　二进制数是八进制数与十六进制数转换的桥梁

重新分组：

（ 1110	1001 .	0101	1100	）B
↓	↓	↓	↓	
（ E	9 .	5	C ）H	

所以，(351.27)O=(E9.5C)H。

1.2.2　数值信息的表示

数值信息在被存储到计算机中之前要转换成计算机可以识别的二进制形式的数据，但这里还需要解决以下问题。

问题 1. 如何表示正负号。

对于正负号问题，计算机可做带符号位处理和不带符号位处理。带符号位处理时，可将正负号进行数字化表示（二进制 0 表示正号；1 表示负号）后再进行存储。不带符号位处理即不必存储符号位，这就意味着所分配的存储单元都可以用来存储数字，提高了存储效率。本书在接下来的内容中主要讨论带符号位处理。

问题 2. 如何表示小数点。

对于小数点问题，计算机中使用两种不同的表示格式：定点格式和浮点格式。若数的小数点位置固定不变，则称为定点数；反之，若小数点的位置不固定，则称为浮点数。

1. 机器数

在日常生活中，我们用正号（＋）和负号（－）表示符号位；加绝对值表示数值位。我们把这种形式的数称为真值，如$(+11)_{10}$、$(-11)_{10}$、$(+10110)_2$、$(-10110)_2$。

在计算机中，数的正负符号位也用二进制代码表示。规定最高位为符号位（用 0 表示"＋"号；1 表示"－"号），其余位仍然表示数值位。我们把这种在计算机内使用、连同正负号一起数字化的二进制数称为机器数（或机器码），如下所示。

$(+10110)_2$ ＝ $(010110)_2$　　　　　　$(-10110)_2$ ＝ $(110110)_2$

真值　　　　　机器数　　　　　　　真值　　　　　机器数

机器数在进行计算时，符号位也一同参与运算，如下所示。

```
(+2) +     (+3)              (+2) +     (-3)
      00000010                    00000010
 +    00000011               +    10000011
     ─────────                   ─────────
      00000101                    10000101
```

结果是(+5)——结果正确！　　　　结果是(-5)——这个结果显然错误！

我们发现，直接使用机器数进行运算时，会遇到减法问题。于是，我们试图采取对机器数进行编码来解决问题。

2. 机器数的 3 种编码方式

仅根据数值位表示方法的不同，机器数有 3 种编码方式，即原码、反码和补码，用以解决计算问题。

（1）原码。符号位用"0"表示正号，用"1"表示负号；数值位与真值保持一致。例如（为把问题简单化，我们假设机器数字长为 5 位）：

[+1101]真值　→　[01101]原码

[-1101]真值　→　[11101]原码

（2）反码。正数的反码与原码保持一致；负数的反码将原码的数值位按位取反（即 "1" 变 "0"；"0" 变 "1"），符号位不变。例如：

[+1101]真值　→　[01101]原码　→　[01101]反码

[-1101]真值　→　[11101]原码　→　[10010]反码

（3）补码。正数的补码与原码保持一致；负数的补码将反码最低数值位加 1，符号位不变。例如：

[+1101]真值　→　[01101]原码　→　[01101]反码　→　[01101]补码

[-1101]真值　→　[11101]原码　→　[10010]反码　→　[10011]补码

用补码进行计算时，可以统一加减法。将机器数表示成补码形式后，可解决机器的减法问题。因此，计算机中运算方法的基本思想是：各种复杂的运算处理最终都可分解为加、减、乘、除的四则运算与基本的逻辑运算，而四则运算的核心是加法运算（CPU 的运算器中只有加法器）。可以通过补码运算"化减为加"实现减法运算，加减运算配合移位操作可以实现乘除运算。

（4）存储带符号整数。几乎所有的计算机都使用二进制补码来存储带符号整数。因为计算机 CPU 的运算器中只有加法器，而没有减法器，要把减法转化成加法来计算。于是，把机器数按补码形式进行存储无疑是最好的选择。

【例 1-10】 把十进制数+5 表示成 8 位二进制补码形式。

解：$(+5)_D \rightarrow (+00000101)_{真值} \rightarrow (00000101)_{原码} \rightarrow (00000101)_{反码} \rightarrow (00000101)_{补码}$

【例 1-11】 把十进制数-5 表示成 8 位二进制补码形式，参考图 1-16 所示的方法。

解：$(-5)_D \rightarrow (-00000101)_{真值} \rightarrow (10000101)_{原码} \rightarrow (11111010)_{反码} \rightarrow (11111011)_{补码}$

图 1-16 十进制负整数与 3 种编码的转换

【例 1-12】 把二进制补码 11111011 还原成十进制整数。

解：$(11111011)_{补码} \rightarrow (11111010)_{反码} \rightarrow (10000101)_{原码} \rightarrow (-00000101)_{真值} \rightarrow (-5)_D$

3. 机器数的两种存储格式

根据小数点位置固定与否，机器数又可以分为定点数和浮点数。

（1）定点数。若数的小数点位置固定不变，则称为定点数。定点数又可分为定点小数和定点整数。

① 定点小数。定点小数是指小数点的位置固定在符号位与最高数据位之间。按此规则，定点小数的形式为 $X=X_0 . X_1 X_2 \cdots X_n$，其中，$X_0$ 为符号位，$X_1 \sim X_n$ 为数值位（也称尾数），X_1 为数值最高有效位，如图 1-17 所示。对用 $m+1$ 个二进制位表示的定点小数来说，数值表示范围为 $|N| \leqslant 1-2^m$。

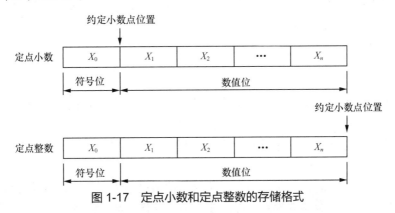

图 1-17 定点小数和定点整数的存储格式

② 定点整数。定点整数是指小数点的位置固定在最低数据位的右侧。按此规则，定点整数的形式为 $X=X_0 X_1 X_2 \cdots X_n$，其中，X_0 为符号位，$X_1 \sim X_n$ 为数值位，X_n 为数值最低有效位。对用 $n+1$ 个二进制位表示的定点整数来说，此时数值范围为 $0 \leqslant N \leqslant 2^{n+1}-1$。

> 定点数的小数点实际上只是一种人为的规定，在机器中并没有专门的硬件设备来表示。故对计算机本身而言，处理定点小数和处理定点整数在硬件构造上并无差异。

在计算机中，一般用 8 位、16 位和 32 位等表示定点数（以 16 位最为常见）。在定点数中，无论是定点小数还是定点整数，计算机所处理的数必须在该定点数所能表示的范围之内，否则会发生溢出。溢出又可分为上溢和下溢。当数据大于定点数所能表示的最大值时，计算机将无法显示，称为上溢；当数据小于定点数所能表示的最小值时，计算机对其做"0"处理，称为下溢。当有溢出发生时，CPU 中的状态寄存器（Program Status Word，PSW）中的溢出标志位将置位并进行溢出处理。

通常，整数多采用定点数表示。由于定点数的表示较为单一、呆板，数值的表示范围小、精度低且运算时易发生溢出，所以在数值计算时，大多采用浮点数来表示实数（带有整数部分和小数部分的数）。

（2）浮点数。若数的小数点位置不固定，则称为浮点数。浮点表示法类似于十进制的科学记数法，如二进制数 1110.011 可表示为 $M = 1110.011 = 0.1110011 \times 2^{+4} = 1110011 \times 2^{-3}$。这种表示法的好处显而易见，即使写在一张纸上，科学记数法也更短且更省空间。

① 浮点数的一般形式。根据以上形式可写出二进制所表示的浮点数的一般形式为 $M = \pm S \times 2^{\pm P}$，如图 1-18 所示。其中，纯小数 S 为数 M 的尾数，表示数的精度；数符 S_f 为尾数的符号位，表示数的正负；指数 P 为数 M 的阶码（也称指数位），表示小数点浮动的位置（或表示数的范围大小）；阶符 P_f 为阶码 P 的符号位，表示小数点浮动的方向（往左移还是往右移）。

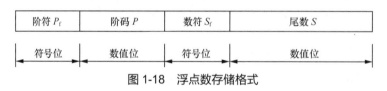

图 1-18　浮点数存储格式

与定点数相比，浮点数表示的范围更大，精度也更高。

② 浮点数的规格化表示。为了确保浮点数表示的唯一性并充分利用尾数的二进制位来表示更多的有效数字（提高精度），我们通常采用规格化形式表示浮点数，即将尾数的绝对值限定在以下范围内。

$$\frac{1}{2} \leqslant |S| < 1$$

把不满足这一表示要求的尾数变成满足这一表示要求的尾数的操作过程，称为浮点数的规格化处理，通过尾数移位和修改阶码来实现。

在规格化数中，若尾数用补码表示，则当 $M \geqslant 0$ 时，尾数格式为 $S = 0.1xx\cdots x$；当 $M < 0$ 时，尾数格式为 $S = 1.0xx\cdots x$。

因此，用补码表示时，若尾数的符号位与数值最高位不一致，即规格化数。

【例 1-13】 把十进制数 7.5 表示成二进制浮点规格化数。

解：将 7.5 转化为二进制数为 111.1，111.1 的规格化表示为 0.1111×2^3。3 是正数，故阶符为 0，阶码为 3，用二进制 11 表示。7.5 是正数，故数符为 0，尾数为 0.1111，用二进制 1111 表示。拼接后为 01101111。

所以，二进制浮点规格化数为 01101111。

小数点和尾数左边的位 0 并没有存储，它们是隐含的。

③ 存储实数与 IEEE 标准。电气电子工程师学会（Institute of Electrical and Electronics Engineers，IEEE）已定义了几种存储浮点数的标准，这里我们讨论其中最常见的两种——单精度和双精度。

单精度存储格式如图 1-19 所示，采用总共 32 位来存储一个用浮点表示法表示的实数，其中，符号位占用 1 位（0 为正，1 为负）；指数位占用 8 位（采用移码表示，偏移量为 2^7-1 = 127）；尾数位占用 23 位（无符号数）。因偏移量为 127，所以该标准有时也被称为"余 127 码"（Excess_127）。

双精度存储格式如图 1-20 所示，采用总共 64 位来存储一个用浮点表示法表示的实数，其中，符号位占用 1 位（0 为正，1 为负）；指数位占用 11 位（采用移码表示，偏移量位为 $2^{10}-1$ = 1023）；尾数位占用 52 位（无符号数）。因偏移量为 1023，所以该标准有时也被称为"余 1023 码"（Excess_1023）。

图 1-19　单精度存储格式　　　　图 1-20　双精度存储格式

（3）定点数与浮点数的比较。具体比较如下。

表示范围：浮点表示法所能表示的数值范围远远大于定点表示法。

表示精度：对字长相同的定点数与浮点数来说，浮点数虽然扩大了数的表示范围，但这是以降低精度为代价的，也就是说数轴上各点的排列更稀疏了。

运算复杂度：浮点运算要比定点运算复杂。

溢出难易度：定点运算时，当运算结果超出数的表示范围时，就发生溢出；浮点运算时，当运算结果超出尾数 S 的表示范围时，不一定溢出。只有当阶码 P 也超出所能表示的范围时，才一定发生溢出。因此，浮点数的健壮性较定点数更强。

1.2.3　信息单位

1948 年，香农发表论文"通信的数学理论"，提出"信息熵"的概念，解决了对信息的量化问题。文中，香农首次用数学语言阐明了概率与信息冗余度的关系——任何信息都存在冗余。他借鉴热力学"熵"的概念，把信息中排除冗余后的平均信息量称为信息熵并给出了计算信息熵的数学表达式，即著名的信息熵计算公式

$$H(x) = -\sum p(x_i) \log(2, p(x_i)) \quad (i = 1, 2, \cdots, n)$$

香农把"信息熵"定义为离散随机事件的出现概率。这表明了他对信息的理解，即信息是用来减少随机不定性的东西。

如果上式中的对数 log 以 2 为底，那么计算出的信息熵就以位（bit）为单位。今天在计算机和通信中广泛使用的字节（Byte）、千字节（KB）、兆字节（MB）、吉字节（GB）

等单位都是从位演化而来的。位的出现标志着人类知道了如何计量信息量。

正是由于香农的信息论为明确什么是信息量做出了决定性贡献，因此他被誉为"信息论之父"。

1. 计算机中最小的信息量单位——bit

单位由来：信息熵公式中对数 log 若以 2 为底，则计算出来的信息熵就以 bit 为单位。bit 来自英文 binary digit，直译为二进制位，音译为比特，简称位。

单位规定：由信息熵公式可知，如果一个事件发生的概率是 50%，那么它恰好包含 1bit 的信息。在计算机科学中，我们把 1 位二进制数码所能表示的信息量称为 1bit。它是构成信息的最小信息量单位。因此，越多的位组合在一起，就可以表现越复杂的信息。

位与信息量间的增长关系：一个二进制位只能表示 0 或 1 两种状态，要表示更多信息，就得把多个位组合成一个整体。例如：

1 位所表示的信息量为 2^1，取值为 0，1。

2 位所表示的信息量为 2^2，取值为 00，01，10，11。

3 位所表示的信息量为 2^3，取值为 000，001，010，100，011，101，110，111。

由此看来，信息用二进制表示时，寄存器每增加 1 位，信息量就增长 1 倍。

2. 计算机中最基本的信息量单位——Byte

单位由来：字节从位演化而来，是计算机中最基本的信息量单位。

字节多用于计算存储容量和传输容量。很多有关信息识别、存储和处理的单位都是在字节的基础上制定的，因此字节也被认为是计算机中最基本的信息识别、存储和处理单位。

例如，内存按字节划分存储单元（微机内存中的 1 个小格就只能存放一位数据，8 个连续的小格子合在一起就组成一个字节）并按字节进行编址，即内存地址。虽然计算机中信息存储的最小单位是位，但硬件（如 CPU）通过地址总线所能访问或控制的最小存储单元是字节。

单位规定：我们把 8 个连续的二进制位称为 1 个字节，即 8 bit = 1 Byte（简写为 B）。对某一位的控制是通过位运算符和软件来实现的。

衍生单位：由于字节仍是一个很小的信息量单位，为了方便标识和计算，KB、MB、GB、TB、PB 等单位被广泛使用。它们的转换关系如下。

千字节（KB）：1 KB = 2^{10} B　　　　（1024 B）。

兆字节（MB）：1 MB = 2^{10} KB　　　（1024 KB）。

吉字节（GB）：1 GB = 2^{10} MB　　　（1024 MB）。

太字节（TB）：1 TB = 2^{10} GB　　　（1024 GB）。

皮字节（PB）：1 PB = 2^{10} TB　　　（1024 TB）。

3. 计算机中最常用的信息量处理单位——word

单位由来：字从字节演化而来。计算机进行数据处理时，一次存取、加工和传送的二进制位组称为一个字（word）。通常一个字是由一个或多个字节所组成的二进制位组。

单位规定：CPU 在单位时间内一次所能处理的二进制位组称为字。我们把一个字的长度（即二进制位组的位数）称为字长，单位为 bit。字长是计算机系统结构中的一个重要的性能指标，如 32 bit 处理器、64 bit 处理器。

1.2.4 非数值信息的表示

编码（或代码）通常是指一种在人和机器之间进行信息转换的系统体系。编码是人们在实践中逐步创造的一种用较少的符号来表达较复杂信息的表示方法。数字实际上也是一种编码，人们用 0～9 这 10 个数符的组合表达的概念远不止 10 个数。编码的基本目的是信息交流，人们研究编码就是为了以更简便的形式表达更丰富的信息。

随着计算机运用的深入，计算机不仅用来进行科学计算，还广泛用于处理人们日常工作和生活中最常使用的信息，也就是所谓的非数值型数据，包括语言文字、逻辑语言等。计算机中使用不同的编码来表示和存储数字、文字符号、声音、图片和图像（视频）信息。计算机科学中，研究编码的目的是方便计算机表示、处理和存储各种类型的信息。但由于计算机硬件能够直接识别和处理的只是 0、1 这样的二进制信息，因此必须研究在计算机中如何用二进制代码来表示和处理这些非数值型数据。

1. 字符的编码

字符是非数值型数据的基础，字符与字符串数据是计算机中用得最多的非数值型数据。在使用计算机的过程中，人们需要利用字符与字符串编写程序，表示文字及各类信息，以便与计算机进行交流。为了使计算机硬件能够识别和处理字符，必须按一定规则用二进制对字符进行编码，使得系统里的每一个字母有唯一的编码。同时，文本中还存在数字和标点符号，所以也必须对它们进行编码。简单地说，所有的字母、数字和符号都要编码，这样的系统称为字符编码集。

计算机是美国人首先发明的，他们最先制定了满足他们使用需要的美国信息交换标准码（American Standard Code for Information Interchange，ASCII）。ASCII 是由美国国家标准学会（American National Standard Institute，ANSI）制定的标准单字节字符编码方案，用于基于文本的数据。它最初是供不同计算机在相互通信时共同遵守的西文字符编码标准，后被国际标准化组织（International Organization for Standardization，ISO）定为国际标准，称为 ISO 646 标准，适用于所有拉丁文字母。

ASCII 使用指定的 7 位或 8 位二进制数组合来表示 128 或 256 种可能的字符。

（1）标准 ASCII。标准 ASCII 表示意如图 1-21 所示，使用 7 位二进制数来表示所有的大写和小写字母、数字 0～9、标点符号，以及在美式英语中使用的特殊控制字符。需要说明的是，0～32 及 127（共 34 个）为控制字符或通信专用字符（其余为可显示字符）。控制字符有 LF（换行）、CR（回车）、FF（换页）、DEL（删除）、BS（退格）、BEL（振铃）等；通信专用字符有 SOH（文头）、EOT（文尾）、ACK（确认）等。

33～126（共 94 个）是普通字符。其中，48～57 为 0～9 的阿拉伯数字；65～90 为 26 个大写英文字母，97～122 为 26 个小写英文字母，其余为标点符号、运算符号等。

值得注意的是，虽然标准 ASCII 是 7 位编码，但由于计算机的基本处理单位为字节，因此以一个字节来存放一个标准 ASCII。其中，每个字节中的最高位在数据传输时用来作为奇偶校验位。所谓奇偶校验，是指在代码传送过程中用来检验是否出现错误的一种方法，一般分奇校验和偶校验两种。奇校验规定，正确代码的一个字节中 1 的个数必须是奇数，若非奇数，则在最高位添 1；偶校验规定，正确代码的一个字节中 1 的个数必须是偶数，若非偶数，则在最高位添 1。

ASCII		字符	ASCII		字符	ASCII		字符	ASCII		字符
十进制	十六进制		十进制	十六进制		十进制	十六进制		十进制	十六进制	
032	20		056	30	8	080	50	P	104	68	h
033	21	!	057	39	9	081	51	Q	105	69	i
034	22	"	058	3A	:	082	52	R	106	6A	j
035	23	#	059	3B	;	083	53	S	107	6B	k
036	24	$	060	3C	<	084	54	T	108	6C	l
037	25	%	061	3D	=	085	55	U	109	6D	m
038	26	&	062	3E	>	086	56	V	110	6E	n
039	27	'	063	3F	?	087	57	W	111	6F	o
040	28	(	064	40	@	088	58	X	112	70	p
041	29	)	065	41	A	089	59	Y	113	71	q
042	2A	*	066	42	B	090	5A	Z	114	72	r
043	2B	+	067	43	C	091	5B	[	115	73	s
044	2C	,	068	44	D	092	5C	\	116	74	t
045	2D	-	069	45	E	093	5D	]	117	75	u
046	2E	.	070	46	F	094	5E	^	118	76	v
047	2F	/	071	47	G	095	5F	_	119	77	w
048	30	0	072	48	H	096	60	`	120	78	x
049	31	1	073	49	I	097	61	a	121	79	y
050	32	2	074	4A	J	098	62	b	122	7A	z
051	33	3	075	4B	K	099	63	c	123	7B	{
052	34	4	076	4C	L	100	64	d	124	7C		
053	35	5	077	4D	M	101	65	e	125	7D	}
054	36	6	078	4E	N	102	66	f	126	7E	~
055	37	7	079	4F	O	103	67	g	127	7F	DEL

图 1-21　标准 ASCII 表示意

（2）扩展 ASCII。扩展 ASCII 采用 8 位二进制数进行编码，共 256 个字符。前 128 个编码为标准 ASCII，后 128 个称为扩展 ASCII，许多系统都支持使用扩展 ASCII。扩展 ASCII 允许将每个字符的第 8 位用于确定附加的 128 个特殊符号、外来语字母和图形符号。

ASCII 是计算机世界里最重要的标准，但它存在严重的国际化问题。ASCII 只适用于美国，它并不完全适用于其他以非英语为主要语言的国家，更不用说那些使用非拉丁字母，包括希腊文、阿拉伯文、希伯来文和西里尔文等的欧洲国家。对于东方以汉字为代表的象形文字的巨大集合，ASCII 更是无能为力。

2. 汉字的编码

汉字也是字符。与西文字符相比，汉字数量大、字形复杂、同音字多，这就给汉字在计算机内部的存储、传输、交换、输入、输出等带来了一系列问题。为了能直接使用西文标准键盘输入汉字，还必须为汉字设计相应的输入编码，以满足计算机处理汉字的需要。

（1）国标码。1980 年，我国颁布《信息交换用汉字编码字符集　基本集》，标准号为 GB/T 2312—1980，是国家规定的用于汉字信息处理使用的代码依据，这种编码称为国标码。

在国标码的字符集中共收录了 6763 个常用汉字和 682 个非汉字字符（图形、符号）；汉字被分为两级，其中，一级汉字 3755 个，以汉语拼音为序排列；二级汉字 3008 个，以偏旁部首进行排列。

国标码采用 16 位的二进制数进行编码，即双字节字符集（Double-Byte Character Set，DBCS）。理论上最多可以表示 256×256=65536 个汉字。

（2）机内码。由于在计算机内部是以字节（8 位）为单位对信息进行识别、存储和处理的，所以如果在机器内部直接使用代表汉字编码的国标码来存储汉字，必然引起汉字字符和英文字符在信息识别和处理时的相互冲突。例如，汉字字符“菠”的国标码为$(00100100\ 00110010)_B$，计算机无从识别这是一个国标码还是两个 ASCII。

为了使计算机有效地区分英文字符和中文字符，约定将国标码中每个字节的最高位设置为 1；ASCII 的最高位设置为 0。我们把这种经过约定后的国标码称为机内码。例如，汉字字符“菠”的机内码为$(10100100\ 10110010)_B$。

（3）汉字输入码。实现汉字输入时，系统所使用的字母或数字的组合称为汉字输入码，也称汉字外码，如五笔输入法、搜狗智能输入法等使用的组合。

汉字输入通常有键盘输入、语音输入、手写输入等方法，都有各自的优点、缺点。常用的键盘输入方式用一个或几个英文键表示每个汉字，这种表示方法称为汉字的输入码。输入码与机内码不同，它是专为解决汉字输入设计的，汉字输入后仍是以机内码存储在计算机中的，这种转换由系统中特殊的部分自动进行。输入码的基本元素是标准键盘上可见的字母符号。汉字输入码的种类有很多，根据输入码的方式大体可分为以下 4 类。

数字编码：如电报码、区位码等，特点是难于记忆、不易推广。

字音编码：如拼音码等，特点是简单易学，但重码多。

字形编码：如五笔字型、表形码等，特点是重码少、输入快，但不易掌握。

音形编码：如自然码、快速码等，特点是规则简单、重码少，但不易掌握。

（4）汉字输出码。实现汉字输出（如显示或打印）时，系统自动将代表汉字序列的国标码转换成代表汉字形状的字形码。目前，主流的汉字字形码有点阵字形码、区位码。

① 点阵字形码。目前，普遍使用点阵方式表示汉字字形，被称为点阵字形码。用点阵方式存储汉字字形信息的集合，称为汉字字模库，简称汉字字库。

当点阵为 16 位×16 位时，点阵字形码采用 32 个字节进行编码，即一个汉字的字形码为 32 个字节，如图 1-22 所示。

	一个字节								一个字节							
	7	6	5	4	3	2	1	0	7	6	5	4	3	2	1	0
第 1 行	0	0	0	0	0	0	1	1	0	0	0	0	0	0	0	0
第 2 行	0	0	0	0	0	0	1	1	1	0	0	0	0	0	0	0
第 3 行	0	0	0	0	0	0	1	1	0	0	0	0	0	0	0	0
第 4 行	1	0	0	0	0	0	1	1	0	0	0	0	1	0	0	0
第 5 行	1	1	1	1	1	1	1	1	1	1	1	1	1	1	1	0
第 6 行	1	1	0	0	0	0	1	1	0	0	0	0	1	1	0	0
第 7 行	1	1	0	0	0	0	1	1	0	0	0	0	1	1	0	0
第 8 行	1	1	0	0	0	0	1	1	0	0	0	0	1	1	0	0
第 9 行	1	1	0	0	0	0	1	1	0	0	0	0	1	1	0	0
第 10 行	1	1	0	0	0	0	1	1	0	0	0	0	1	1	0	0
第 11 行	1	1	1	1	1	1	1	1	1	1	1	1	1	1	0	0
第 12 行	1	0	0	0	0	0	1	1	0	0	0	0	1	0	0	0
第 13 行	0	0	0	0	0	0	1	1	0	0	0	0	0	0	0	0
第 14 行	0	0	0	0	0	0	1	1	0	0	0	0	0	0	0	0
第 15 行	0	0	0	0	0	0	1	1	0	0	0	0	0	0	0	0
第 16 行	0	0	0	0	0	0	1	0	0	0	0	0	0	0	0	0

图 1-22　汉字“中”16 位×16 位点阵字模示例

② 区位码。国标 GB/T 2312—1980 规定，所有的国标汉字与符号组成一个 94 位×94 位的方阵，在此方阵中，每一行称为一个"区"（区号为 01～94），每一列称为一个"位"（位号为 01～94）。该方阵实际上组成了 94 个区，每个区内有 94 个位的字符集，每一个汉字与符号在该字符集中都有一个唯一的位置编码，该编码称为区位码。

使用区位码方法输入汉字时，必须先在字符集中查找汉字并找出对应的区位码才能输入。使用区位码输入汉字的优点是无重码，而且输入码与内部编码的转换比较方便。

3. Unicode

世界上存在着多种编码方式，同一个二进制数可以被解释成不同的字符。因此，要想正确打开一个文本文件，就必须知道它正确的编码方式，否则就会出现乱码。可以想象，如果有一种编码能将世界上所有的字符都纳入其中，每一个字符都被给予一个独一无二的编码，那么就可以避免乱码问题了。

20 世纪 90 年代，包括硬件及软件在内的多家主导厂商共同研制开发了 Unicode 编码。这种代码采用唯一 16 位来表示每一个字符。因此，Unicode 由 65536 个不同的位模式组成，这足以表示用中文、日文和希伯来文等语言书写的文档资料。

Unicode 即统一码，又称万国码，是一种以满足跨语言、跨平台进行文本转换、处理的要求为目的设计的计算机字符编码。它为每种语言中的每个字符设定了统一并且唯一的二进制编码。

Unicode 的编码方式与 ISP 10646 的通用字元集（也称通用字符集）概念相对应，使用 16 位的编码空间，也就是每个字符占用 2 个字节。实际上，目前版本的 Unicode 尚未填充满这 16 位编码，保留了大量空间作为特殊使用或将来扩展。

在 Unicode 中收录汉字个数达 27484 个，包括简、繁体中文，以及日、韩文中使用到的几乎所有的汉字字符。Unicode 的汉字编码在 Windows 系统中又称为 CJK 编码（中、日、韩统一编码）。

小结

（1）世界上第一台通用电子计算机 ENIAC 的诞生标志着电子计算机时代的到来。在短短的几十年内，电子计算机经历了电子管，晶体管，中、小规模集成电路，大规模和超大规模集成电路 4 个阶段的发展，使计算机的体积越来越小、功能越来越强、价格越来越低、应用越来越广泛。

（2）电子计算机具有高度自动化、运算速度快、计算精度高、具有存储能力强、逻辑判断能力强、人机交互性强、通用性强等特点，被广泛应用于工业、农业、国防、科研、文教、交通运输、商业、通信等各个领域。

（3）在计算机内部，一律采用二进制形式表示信息，除二进制外，人们在编程中还经常使用十进制、八进制和十六进制。带符号数可以用原码、反码和补码等不同方法表示。

（4）计算机中，除数值信息外，还有非数值信息，如图形、图像、符号、字母、汉字等，这些信息需要通过编码，用若干位按一定规则组合而成的二进制码来表示。计算机中常用的编码有字符编码和汉字编码等。

习题1

一、单项选择题

1. 1946 年，第一台电子数字计算机由（　　　）研发。
   A. 美国哈佛大学 　　　　　　　　　　B. 英国剑桥大学
   C. 英国牛津大学 　　　　　　　　　　D. 美国宾夕法尼亚大学

2. 半导体存储器是从第（　　　）代计算机开始出现的。
   A. 一 　　　　B. 二 　　　　C. 三 　　　　D. 四

3. 电子计算机问世至今，不管机器如何推陈出新，依然采用程序存储的重要思想，最早提出这种思想的是（　　　）。
   A. 摩尔 　　　　B. 冯·诺依曼 　　C. 图灵 　　　　D. 香农

4. 用计算机分析卫星云图，进行实时天气预报属于计算机应用中的（　　　）。
   A. 科学计算 　　B. 数据处理 　　C. 实时控制 　　D. 人工智能

5. 使用计算机进行财务管理，属于计算机的（　　　）应用领域。
   A. 数值计算 　　B. 人工智能 　　C. 过程控制 　　D. 信息处理

6. 将十进制数 75 转换成二进制数，结果是（　　　）。
   A. 1101001 　　B. 1011001 　　C. 1100101 　　D. 1001011

7. 二进制数 110011001 对应的十六进制数是（　　　）。
   A. 199 　　　　B. 19C 　　　　C. CC1 　　　　D. 331

8. 计算机内的数有浮点和定点两种表示方法。一个用浮点法表示的数由两部分组成，即（　　　）。
   A. 指数和基数 　　B. 尾数和小数 　　C. 尾数和阶码 　　D. 整数和小数

9. 下列对补码的叙述中，（　　　）不正确。
   A. 负数的补码是该数的反码最右加 1 　B. 负数的补码是该数的原码最右加 1
   C. 正数的补码就是该数的原码 　　　　D. 正数的补码就是该数的反码

10. "A" 的 ASCII 值（十进制）为 65，则 "D" 的 ASCII 值（十进制）为（　　　）。
    A. 70 　　　　B. 68 　　　　C. 62 　　　　D. 69

11. 在计算机中表示信息的最小单位是（　　　）。
    A. 字 　　　　B. 字节 　　　　C. 位 　　　　D. 双字节

12. 存储器的 1 KB 存储容量表示（　　　）。
    A. 1024 个二进制位 　　　　　　B. 1024 个字节
    C. 1024 个字 　　　　　　　　　D. 1000 个字节

13. 汉字信息在输出时，使用（　　　）。
    A. 机内码 　　B. 输入码 　　C. 字形码 　　D. 国标码

14. 使用 16×16 点阵表示汉字字形时，存储 100 个汉字需要（　　　）字节的存储容量。
    A. 28800 　　B. 12800 　　C. 3200 　　D. 7200

15. 下列 4 种不同进制的数值中，最大的数是（　　　）。
    A. $(7D)_{16}$ 　　B. $(174)_8$ 　　C. $(123)_{10}$ 　　D. $(1111000)_2$

二、填空题

1. 人们依据采用的物理器件把计算机的发展分为 4 个阶段，分别是_____、_____、_____和_____。

2. 1946 年由宾夕法尼亚大学研发的第一台计算机 ENIAC 是_____计算机。

3. 以微处理器为核心的微型计算机属于第_____代计算机。

4. CAD 的中文含义是_____，CAI 的中文含义是_____。

5. 在二进制中，每一个数上可使用的码元个数为_____。

6. 二进制数 1011+101 等于_____。

7. 八进制数 61.43 转换成二进制数结果是_____，-19 的补码为_____。

8. 八进制与十六进制的转换一般以_____作为桥梁。

9. 仅根据数值位表示方法的不同，机器数有 3 种编码形式：_____、_____和_____，而采用_____进行计算时，可以统一加减法。

10. 7 位二进制编码的 ASCII 可表示的字符个数为_____。

三、简答题

1. 简述计算机的发展历史。
2. 计算机的应用领域有哪些？
3. 冯·诺依曼对计算机结构提出的重大改进理论是什么？
4. 什么是机器数？对有符号数的表示方式有哪些？
5. 以 R 进制为例，说明进位记数制的特点。
6. 汉字编码有几种？各具有什么特点？

四、计算题

1. 将十进制数 256 转换为二进制数、八进制数及十六进制数。
2. 将十六进制数 A16.4D 转换为二进制数及八进制数。
3. 分别用二进制反码和补码运算求 -52-20。
4. 求下列真值的原码、反码和补码。

$$+1010 \quad -1010 \quad +1111 \quad -1111 \quad -0000 \quad -1000 \quad +1011 \quad -1011$$

5. 试将下列十进制数转换为二进制数（小数点后保留 3 位）、八进制数及十六进制数。

（1）$(28)_D$　　（2）$(34.75)_D$　　（3）$(8.256)_D$　　（4）$(75.6)_D$

6. 若 $X_1=+1101$，$X_2=-0011$，用补码运算求 X_1+X_2 和 X_1-X_2。

第 ② 章 计算机硬件系统

　　计算机系统包括硬件系统和软件系统两大部分。硬件系统由硬件构成，软件系统由软件组成，计算机依靠硬件和软件协同工作来完成指定的任务。硬件是指组成计算机的所有实体部分，如 CPU、硬盘、鼠标、键盘、显示器等。软件是指建立在硬件基础上的所有程序和文档的集合。硬件系统是计算机工作的物质基础，任何软件都是建立在硬件基础上的。如果把硬件系统比作计算机的躯体，那么软件系统就是计算机的头脑和灵魂，两者相互依存、密不可分。

本章学习目标

- 理解冯·诺依曼体系结构和哈佛结构的基本组成，以及各自的特点。
- 理解和掌握计算机硬件的组成。
- 理解主板的功能和结构。
- 掌握 CPU 的组成结构、工作原理，以及主要性能指标。
- 掌握存储器的基本类型与各类存储器的结构特点、工作原理和主要性能指标。
- 理解总线和接口的基本功能，了解计算机常用总线和接口的技术特点。
- 理解和掌握各类 I/O 设备的功能、原理和特点。

2.1　计算机的基本结构

　　结构是指各部分之间的关系。计算机体系结构在整个计算机系统中占据核心地位，是设计和理解计算机的基础。通过分析计算机的基本组成和结构，我们可以更好地理解计算机的基本工作原理。根据计算机的核心部件中央处理器（CPU）的体系架构的不同，计算机体系结构可以分为冯·诺依曼体系结构和哈佛结构。

2.1.1　冯·诺依曼体系结构

　　冯·诺依曼在"EDVAC 方案"中正式提出了以二进制、程序存储和程序控制为核心的思想，对 ENIAC 的缺陷进行了有效的弥补，从而奠定了冯·诺依曼机的结构基础。

　　冯·诺依曼体系结构也称普林斯顿结构或冯氏结构（如图 2-1 所示），是一种将指令存储器和数据存储器合并在一起的结构，取指令和取操作数都经由同一个总线进行串行传输（一次只能传输一条数据或指令）。由于指令存储地址和数据存储地址指向同一个存储器的不同物理位置，因此指令和数据两者宽度（即位宽）相同，如 Intel 公司的 8086 处理器的指令和数据都是 16 位的宽度。

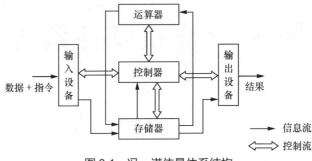

图 2-1　冯·诺依曼体系结构

冯·诺依曼体系结构一般具有以下 4 个特点。

① 必须有一个存储器，用于存储数据和指令。

② 必须有一个控制器，用于控制程序的运行。

③ 必须有一个运算器，用于完成算术运算和逻辑运算。

④ 必须有输入设备和输出设备，用于进行人机交互。

在该体系结构下，计算机由五大部件组成：运算器、控制器、存储器、输入设备和输出设备。下面具体介绍这五大部件的功能、相互关系及工作过程。

1. 五大部件的功能

（1）运算器。运算器是用二进制进行算术运算和逻辑运算的部件。它由算术逻辑部件（Arithmetic Logic Unit，ALU）和若干通用寄存器组成。

ALU 由组合逻辑电路组成，其功能是实现算术运算和逻辑运算等，是计算机的运算中心。算术运算是指加、减、乘、除和求补码等运算，而逻辑运算是指与、或、非、异或、移位等操作。逻辑运算以加法运算为核心，减法通过补码变减为加，乘法通过一系列的加法和移位操作来完成。总之，在控制器的控制下，ALU 对来自存储器的数据进行算术运算和逻辑运算。通用寄存器用来存放参加运算的原始数据、过程数据，以及结果数据。当然，运算器除完成运算，还可以传送数据到内存中。

（2）控制器。控制器一般由指令寄存器、指令译码器、时序电路和控制电路等组成。控制器实现计算机对整个运算过程的有规律的控制，是计算机的指挥中心。它的基本功能是控制从内存中取出指令、分析指令、发出由该指令规定的一系列操作命令并完成相应操作。

计算机执行程序时，控制器首先按程序计数器给出的指令地址从内存中取出一条指令，并对指令进行分析，然后根据指令的功能向有关部件发出控制命令，控制它们执行这条指令所规定的功能。这样逐一执行一系列指令，计算机就能够按照程序的要求自动完成各项任务。

由于超大规模集成电路的发展，现在基本上是把控制器和运算器集成在一块芯片上的，该芯片被称为中央处理器。它是计算机的核心，其功能直接关系到计算机的性能，是计算机最复杂、最关键的部件之一。

（3）存储器。存储器用来存放计算机运行中要执行的指令和参与运算的各种数据。存储器分为内存储器和外存储器（这里我们主要讲内存储器，即内存），外存储器也可以作为 I/O 设备。

（4）输入设备。输入设备用来将用户输入的原始数据（包括数字、声音、图形、图像）

和程序指令转换为计算机能识别的形式（即二进制代码），以便存放在内存中。常用的输入设备有键盘、鼠标、扫描仪等。

（5）输出设备。输出设备用于将存储在内存中由计算机处理的结果（即二进制数码）转换为人们所能识别的形式。常用的输出设备有显示器、打印机、绘图仪等。

I/O 设备是用于人机交互的设备，统称为外部设备，简称外设。

2. 五大部件的相互关系及工作过程

（1）相互关系。计算机的五大部件相互配合、协同工作，形成了高效的计算机硬件系统。

（2）工作过程。计算机工作时严格遵循"程序存储及程序控制"原理，具体过程如下。

① 由输入设备输入原始数据和程序指令（每一条指令都明确规定计算机从哪个地址取数、进行什么操作、结果数据送到什么地方等步骤），由控制器控制，将这些数据和指令送入存储器（存储程序和数据）。

② 在控制器的控制下，存储器中的程序指令（按事先编排的顺序）被逐条送入控制器，经译码分析后将程序指令转换为相应的控制命令（控制运算器及存储器进行各种存数、取数和运算等操作）。

③ 在控制器的控制下，运算器完成规定操作并将结果送回存储器。

④ 在控制器的控制下，将结果由存储器送入输出设备后输出。

2.1.2　哈佛结构

哈佛结构（Harvard architecture，HARC）于 20 世纪 70 年代由美国哈佛大学的学者提出，是一种将指令存储器和数据存储器分开的存储器结构，取指令和取操作数经由不同总线并行传输，因此哈佛结构属于一种并行体系结构，如图 2-2 所示。由于指令存储地址和数据存储地址指向不同的存储器，因此指令和数据的宽度也不同。例如，Microchip 公司的 PIC芯片的指令是 14 位宽度，而数据是 8 位宽度。

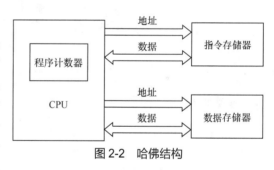

图 2-2　哈佛结构

与冯·诺依曼体系结构处理器比较，哈佛结构处理器有两个明显的特点：一是使用两个独立的存储器模块，分别存储指令和数据，每个存储器模块都不允许指令和数据并存；二是使用两条独立的总线，分别作为 CPU 与每个存储器之间的专用通信路径，而这两条总线毫无关联。

哈佛结构采用指令和数据空间独立的体系结构，目的是消除指令运行时的瓶颈。例如，在一个取操作数的运算中，同时还有一个取指令操作，如果采用冯·诺依曼体系结构，程序和数据通过一条总线访问，取数据和取指令必然产生冲突。而哈佛结构这种分开存储、分开传输的方式则能从根本上解决同一时间内取数据与取指令相冲突的问题。

由于可以同时读取指令和数据，大大提高了数据吞吐率，因此哈佛结构的微处理器通常具有更高的执行效率。它的缺点是结构复杂，对外部设备的连接与处理要求高，十分不适合外存储器的扩展。可以假设：如果是哈佛结构的计算机系统，就得在计算机上安装两块硬盘（一块装指令，另一块装数据）和两根内存（一根存储指令，另一根存储数据）。

总体说来，冯·诺依曼体系结构简单、易实现、成本低，但效率偏低；哈佛结构效率高但结构复杂。因而，目前绝大部分计算机仍采用冯·诺依曼体系结构。

2.2　计算机的硬件组成

计算机硬件（Hardware）是指组成计算机的各种物理设备，是看得见、摸得着的。下面以微型计算机（简称微机）为例，对计算机的硬件组成进行详细介绍。

微机通常由主机和外部设备两部分组成，如图2-3所示。主机是微机的核心部件，是指计算机除去I/O设备以外的主要机体部分，主要包括主板、CPU、内存条、I/O扩展槽、总线和各种接口等。外部设备是指计算机主机以外的硬件设备（对数据和信息起着传输、转送和存储的作用），是微机的重要组成部件，主要包括输入设备（如键盘、鼠标）、输出设备（如显示器、打印机）、网络设备（如路由器、交换机）等。

图2-3　微型计算机

2.2.1　主板

主板（Mainboard）又称母板（Motherboard），是位于主机箱内的一块大型多层印刷电路板，是微机最基本、最重要的部件之一。如果把CPU比作微机的心脏，那么主板就是躯干（内含血管、神经等），CPU、内存条、显卡、网卡等均是需要安装在主板上的硬件，其他的如硬盘与电源等均必须用数据线或电源线与主板相连。

主板一般是一块矩形电路板，如图2-4所示。虽然目前主板的品牌、型号五花八门，但外形和基本构成基本类似，上面都可安装或连接组成计算机的主要电路系统，一般有CPU、随机存储器、只读存储器、显卡、声卡、网卡、I/O控制芯片、键盘和面板控制开关接口、指示灯插接件、扩展插槽、主板及插卡的直流电源供电接插件等元器件。其实，主板就是载体或平台，在上面搭载或连接CPU、硬盘、内存、显卡等设备，和机箱、电源、显示器、键盘、鼠标等构成一个完整的PC系统。因此，主板在整个微机系统中扮演着举足轻重的角色。可以说，计算机的整体运行速度和稳定性在很大程度上都取决于主板的性能。

主板上一般有6~8个扩展插槽，供微机外部设备的控制卡（适配器）插接，如显卡、声卡等，这样可以对微机的子系统进行局部升级，使用户在硬件配置方面具有更大的灵活性。

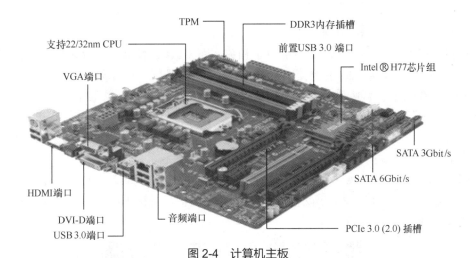

图2-4　计算机主板

2.2.2　中央处理器

在主板上有个重要的半导体芯片，称为中央处理器（CPU），又称为微处理器，如图 2-5 所示。目前 CPU 一般采用超大规模集成电路工艺制成，其功能是执行算术运算和逻辑运算并控制整个计算机自动、协调地完成各种操作。因此，虽然 CPU 只是一块小小的芯片，却是整个微机系统的灵魂与核心。

CPU 通常由运算器、控制器和寄存器等部件组

图2-5　微处理器（以 Intel 为例）

成。其中，运算器又称为算术逻辑部件（ALU），负责完成数据的算术运算和逻辑运算。控制器是计算机系统的指挥中心，负责自动执行程序指令并产生正确的控制信号，以控制各硬件协同工作。寄存器（Register）用来保存正在执行的程序指令、过程数据、运算结果等。这些部件通过 CPU 内部总线相互交换信息、协同工作。

CPU 背面通常有许多的针脚（如 AMD 的锐龙系列），用于插入主板的 CPU 插槽。此外，由于 CPU 在运行时会产生高热量，因此在其正面往往会加装散热片和风扇，帮助其降温，否则一旦温度过高将影响 CPU 的稳定性。

世界上最著名的 CPU 厂商是美国的 Intel 公司。自 20 世纪 80 年代起，Intel 公司相继推出 8086、8088、80286、80386、80486，然后开始将产品命名为"奔腾"（Pentium）系列并陆续推出了奔腾Ⅱ、奔腾Ⅲ、奔腾Ⅳ，以及"酷睿"系列等。除了 Intel，目前比较著名的 CPU 厂商还有 AMD 公司，其著名产品包括"雷鸟"系列、"毒龙"系列、"速龙"系列、"羿龙"系列等。

1. CPU 的工作原理

简单地说，CPU 的工作过程大致分为 4 个阶段：提取（Fetch）、解码（Decode）、执行（Execute）和写回（Writeback）。CPU 从存储器或高速缓存中取出指令，放入指令寄存器并对指令译码；将指令分解成一系列微操作，然后发出各种控制命令，执行微操作系列，从而完成一条指令的执行。

2. CPU 的主要性能指标

计算机的性能好坏与 CPU 的性能息息相关，而 CPU 的性能主要体现在其运行程序的速度上。影响运行速度的性能指标主要包括 CPU 的核心数、字长、频率（主频、外频和倍频）、前端总线频率、高速缓存容量、扩展指令集、制作工艺，以及工作电压等。

（1）核心数。内核（Core）即 CPU 的核心，是 CPU 最重要的组成部分。CPU 中心那块隆起的芯片就是内核，是用单晶硅以一定的生产工艺制造出来的。CPU 所有的计算、接收/存储命令、处理数据都由内核执行。

单核（Single-Core）或多核（Multi-Core）是指在同一块 CPU 上集成一个或多个相同功能的处理器核心，如图 2-6 所示为多核 CPU 在高倍显微镜下的图像。双核心或多核心 CPU 可以成倍地提高工作效率。

图 2-6 多核 CPU 在高倍显微镜下的图像

（2）字长。CPU 在同一时间能一次传输或处理的二进制代码的位数即字长，它是衡量 CPU 性能的重要指标之一。在一次运算中，操作数和运算结果通过内部总线在寄存器和运算部件之间传送，字长决定着计算机内部寄存器、内部总线和 ALU 的位数，直接影响着计算机的硬件规模和造价。此外，当其他性能指标相同时，字长还直接反映了 CPU 的计算精度（字长越长，计算精度越高）、数据处理速率（字长越长，数据处理速率越快）和数据存取效率（字长越长，寻址能力越强，可直接访问的内存单元就越多，数据存取效率越高）。

常见的微处理器字长为 8 位、16 位、32 位、64 位。目前，64 位高性能处理器已在 PC 中普及。为满足不同的兼容要求及协调运算精度，大多数 CPU 均支持变字长运算，即机内可实现半字长、全字长和双倍字长运算，如 64 位 CPU 大都可以安装 64 位系统和 32 位系统。

（3）频率（主频、外频和倍频）。

① 主频。人们通常会说某 CPU 是多少赫兹的，这里的"多少赫兹"就是指 CPU 的主频。主频也叫时钟频率，单位是 GHz，用来表示 CPU 的运算速度。

CPU 的主频计算公式为

$$CPU 的主频 = 外频 \times 倍频系数$$

② 外频。外频是 CPU 与主板上其他设备进行数据传输的物理工作频率，也就是系统总线的工作频率，它代表着 CPU 与主板和内存等配件之间的数据传输速度，单位是 MHz。CPU 标准外频主要有 66 MHz、100 MHz、133 MHz、166 MHz 和 200 MHz。

③ 倍频。倍频也称倍频系数，是 CPU 主频与外频的相对比例关系。在相同的外频下，倍频越高，CPU 的主频越高。但实际上，在相同外频的前提下，高倍频的 CPU 本身意义并不大。这是因为 CPU 与系统之间的数据传输速度是有限的，一味地追求高倍频而得到的高

主频 CPU 会出现明显的 "瓶颈" 效应（CPU 从系统中得到数据的极限速度不能够满足 CPU 运算的速度）。现在的 CPU 基本都对倍频进行了锁定，一般是不能修改的。

值得注意的是，主频并不直接代表 CPU 的运算速度或性能，"CPU 的主频指的就是 CPU 运行的速度" 这种认知是很片面的。CPU 的主频表示在 CPU 内数字脉冲信号震荡的速度，与 CPU 实际的运算能力是没有直接关系的。当然，主频和实际的运算速度是有关的，但目前还没有一个确定的公式能够表明两者的数值关系，因为测算 CPU 的运算速度还要看 CPU 流水线的各方面性能指标（缓存、指令集、CPU 的字长等）。由于主频并不直接代表运算速度，所以在一定情况下，很可能会出现主频较高的 CPU 的实际运算速度较低的现象。例如，AMD 公司 Athlon XP 系列的 CPU 大多能以较低的主频达到 Intel 公司 Pentium 4 系列的较高主频 CPU 的性能。因此，主频仅仅是 CPU 性能表现的一个方面，而不代表 CPU 的整体性能。

（4）前端总线频率。前端总线（Front Side Bus，FSB）频率直接影响 CPU 与内存交换数据的速度，数据传输的最大带宽取决于所有同时传输的数据宽度和传输频率。其计算公式为

$$数据带宽=（数据位宽×前端总线频率）/8$$

外频与前端总线频率的区别是：前端总线频率指的是数据传输的速度，外频是 CPU 与主板同步运行的速度。也就是说，100 MHz 外频特指数字脉冲信号在每秒振荡一亿次；而 100 MHz 前端总线频率指的是每秒 CPU 可接收的数据传输量是（100×64）/8=800（MB）。

（5）高速缓存容量。高速缓存（Cache）是指可以进行高速数据交换的存储器，它先于内存与 CPU 交换数据，因此速度很快。高速缓存又可分为一级高速缓存（L1 Cache）和二级高速缓存（L2 Cache）。

① L1 Cache。一级高速缓存通常在 CPU 内部，其容量和结构对 CPU 性能的影响很大，但价格昂贵且结构较复杂。在 CPU 芯片面积不能太大的情况下，一级高速缓存的容量不可能做得太大。一般一级高速缓存的容量在 32～256 KB。

② L2 Cache。二级高速缓存分内部和外部两种。内部二级高速缓存的运行速度与主频相同，而外部二级高速缓存的运行速度则只有主频的一半。二级高速缓存的容量也会影响 CPU 的性能，原则是越大越好，现在家庭用 CPU 的二级高速缓存的最大容量是 512 KB，而服务器和工作站上用的 CPU 的二级高速缓存的容量可达 1～3 MB。

（6）扩展指令集。指令集是存储在 CPU 内部、对 CPU 运算进行指导和优化的硬程序。拥有这些指令集，CPU 就可以更高效地运行。因此，指令集的强弱也是反映 CPU 性能的重要指标，指令集是提高微处理器效率的最有效的工具之一。CPU 的基本指令集都差不多，但为了提升 CPU 某一方面的性能，又开发了扩展指令集，以增强 CPU 的多媒体、图形、图像和 Internet 等的处理能力。

Intel 公司于 1996 年推出了多媒体扩展（Multi Media eXtension，MMX）指令集，它是一项多媒体指令增强技术，包含 57 条多媒体指令。此后，Intel 又陆续发布了 SSE（新增 70 条指令）、SSE2（新增 144 条指令）、SSE3（新增 13 条指令）、SSSE3（新增 32 条指令）、SSE4（新增 47 条指令）、EM-64T（针对 64 位桌面处理器）等指令集。CPU 厂商正是通过不断添加图形、视频编码、处理三维成像及游戏应用等新指令使处理器在音频、图像、数据压缩算法等多方面的性能得到不断提升的。AMD 公司主要使用 3D-Now!

指令集。

（7）制作工艺。制作工艺是指在硅材料上生产 CPU 时使用到的内部晶体管与晶体管之间的距离，或者说晶体管之间导线的连线宽度，单位为"纳米"（ns）。纳米数越小，相同空间内的晶体管就越多，这意味着在同样面积的芯片中，可以拥有密度更高、功能更复杂的电路设计，因此 CPU 的性能越出色、功耗越小、温度越低（高温是造成 CPU 无法在高频状态下稳定运行的主因）。例如，以前的 CPU 都是 90 nm 制程（Pentium 4）、65 nm 制程、32 nm 制程，现在的 CPU 已经全面进入 10 nm 时代（酷睿 i3/i5/i7），而 5 nm 将是下一代 CPU 的发展目标。

（8）工作电压。工作电压是指 CPU 正常工作时所需的电压。从 Intel 586 开始，CPU 的工作电压分为内核电压和 I/O 电压两种。其中，内核电压的大小是根据 CPU 的制作工艺而定的，一般制作工艺越好，内核电压就越低。低电压能解决耗电过大和发热过高的问题。

一般来说，除制作工艺越小越好和工作电压越低越好，CPU 的其他参数都是越高越好。

2.2.3 存储器

在计算机的组成结构中，有一个很重要的部分，就是存储器。存储器是用来存储程序和数据的部件。对计算机来说，有了存储器，才有记忆能力，才能保证正常工作。

目前，微机系统中通常采用三级层次结构来构成存储系统，分别是高速缓存、主存储器和辅助存储器，如图 2-7 所示。

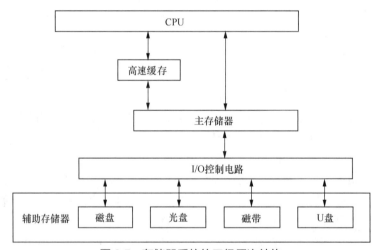

图 2-7　存储器系统的三级层次结构

主存储器又称内存储器（简称内存），辅助存储器又称外存储器（简称外存），高速缓存又称 Cache（简称缓存）。

微机系统中，内存储器一般采用半导体存储器，而外存储器主要采用软盘、硬盘、光盘、磁带和 U 盘等。通常我们把 CPU 目前不使用的、永久保存的、大量的数据保存在外存储器上，而把一些 CPU 当前或即将使用的、临时保存的、少量的数据保存在内存储器上。例如，日常使用的操作系统、字处理软件、游戏软件等一般都保存在外存储器上，需要用时再将其调入内存储器中运行。

随着技术的发展，CPU 速度的提升远远快于内存储器。CPU 希望能在 1 个时钟周期内就完成对所有数据的访问，但内存供给不足，这就导致 CPU 常常处于闲置等待状态，严重影响 CPU 的工作效率。为缓解 CPU 和内存速度不匹配问题，高速缓存应运而生。高速缓存就是为了平衡高速设备和低速设备的速度差异而存在的。

高速缓存位于 CPU 与内存之间，是一个读写速度比内存更快的存储器，主要用于存放当前内存中使用频率最高的程序块或数据块，并以接近 CPU 的工作速度向 CPU 提供数据，以提高整个系统的性能。

1. 半导体存储器

现代计算机多采用半导体存储器。按照信息存取原理的不同，可以将半导体存储器分为只读存储器（Read-Only Memory，ROM）和随机存储器（Random Access Memory，RAM）两大类，每一大类根据具体制造工艺的不同还可以细分。

（1）ROM。只读存储器因工作时只能读取信息而得名，采用非易失性器件制造。厂家在制造 ROM 的过程中，信息（数据或程序）经特殊方式写入并永久保存。这些信息只能读出，一般不能再写入，而且即使系统停止供电，信息也不会丢失。

① ROM 芯片应用举例。ROM 芯片常用于存储系统中不需要改写的数据。例如，在微机主板上，有一个专门用来存储基本 I/O 系统的 ROM 芯片，称为基本输入/输出系统（Basic Input/Output System，BIOS）芯片，一般位于主板的南桥附近，如图 2-8 所示。

图 2-8 含双 BIOS 的高端主板

BIOS 芯片因固化了基本 I/O 系统而得名，主要保存着有关微机系统最重要的基本 I/O 程序、系统信息设置、开机上电自检程序和系统启动自举程序等，用于在计算机开机过程中完成对硬件系统的加电自检、系统中各种硬件设备的初始化、基本 I/O 的驱动程序，以及引导操作系统。BIOS 提供了许多低层次的服务，如硬盘启动程序、显示器驱动程序、键盘驱动程序、打印机驱动程序，以及串行通信接口驱动程序等，使用户不必过多地关心这些具体的物理特性和逻辑结构细节（如端口地址、命令及状态格式等），从而更方便地控制各种 I/O 操作。

② ROM 家族成员。ROM 按照工作原理的不同又可细分为可编程只读存储器（Programmable Read-Only Memory，PROM）、可擦除可编程只读存储器（Erasable Programmable Read-Only Memory，EPROM）、电可擦除可编程只读存储器（Electrically-Erasable Programmable Read-Only Memory，EEPROM）、快闪存储器（Flash ROM）等。目前，BIOS 所用的 ROM 一般是性能优越的 Flash ROM。ROM 家族最显著的特征是记忆性（系统停止供电后仍可保存数据），因此 ROM 又称记忆性元器件或非易失性元器件。

● PROM 是一次性可编程只读存储器，在出厂时，内部并没有资料（内部所有信息均为"0"或"1"），用户可以根据自己的需要，用专门的编程器将资料写入，但这种机会只有一次且一旦写入就无法修改，系统停止供电后可以保持数据不丢失。

● EPROM 是可多次编程只读存储器。其内部为一组浮栅晶体管，断电后仍能保留数据。EPROM 可实现多次写入数据，但过程复杂，需在机外利用强紫外线擦除器对整个芯片进行数据删除，再使用一种特制的低电压编程器来写入数据，如图 2-9 所示。EPROM 解决了 PROM 只能写入一次数据的弊端，但使用起来既不方便也不稳定。

图 2-9　EPROM 与擦除器

● EEPROM 直接利用一个特制的低压编程器在机内实现数据擦除和数据写入且过程简单，是一种掉电后数据不丢失的存储芯片。其最大的优点是彻底摆脱了紫外线擦除器机外读写的束缚，可即插即用，使用非常方便。另外，它以字节为最小修改单位（不必像 EPROM 那样只能将资料全部洗掉后才能写入），所以写入速度更快。

● Flash ROM 是快擦型存储器，可在计算机内快速进行数据删除和编程，它也是一种掉电后不丢失数据的存储芯片。Flash ROM 是对 EEPROM 的发展，其数据删除不是以单个字节为单位，而是以一定大小的"块"为单位，"块"的大小一般为 256 KB～20 MB，因此 Flash ROM 的读写速度比 EEPROM 更快。由于具有高性能和低成本的双重优势，因此 Flash ROM 对于需要实施代码或数据更新的嵌入式应用来说是一种理想的存储器。

在 ROM 家族中，虽然有些是可编程写入的，但由于写入的速度较慢，通常只用于读取，因此将它们归类为只读存储器。

（2）RAM。RAM 又称为读/写存储器或内存，表示既可以读取数据，也可以写入数据。RAM 采用易失性器件制造，当机器电源关闭时，存于其中的数据就会丢失。主板上的内存条（见图 2-10）实际上就是将多个 RAM 集成在一起的小块电路板。通常所说的内存容量就是指内存条上 RAM 的容量。

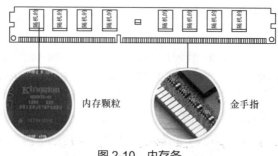

内存颗粒　　　金手指

图 2-10　内存条

除主板上的 RAM 内存条，许多其他卡上也使用 RAM 芯片。例如，显卡中的显示内存（显存）可以作为 CPU 与显示器之间的数据传输中转站，从而加快显示信息的速度。

① RAM 芯片应用举例。互补金属氧化物半导体器件（Complementary metal oxide semiconductor）芯片是微机主板上的一块可读写的 RAM 芯片，主要用来保存当前系统的硬件配置参数和操作人员对某些系统参数（如系统时间日期、系统第一启动项等）的设置信息。CMOS 芯片通过主板上的一块纽扣电池（CMOS 电池）供电，因此无论是在关机状态中，还是遇到系统掉电情况，CMOS 信息都不会丢失。

以前，CMOS 芯片多为一个独立的 RAM 芯片，由于纽扣电池本身电量就少，为尽可能避免传输损耗，COMS 芯片与电池的距离会很近。但近年来，多把 CMOS 芯片集成在南桥芯片里，如图 2-11 所示。

图 2-11　带 CMOS 清除按钮和南桥散热片的高端主板

② RAM 家族成员。RAM 既可随机读取数据又可随机写入数据，通常用于存放系统程序、用户程序及相关数据。RAM 按照工作方式的不同又可细分为动态随机存储器（Dynamic Random Access Memory，DRAM）和静态随机存储器（Static Random Access Memory，SRAM）两大类。

● DRAM 采用半导体器件中分布电容器上电荷的有、无来表示所储存的信息"1"和"0"。由于保存在分布电容器上的电荷会随着电容器的漏电而逐渐消失，因此需要周期性地充电。DRAM 的功耗低、集成度高、成本低，但存取速度较慢。

● SRAM 是通过双稳态电路来保留存储器中的信息的。只要存储器的供电不断，存放在存储器中的信息就不会丢失。SRAM 的主要优点在于接口电路简单、使用方便且速度比 DRAM 更快，运行也更稳定；但缺点是功率大、集成度低、成本高。因此，SRAM 常被用来作为系统的高速缓存。

2. 主存储器

主存储器也称内存，是微机中的主要存储部件，也是 CPU 能够直接寻址的存储器。因此，主存储器的质量直接影响微机的运行速度。目前，微机上配置的主存储器均采用 DRAM。

（1）内存发展所经历的主要时代

① 同步动态随机存储器（Synchronous Dynamic Random Access Memory，SDRAM）时代。1997 年之后，内存多采用 SDRAM 制作而成，称为 168 线内存条（因有 168 根金角线而得名，金角线也称"金手指"，中间有 1 个缺口）。SDRAM 内存的带宽为 64 bit（正好对应当时 CPU 的 64 bit 数据总线宽度）；时钟频率为 100 MHz、133 MHz；常见的存储容量为 128 MB、256 MB 和 512 MB 等。

② 频率竞争时代。2000 年，Intel 公司推出了主频达 600 MHz 的奔腾 Ⅲ 处理器，之后 AMD 公司又推出了主频突破 1 GHz 的速龙（Athlon）处理器。在 AMD 与 Intel 的激烈竞争中，CPU 的主频也在不断地高速提升。为了匹配 CPU 速度的大幅度提升，必须对内存进行更新，两家芯片巨头各自提出了相应改进意见。

Intel 提出重新设计内存，取名为“Rambus”；而 AMD 提出在 SDRAM 的基础上做改良，取名为“DDR SDRAM”（Double Data Rate SDRAM），为“双倍速率 SDRAM”之义。虽然 Rambus 的性能非常优越，但因触及硬件厂商的既得利益而遭到强烈抵制并最终搁浅。

③ DDR 时代。一般指 2002 年至今，该时代的具体情况如下。

DDR（双倍速率 SDRAM）：数据传输速度为传统 SDRAM 的两倍。

DDR2（二代内存）：采用 0.13 μm 生产工艺、更低的运行电压（1.8 V），从而进一步降低发热量，以便提高频率，频率可达 800 MHz～1066 MHz。

DDR3（三代内存）：生产工艺小于 0.1 μm，工作电压降至 1.5 V，频率可达 1600/2000 MHz。

DDR4（四代内存）：2014 年 DDR4 内存开始用于服务器领域，起步电压降至 1.2 V，而频率提升至 2133 MHz。2015 年进一步将电压降至 1.0 V，频率则达到 2667 MHz。

DDR5（五代内存）：2020 年 10 月，DDR5 时代开启。DDR5 采用 19nm 生产工艺，与 DDR4 内存相比，功耗更低、性能更强，其工作电压低至 1.1V，频率则提升至 4800MHz。目前已发布的最高 DDR5 内存频率是 7800MHz。

DDR、DDR2 和 DDR3 的比较如图 2-12 所示。

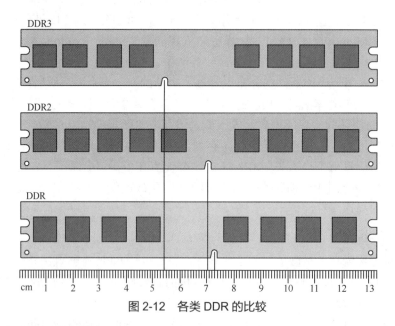

图 2-12　各类 DDR 的比较

（2）内存的主要性能指标

目前，衡量内存性能的指标主要有内存类型、内存容量、工作频率、时序和工作电压等。

① 内存类型。目前，微机上配置的主存储器均为 DDR，随着 CPU 性能的不断提高，又相继出现了 DDR2、DDR3、DDR4 和 DDR5。DDR3 在频率和速度上有更大的优势，性

能更好、更省电。目前，DDR3 已在 PC 领域普及。

② 内存容量。一般来说，内存容量越大，数据处理的速度就越快。但是，在选购内存的时候也要考虑 PC 软、硬件需求，以发挥内存的最大价值。例如，Windows XP 32 位系统最大支持 4 GB 内存，Windows 10 家庭版 64 位系统最大支持 128 GB 内存。

③ 工作频率。工作频率越高代表速度越快。例如，DDR5 的起步频率为 4800 MHz，最高甚至可突破 1GHz。目前，DDR4-3600 8 G/16 G（工作频率为 3600 MHz）已成为 PC 的主流标配。

④ 时序。时序表示内存完成一项工作所需要的时间周期，时间越长，则表示执行效率越低。例如，DDR4-3600 内存的时序为 CL6。

⑤ 工作电压。通常情况下，工作电压越小，能耗就越低。例如，DDR4 的工作电压是 1.2 V、DDR5 的工作电压是 1.1 V。

3. 高速缓存

高速缓存（Cache）存储的内容为最近曾被 CPU 访问过的程序或数据。由于在多数情况下，一段时间内程序的执行总是集中于程序代码的某一较小范围，因此如果将这段代码一次性从内存调入高速缓存，则可以在一段时间内满足 CPU 的需要，从而将 CPU 对内存的访问变为对高速缓存的访问，以提高 CPU 的访问速度和整个系统的性能。目前，微机上配置的高速缓存基本上都采用 SRAM。

4. 辅助存储器

在一个计算机系统中，除有主存储器外，一般还有辅助存储器，用于存储暂时不用的程序和数据。它与主存储器的区别在于，存放在辅助存储器中的数据必须在调入主存储器后才能被 CPU 所使用。

辅助存储器在结构上大多由存储介质和驱动器两部分组成。其中，存储介质是一种可以表示两种不同状态并以此来存储数据的材料，而驱动器则主要负责在存储介质中写入或读取数据。目前，微机中常用的辅助存储器有磁盘存储器、Flash 存储器和光盘等。

（1）磁盘存储器。磁盘存储器是目前 PC 中应用得最广泛的一种辅助存储器，由磁盘、磁盘驱动器及磁盘控制器三部分组成。

磁盘存储器主要分为软盘和硬盘两大类。目前，软盘已基本被淘汰，下面主要介绍硬盘存储器及其相关原理。

① 硬盘技术及其工作原理。目前，微机所用的硬盘都采用温切斯特技术（由 IBM 于 20 世纪 70 年代提出）。利用温切斯特技术把磁盘、主轴、磁头等组装并封装在一起，成为温切斯特驱动器，简称温盘，如图 2-13 所示。

温切斯特技术的核心是：盘体密封；盘片固定并高速旋转；高速旋转产生浮力使磁头飘浮在盘片上方而不与盘片接触（悬浮距离为零点几微米，约为人类头发直径的千分之一）并沿盘片径向移动。

硬盘工作时，固定在同一个转轴上的多张盘片以每分钟数千转甚至更高的速度旋转，磁头在驱动电机的带动下在磁盘上做径向移动，寻找定位，完成数据的写入或读取工作。硬盘经过低级格式化、分区及高级格式化后即可使用。

图 2-13　温盘

硬盘的体积小、容量大、防尘性能好、可靠性高且对使用环境要求不高，它的出现使磁盘性能有了突破性进展，硬盘也成为之后磁盘存储器的主要产品。

② 硬盘的数据结构。磁盘是以"柱面-磁道-扇区"的结构来进行数据组织的，如图 2-14 所示。

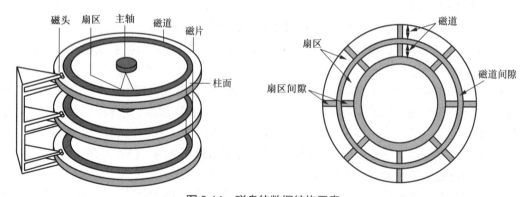

图 2-14　磁盘的数据结构示意

- 磁道。硬盘上信息的存储是以同心圆的形式排列的，每一个圆环称为一个磁道。当对磁盘进行读写时，磁头定位在磁道上，为防止或减少由于磁头未定位准确或磁域间干扰所引起的错误，相邻磁道间有一定的间隙。

- 扇区。一个磁盘面有上千个磁道，磁道又进一步被分割成几十到上百个等长的圆弧，每一段圆弧称为一个扇区，相邻扇区间同样留有一定的间隙。一个扇区可以存储若干位信息，它是磁盘与主机交换信息的基本单位。大多数系统所定义的扇区的大小为 512 B～2 KB。

- 柱面。每个存储表面的同一磁道组成一个圆柱面，称为柱面。

③ 硬盘的容量计算公式。

$$硬盘的容量 = 磁头数 \times 柱面数 \times 每磁道扇区数 \times 扇区字节数$$

磁头数即盘片数；柱面数即磁道数；扇区字节数即扇区容量（一般为512 B）。

【**例 2-1**】　某硬盘的磁头有 15 个，磁道数为 8894 个，每道有 63 个扇区，每个扇区为512 B，请计算该硬盘的存储容量。

　　解： *存储容量=磁头数×柱面数×每磁道扇区数×512 B=15×8894×63×512 B≈4.1 GB*

　　④ 硬盘的分类如下。

- 根据存储容量分类，硬盘有 80 GB、300 GB、500 GB、1 TB 等。
- 根据接口类型分类。硬盘的接口有集成驱动电接口（Integrated Drive Electronics Interface，IDE 接口）、增强集成驱动电接口（Enhanced Integrated Drive Electronics Interface，EIDE 接口）、高级技术附加装置（Advanced Technology Attachment，ATA-2）接口、小型计算机系统接口（Small Computer System Interface，SCSI）、串行先进技术总线附属接口（Serial Advanced Technology Attachment Interface，SATA 接口）等多种不同的类型。其中，EIDE接口和 ATA-2 接口是在 IDE 接口的基础上做的改进，现在已很少被使用。目前，主流 PC的硬盘接口是 SATA 接口，服务器用 SCSI，一些低端的服务器/工作站用企业级的 SATA 接口。

　　⑤ 硬盘的主要性能指标如下。

- 容量。作为计算机系统的数据存储器，容量是硬盘最主要的参数。硬盘的容量一般以吉字节（GB）或太字节（TB）为单位，换算关系为 1 TB=1024 GB；1 GB=1024 MB。

　　另外，硬盘的容量指标还包括硬盘的单碟容量。所谓单碟容量，是指硬盘单个盘片的容量。单碟容量越大，单位成本越低，平均访问时间也越短。

- 主轴转速。主轴转速是指磁盘每分钟旋转的圈数，单位为 r/min，它是硬盘所有指标中除容量之外最引人注目的性能参数，也是决定硬盘内部传输率的关键因素之一。一般来说，转速越快，读取硬盘数据的速度就越快，硬盘的整体性能越好。目前，硬盘的转速主要有 5400 r/min、7200 r/min 和 10000 r/min。
- 平均寻道时间。平均寻道时间是指磁头从当前磁道移动到目标数据所在磁道的平均时间。这个时间越短，读取硬盘数据的速度就越快。磁头的平均寻道时间除和单碟容量有关外，还与磁头动力臂的运行速度密切相关。目前，硬盘的平均寻道时间为 7 ms～9 ms。
- 高速缓存。高速缓存是硬盘控制器上的一块内存芯片，具有极快的存取速度。高速缓存也是硬盘中非常重要的一个参数，其大小直接影响到硬盘的整体性能。目前，主流硬盘的缓存已达几十 MB。
- 数据传输速率。数据传输速率包括内部数据传输速率和外部数据传输速率。内部数据传输速率是指从硬盘到缓存的传输速度；外部数据传输速率是指从缓存到硬盘接口的传输速度。内部数据传输速率更能反映硬盘的实际表现，通常以 MB/s 为单位。目前，最快的传输速率已达 160 MB/s。

　　（2）Flash 存储器。Flash 存储器，简称闪存，其存取数据的速度比硬盘、光盘更快，而且具有抗震性能好、体积小、功率低等优点。因此，闪存主要用于一些小规模的数据记录和便携式移动设备的存储器，如 U 盘、固态硬盘、安全数码卡（Secure Digital Memory Card，SD 卡）等。

　　① U 盘。U 盘的全称为通用串行总线（Universal Serial Bus，USB）闪存盘，因使用USB 接口与主机通信而得名。它是一种新型存储产品，具有轻巧便携、安全稳定、即插即

用、支持系统引导、可重复擦写、存储容量大等优点。

② 固态硬盘。从技术层面来看，固态硬盘（Solid State Disk，SSD）本质上是闪存集成（可看成一个大容量 U 盘）。

与传统硬盘相比，固态硬盘由于采用闪存作为存储介质，读取速度比传统硬盘更快。传统硬盘通过磁头进行读盘，对于存放在不同区域内的文件，有相应的寻道时间。固态硬盘不用磁头，几乎没有寻道时间，因此固态硬盘持续读写速度远高于传统硬盘。另外，固态硬盘内部没有任何机械装置，不再需要配备电机和风扇，所以工作时也没有噪声；而且由于内部不存在磁头等任何机械活动部件，所以不会发生机械故障，安全可靠、抗震性能极强。图 2-15 所示为固态硬盘与传统硬盘内部构造对比。

众所周知，传统硬盘的机械特性严重限制了数据读取和写入的速度。近年来，计算机运行速度最大的瓶颈恰恰出现在硬盘上，而固态硬盘的诞生恰好能解决这一瓶颈。因此，随着固态硬盘技术的不断提高与成本的不断降低，以固态硬盘替代传统硬盘的消费者也越来越多。

（3）光盘。光盘是利用光学方式进行信息读/写的一种大容量、可移动存储器。光盘的外形呈圆形。与磁盘利用表面磁化来表示信息，光盘利用介质表面有无凹痕来存储信息，如图 2-16 所示。

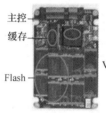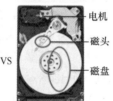

主控　缓存　Flash　VS　电机　磁头　磁盘

图 2-15　固态硬盘（左）与传统硬盘（右）内部构造对比　　图 2-16　光盘与介质表面的凹痕

根据光盘的使用特性不同，可将其分为只读光盘、一次性写入光盘、可重写光盘三大类。目前广泛使用的只读存储光碟（Compact Disc Read-Only Memory，CD-ROM）属于只读光盘，数据信息由生产厂商在制造时写入光盘。该光盘可反复进行数据读取操作，但不能反复进行写入操作。一次性写入光盘可以由用户写入信息，但只能写入一次，之后就不能再擦除或改写。使用可重写光盘，用户可以自己写入信息，也可对已有信息进行擦除或改写，就像使用磁盘一样，可反复读写。可重写光盘需要使用特殊的光盘驱动器进行读写操作，它的存储容量一般从几百 MB 到几 GB 不等。

2.2.4　总线与接口

任何一个微处理器都要与一定数量的部件和外部设备连接，如果将各部件和每一种外部设备都分别用一组线路与 CPU 直接连接，那么连线将会错综复杂，甚至难以实现。为了简化硬件电路和系统结构，常用一组线路配置以适当的接口电路，与各部件和外部设备连接，这组共用的连接线路被称为"总线"。微机中的总线一般有内部总线、系统总线和外部总线，如图 2-17 所示。内部总线是微机内部各外围芯片与处理器之间的总线，用于芯片一级的互联；而系统总线是微机中各插件板与系统板之间的总线，用于插件板一级的互联；外部总线则是微机和外部设备之间的总线，微机作为一种设备，通过该总线和其他设备进行信息与数据交换，它用于设备一级的互联。

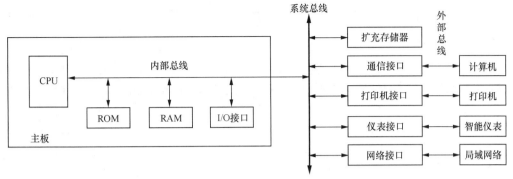

图 2-17 微机中的总线示意

接口（Port）是主机与和外部设备进行信息交换的桥梁，主要用于连接 I/O 设备。有些接口专门用于连接特定的设备，如硬盘接口、显卡接口、打印机并行接口等。而有些接口则具有通用性，可以连接各种各样的外部设备，如 USB 接口等。

随着微电子技术和计算机技术的发展，总线与接口技术也在不断地发展和完善，以下仅对微机中常用的一些总线和接口技术进行介绍。

1. ISA 总线

工业标准体系结构（Industry Standard Architecture，ISA）总线标准是 IBM 于 1984 年为推出 PC/AT 而建立的系统总线标准，也称 AT 总线。它是对 XT 总线的扩展，以满足 8/16 位数据总线要求。它在 80286 至 80486 时代应用得非常广泛。ISA 总线有 98 只引脚，如图 2-18 所示。

2. EISA 总线

EISA（Extended Industry Standard Architecture，扩充的工业标准体系结构）总线是 1988 年由 Compaq 等 9 家公司联合推出的总线标准。它在 ISA 总线的基础上使用双层插座，在原来 ISA 总线的 98 条信号线上又增加了 98 条信号线，也就是在两条 ISA 信号线之间添加一条 EISA 信号线。在使用中，EISA 总线完全兼容 ISA 总线信号。

图 2-18 ISA 总线插槽与 PCI 总线插槽

3. PCI 总线

PCI（Peripheral Component Interconnect，外部设备互联）总线是常用总线之一，它是由 Intel 公司推出的一种局部总线，如图 2-18 所示。它定义了 32 位数据总线且可扩展为 64 位。PCI 总线主板插槽的体积比原 ISA 总线插槽的还小，其功能与 VESA、ISA 相比有极大的改善，支持突发读写操作，最大传输速率可达 132 Mbit/s，同时支持多组外部设备。PCI 总线不能兼容现有的 ISA、EISA、微通道体系（Micro Channel Architecture，MCA）总线，但它不受制于处理器，是基于奔腾等新一代微处理器而发展的总线。

4. AGP 总线

AGP（Accelerated Graphics Port，图像加速端口）是最新的总线类型之一，它的速度至少比 PCI 总线快两倍。目前，多数计算机系统使用 PCI 总线作为通信总线，AGP 总线专门用于加速图像显示。例如，在三维动画中，常用 AGP 总线替换 PCI 总线来传递视频数据。

5. RS-232-C 总线

RS-232-C 是美国电子工业协会（Electronic Industries Association，EIA）制定的一种串行物理总线标准，如图 2-19（a）所示。RS 是英文"Recommended Standard"（推荐标准）的缩写，232 为标识号，C 表示修改次数。RS-232-C 总线设有 25 条信号线，包括一个主通道和一个辅助通道，在多数情况下主要使用主通道，对于一般双工通信，仅需几条信号线就可实现，如一条发送线、一条接收线及一条地线。RS-232-C 标准规定的数据传输速率为每秒 50、75、100、150、300、600、1200、2400、4800、9600、19200Bd。RS-232-C 标准规定，驱动器允许有 2500 pF 的电容器负载，通信距离将受此电容器限制。例如，采用 150 pF/m 的通信电缆时，最大通信距离约为 15 m。若每米电缆的电容量减小，通信距离可以增加。传输距离短的另一个原因是 RS-232-C 采用单端信号传送，存在共地噪声和不能抑制共模干扰等问题，因此一般用于 20 m 以内的通信。

6. IEEE 488 总线

IEEE 488 总线是一种并行总线标准，如图 2-19（b）所示。IEEE 488 总线用于连接系统，如微机、数字电压表、数码显示器等设备及其他仪器仪表均可用 IEEE 488 总线装配。它按照位并行、字节串行双向异步方式传输信号，连接方式为总线方式，仪器设备直接并联于总线上而无须中介单元。总线上最多可连接 15 台设备，最大传输距离约为 20 m，信号传输速度一般为 500 kbit/s，最大传输速度约为 1 Mbit/s。

7. USB 总线

USB 是由 Intel、Compaq、Digital、IBM、Microsoft、NEC 和 Northern Telecom 这 7 家世界著名的计算机和通信公司共同推出的一种新型接口标准，如图 2-19（c）所示。它基于通用连接技术，实现外部设备的简单、快速连接，达到方便用户、降低成本、扩展 PC 连接外部设备范围的目的。它可以为外部设备提供电源，而不像使用串口、并口的设备那样需要单独的供电系统。另外，快速是 USB 技术的突出特点之一，USB 的最高传输速率可达 12 Mbit/s，比串口设备快近 100 倍，比并口设备快近 10 倍，而且 USB 还能支持多媒体。

（a）RS-232-C总线接口　　　　（b）IEEE 488总线接口　　　　（c）USB接口

图 2-19　各种外部总线接口

2.2.5　输入/输出设备

1. 输入设备

（1）键盘。键盘（Keyboard）是微机必备的输入系统，用来向微机输入命令、程序和数据。

键盘由一组按阵列方式装配在一起的按键开关组成，不同按键开关上标有不同字符，每按下一个按键就相当于接通了相应的开关电路，随即将该键对应的字符代码通过接口电路送入微机。键盘是通过一条电缆线与主机相连的。这条电缆线包括 4 条线：+5 V 电源线、地线和两条双向信号线。

键盘上键位的排列是有一定规律的。键位的排列与键位的用途有关，按用途可将键盘分为主键盘区、功能键盘区、编辑键盘区和小键盘区。

主键盘区又称标准英文打字机键盘区，其英文字母排列与英文打字机一致。各种字母、数字、运算符号、标点符号，以及汉字等信息都是通过在这一区域的操作输入计算机的。

功能键盘区包括 12 个功能键 Fl～F12。在不同的软件系统下，其功能是不同的，具体功能由操作系统或应用软件来定义。

编辑键盘区在主键盘和数字小键盘的中间。该区包括 4 个光标移动键和 6 个编辑键。

小键盘区包含数字小键盘和编辑键。数字小键盘位于键盘的右部。该区的键具有数字键和光标键的双重功能。小键盘上标有"Num Lock"字样的按键是一个数字/编辑转换键。当按一次该键时，该键上方标有"Num Lock"字样的指示灯发亮，表明小键盘处于数字输入状态，此时使用小键盘可以输入数字；若再按一次"Num Lock"键，相应指示灯熄灭，表明小键盘处于编辑状态，小键盘上的按键转换为光标控制/编辑键。

（2）鼠标。鼠标（Mouse）是微机必备的输入设备，其主要功能是对鼠标指针进行快速移动、选中图像或文字等对象、执行命令等。

鼠标按其结构可分为机械式［如图 2-20（a）所示］、光电式［如图 2-20（b）所示］、半光电式、轨迹球、无线遥控式、个人数字助理（Personal Digital Assistant，PDA）上的光笔和 NetMouse 这 7 类。由于光电式鼠标工艺简单、使用方便、价格低廉，所以被广泛应用。

光电式鼠标的工作原理：光电式鼠标的定位精度比机械式鼠标高，是用户的首选输入设备。光电式鼠标的内部结构比较简单，其中没有橡胶球、传动轴和光栅轮。要让光电式鼠标发挥出强大的功能，一定要配备一块专用的感光板。发光二极管发出的一部分光照射到下面的感光板上反射回来被光敏三极管吸收，另一部分光被感光板吸收而无法反射，从而形成了高低电平交错的脉冲信号。

鼠标最常用的接口有串行口、专用鼠标器端口（PS/2）和 USB 接口 3 种。对鼠标的操作可分为左击、右击、双击及拖动，这 4 种不同的操作可以实现不同的功能。

（3）扫描仪。扫描仪（Scanner）是计算机用于输入图形和图像的专用设备，如图 2-21 所示。利用它可以迅速地将图形、图像、照片、文本等输入计算机。

扫描仪内部有一套光电转换系统，可以把各种图片信息转换成计算机图像数据并传送给计算机，再由计算机进行图像处理、编辑、存储、输出或传送给其他设备。

目前，使用得最普遍的是由线性电荷耦合器件（Charge-Coupled Device，CCD）阵列组成的电子式扫描仪，其扫描原理：当它扫描图像时（一次只能扫描一行），光线从物体上反射回来，通过透镜射进 CCD，CCD 将光线转换成模拟电压信号，并且标出每个像素的灰度级，再由模/数转换器（Analog-to-Digital Converter，ADC）将模拟电压信号转换为数字信号，每种颜色使用 8 位、10 位或 12 位来表示，扫描后，通过 Twain 格式（扫描图像专用格式）来保存。

（a）机械式　　　　　（b）光电式

图 2-20　机械式鼠标与光电式鼠标的内部结构

图 2-21　扫描仪

扫描仪的主要技术指标有分辨率、灰度层次、扫描速度等。

2. 输出设备

（1）显示器

微机的显示系统由显示器、显卡和相应的驱动软件等组成。

显示器是微机必不可少的输出设备，其作用是将主机输出的电信号通过一系列处理后转换成光信号并最终将文字、图形显示出来。用户可以通过它查看微机的各种程序、数据、图形等信息及经过计算机处理的中间结果和最后结果。显示器是一种实时显示设备，屏幕上的内容随电信号的不同可以快速改变，但一旦断电，显示的内容将全部消失。

① 显示器的主要类型。显示器按显示器件的不同，主要可分为阴极射线管（Cathode Ray Tube，CRT）显示器、液晶显示器（Liquid Crystal Display，LCD）、发光二极管（Light Emitting Diode，LED）显示器和有机发光二极管（Organic Light Emitting Diode，OLED）显示器。

● CRT 显示器。CRT 显示技术已有 100 多年的历史，其制造成本低、价格便宜、显示品质较好，如图 2-22 所示。一个典型的光栅扫描式 CRT 显示器主要由电子枪、偏转线圈、阴极罩和屏幕等部分组成，如图 2-23 所示。当显示器加电后，在电子枪和荧光粉层之间形成一个电势差为 10000～30000 V 的直流加速电场，当电子枪射出的电子束经过聚焦和加速后，在偏转线圈产生的磁场的作用下，向用户所需要的方向偏转，然后通过阴级罩上的小孔射在荧光粉层上，经过高压加速后电子束所携带的动能的一部分便转化成光能，形成可见光。电子束先从左到右，再从上到下，反复进行快速的水平扫描和垂直扫描（每秒超过几十遍），由于荧光粉的余光和人眼的视觉暂留效应，用户就会感觉到在屏幕上形成了一幅幅图像。

CRT 显示器由于功耗高、体积大、重量重等缺点，现已基本退出市场。

图 2-22　CRT 显示器

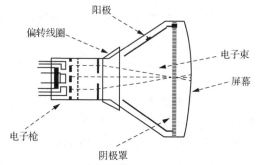

图 2-23　CRT 显示器内部结构

● LCD。LCD 采用液晶控制透光度技术来实现色彩的显示，是目前最好的彩色显示设备之一，也是现在笔记本电脑和台式计算机上的主流显示设备，如图 2-24 所示。LCD 不仅具有厚度薄、重量轻、耗电低等特点，同时还具有 CRT 显示器不具备的无闪烁、低辐射、几乎无颜色失真的特点。

● LED 显示器。液晶本身并不发光，需要另外的光源。传统的液晶显示器使用冷阴极荧光灯（Cold Cathode Fluorescent Lamp，CCFL）作为背光源，而现在可以用 LED 作为背光源，于是有了 LED 显示器，它用 LED 光源替代了传统的荧光灯管，画面更优质、寿命更长、制作工艺更环保，并且能使液晶显示面板更薄。

值得一提的是，目前市面上所谓的 LED 显示器实际上都是背光源液晶显示器，是指背光用 LED（LED 灯泡组成发光矩阵），面板仍是 LCD，从本质上看，仍属于 LCD 显示器的一种，如图 2-25 所示。

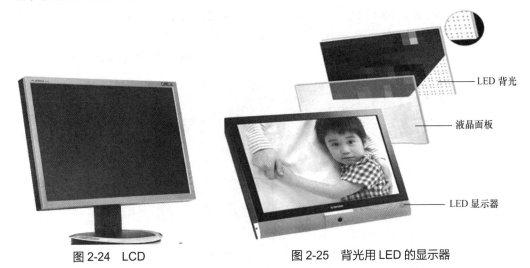

图 2-24 LCD

图 2-25 背光用 LED 的显示器

严格意义上的 LED 显示器，是指完全采用 LED 作为显像器件的显示器。我们经常见到的广场广告牌等就是一种 LED 点阵显示屏，它已经完全摆脱了液晶，是一种全新意义上的自发光显示屏幕。相对液晶而言，它具有很多优势。

● OLED 显示器。OLED 显示器被公认为 LCD 的"继任者"，也被视为下一代显示技术的最佳方案。OLED 显示器有别于 LCD 技术，其最大优点可归纳为具有像素点自发光的特性。OLED 显示器由于具有自发光、每个像素独立照明的特性，画质效果更加出众；而且，OLED 显示器屏幕可视角度大、能够节省电能，是严格意义上的 LED 显示器。此外，OLED 显示器通过配合不同的基板材质可实现弯曲甚至折叠显示的效果，如图 2-26 所示。OLED 显示器的可塑性和能耗优势正在智能手机、可穿戴设备和物联网（Internet of Things）领域慢慢凸显。

图 2-26 采用 OLED 显示器的曲屏概念手机

② 显示器的主要性能指标如下。

● 屏幕尺寸与可视面积。屏幕尺寸是指显示屏的对角线长度，一般以英寸为单位（1英寸≈2.54 cm），常见的 LCD 显示屏有 14 英寸、15 英寸、17 英寸、19 英寸和 21 英寸等。可视面积是指显示屏实际可以显示图像的最大范围，用长与高的乘积来表示，但通常人们也用屏幕可见部分的对角线长度来表示。CRT 显示器的可视面积都会小于屏幕尺寸，如 17 英寸的 CRT 显示器的可视面积在 15～16 英寸。LCD 显示器的可视面积与屏幕尺寸基本相同，也就是说，一个 15.1 英寸的 LCD 显示器的实际可视面积也基本是 15.1 英寸。这也是一台 15 英寸的 LCD 显示器与一台 17 英寸的 CTR 显示器看上去大小差不多的原因。

● 像素、点间距和分辨率。显示器所显示的图形和文字是由许许多多的"点"组成的，我们称这些点为像素。像素是组成图像的最基本的单元要素。

点间距是指屏幕上相邻两个像素点的距离，是决定图像清晰度（也称细腻度）的重要因素，如图 2-27 所示。点间距越小，图像越清晰、细节越清楚、成本越高。显示器常见的点间距有 0.21 mm、0.28 mm 和 0.31 mm，0.21 mm 点间距通常用于高档显示器。

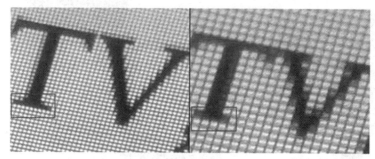

采用小点间距（占用了 9 个像素点）的图像　采用大点间距（占用了 4 个像素点）的图像

图 2-27　点间距对图像细腻度的影响

分辨率是指屏幕上每行有多少像素点、每列有多少像素点，一般用矩阵行列式来表示，其中每个像素点都能被计算机单独访问。例如，14 英寸的 LCD 显示器的最佳分辨率为 1024×768，即该 LCD 显示器在水平方向上有 1024 个像素、垂直方向上有 768 个像素。分辨率越高，屏幕可以显示的内容越丰富、图像越清晰。LCD 显示器的分辨率与 CRT 显示器不同，一般不能任意调整，它是制造商所设置和规定的，现在 LCD 显示器的分辨率一般是 1024×768 的 XGA 显示模式和 1400×1050 的 SXGA+ 显示模式。

● 对比度。对比度是指在规定的照明条件和观察条件下，图像最亮的白色区域与次暗的黑色区域的比值。对比度直接体现了显示器能否展现丰富的色阶，对比度越高，还原的画面层次感就越好。在 CRT 显示器中，对比度对其性能的影响并未引起人们的重视；但在 LCD 显示器中，对比度却是衡量显示器质量的主要参数之一。

● 可视角度。可视角度是指站在始于屏幕法线（显示器正中间的假想线）的某个角度的位置时仍可清晰地看见屏幕图像所构成的最大角度，可视角度越大越好。例如，当我们说可视角是 80° 左右时，表示站在始于屏幕法线 80° 的位置时仍可清晰地看见屏幕图像。

可视角度小是 LCD 显示器天生的缺陷，如图 2-28 所示，因此这个在选购 CRT 显示器时不值一提的指标在选购 LCD 显示器时便被提到了相当重要的位置上。一般来说，LCD 显示器的水平视角在 100° 以上、垂直视角在 80° 以上即可满足要求。

● 亮度。人眼可以分辨约 250 个亮度级别，LCD 的亮度由背光灯决定，普遍高于传统的 CRT 显示器。亮度越高，显示器对周围环境的抗干扰能力就越强，显示效果就显得越明亮。目前，主流的 LCD 大多能达到 250：1 这一亮度标准。

● 响应时间。响应时间是指 LCD 对于输入信号的反应速度，也就是液晶体由暗转亮或者由亮转暗的反应时间。CRT 显示器的响应时间一般少于 1 ns，可忽略不计；而在 LCD 中，响应时间却是衡量 LCD 质量的主要参数之一，它决定着 LCD 画面的流畅程度。LCD 的响应时间越短，就代表各像素点对输入信号的反应速度越快，它在每秒能显示的画面也就越多。我们平常看到的电影，每秒显示 24 幅画面，这时我们已经无法察觉画面的延迟，而会感觉很流畅。但是，在进行一些高速度游戏的时候，响应时间过长的 LCD 会出现图像拖影现象。目前，市场上主流 LCD 的响应时间为 5 ms。

（2）显卡

① 显卡的基本结构。显卡是显示器与主机通信的控制电路和接口，显卡的基本结构如图 2-29 所示，其核心是图形处理芯片（显卡核心），在它周围是显存和 BIOS 芯片等。当 CPU 有运算结果或有图形要显示的时候，它首先将其传送给显卡，由显卡的图形处理芯片把它们翻译成显示器能识别的数据格式并通过显卡后面的一个 15 芯视频图形阵列（Video Graphic Array，VGA）接口和显示电缆传给显示器。不同的显示器需要不同的显卡。常见的显示标准有单色显示适配器（Monochrome Display Adapter，MDA）、彩色图形适配器（Color Graphics Adapter，CGA）、增强彩色图形适配器（Enhanced Graphics Adapter，EGA）、多彩色图形阵列（Multicolor Graphics Array，MCGA）、VGA、超级视频图形阵列（Super Video Graphic Array，Super VGA，SVGA）、AGP 等。

图 2-28　LCD 做可视角度测试的效果对比

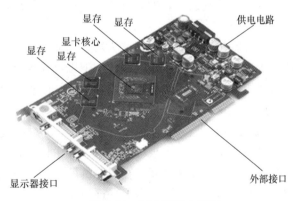

图 2-29　显卡的基本结构

② 显卡能处理的颜色。显卡能处理的颜色有 16 色、256 色、增强色（16 位）和真彩色（24 位）。一般微机出厂时都预置为增强色（16 位），即同时能显示 2^{16}=65536 种颜色，而真彩色（24 位）模式则可同时显示 2^{24}≈1670 万种颜色，这基本涵盖人眼所能识别的所有颜色，用户可根据自身需要进行相应的调整。

（3）打印机

打印机是计算机系统的标准输出设备之一，用来打印程序结果、图形和文字资料等。

打印机的种类很多，按打印方式可分为击打式和非击打式两类。击打式打印机利用机械冲击力，通过打击色带在纸上印上字符或图形；非击打式打印机则用电、磁、光、喷墨等物理、化学方法来印刷字符和图形，打印质量较高。按打印机的工作原理则可将其分为针式打印机、喷墨打印机和激光打印机，如图2-30所示。

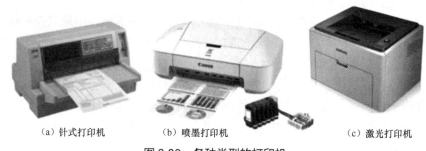

（a）针式打印机　　　　　（b）喷墨打印机　　　　　（c）激光打印机

图2-30　各种类型的打印机

① 针式打印机。针式打印机由走纸装置、控制和存储电路、打印头、色带等组成。打印头由若干根钢针组成，由钢针打印点，通过点拼成字符。打印时CPU发出信号，驱动一部分打印针打击色带，使色带接触打印纸进行着色，便打印出字符。

针式打印机的优点是结构简单、耗材省、维护费用低、可打印多层介质（如银行等需打印多联单据）；缺点是噪声大、分辨率低、体积较大、速度慢、打印针易折断，以及需经常更换色带等。针式打印机按针数可分为9针和24针两种，打印速度一般为50～200个汉字/秒。该类打印机按宽度可分为窄行（80列）和宽行（132列）两种。目前，在我国使用得最广泛的是带汉字字库的24针打印机。

② 喷墨打印机。喷墨打印机不用色带，而是把墨水储存于可更换的盒子中，通过毛细管将墨水直接喷到纸上。喷墨打印机的打印质量较高、噪声小、速度快、色彩效果好，常用于家庭。

喷墨打印机按喷墨形式可分为液态喷墨打印机和固态喷墨打印机两种。液态喷墨打印机使墨水通过细喷嘴，在强电场作用下以高速墨水束喷出，在纸上形成文字和图像；固态喷墨打印机使用的墨在常温下是固态，打印时墨被加热液化，之后喷射到纸上并渗透其中，附着性好、色彩鲜亮，但价格昂贵。

③ 激光打印机。激光打印机利用电子成像技术进行打印。它由激光发生器和机芯组成核心部件。激光头能产生极细的光束，经由计算机处理及字符发生器送出的字形信息，通过一套光学系统形成两束光，在机芯的感光鼓上形成静电潜像，鼓面上的磁刷根据鼓上的静电分布情况将墨粉吸附在表面并逐渐显影，然后转印到纸上。激光打印机的打印质量高、速度快、噪声低。

除以上3种打印机，还有热蜡式、热升华式、染料扩散式打印机。这些打印机输出质量好，但成本高、速度慢，主要用于出版、制作精美画册、广告和美工等对彩色输出要求较高的任务。

小结

（1）计算机体系结构可以分为冯·诺依曼体系结构和哈佛结构。冯·诺依曼体系结构简单、易实现、成本低，但效率偏低。哈佛结构效率高但结构复杂，并且对外部设备的连接与处理要求也很高，十分不适合于外存储器的扩展。因而，目前绝大部分计算机仍采用冯·诺依曼体系结构。

（2）计算机系统包括硬件系统和软件系统两大部分。硬件是组成计算机的所有实体部件，是计算机进行工作的物质基础。软件是建立在硬件基础之上的所有程序和文档的集合。

（3）计算机硬件系统由运算器、控制器、存储器、输入设备和输出设备五大基本部件组成。运算器用来实现算术、逻辑等运算；控制器用来实现对整个运算过程的控制；存储器用来存放计算机运行中要执行的指令及参与运算的各种数据；输入设备用来输入程序和原始数据；输出设备用来输出运算的结果。

（4）主板是位于主机箱内的一块大型多层印制电路板，上面安装或连接了组成计算机的主要电路系统，是微机最基本、最重要的部件之一。如果把 CPU 比作微机的心脏，那么主板就是躯干。

（5）目前 CPU 一般采用超大规模集成电路工艺，其功能是执行算术和逻辑运算并控制整个计算机自动、协调地完成各种操作，它是整个微机系统的灵魂与核心。CPU 的主要性能指标包括核心数、字长、频率（主频、外频和倍频）、前端总线频率、高速缓存容量、扩展指令集、制作工艺和工作电压等。

（6）在微机系统中，存储系统通常采用三级层次结构，主要由高速缓存、主存储器和辅助存储器组成。主存储器又称内存储器，又可分为 ROM 和 RAM 两大类；高速缓存是一个读写速度比内存更快的存储器，主要用于存放当前内存中使用频率最高的程序块或数据块并以接近 CPU 的工作速度向 CPU 提供数据，以提高整个系统的性能；而辅助存储器通常用来存储大量的、需要持久存储的数据。

（7）硬盘的主要性能指标有容量、主轴转速、平均寻道时间、高速缓存、数据传输率等。

（8）总线是 CPU 与外部设备之间传输信息的一组信号线。微机中的总线一般有内部总线、系统总线和外部总线。接口（Port）是主机与和外部设备进行信息交换的桥梁，主要用于连接输入/输出设备。计算机中常用的总线与接口的标准有 ISA、EISA、PCI、AGP、RS-232-C、IEEE 488、USB 等。

（9）计算机常用的输入设备有键盘、鼠标、扫描仪等，输出设备有显示器、显卡、打印机等。

习题 2

一、单项选择题

1. 组成微型计算机主机的两个主要部件是微处理器和（　　　）。
    A. 硬盘　　　　　　B. 软盘　　　　　　C. 光盘　　　　　　D. 内存储器
2. 如果计算机突然断电，则（　　　）中的信息会全部丢失，即使再通电也无法恢复。
    A. ROM　　　　　　B. PROM　　　　　C. RAM　　　　　　D. Flash
3. ALU 完成算术运算和（　　　）。
    A. 二进制计算　　　B. 逻辑运算　　　　C. 奇偶校验　　　　D. 存储数据
4. 微型计算机中的 Cache 多是一种（　　　）。
    A. 静态只读存储器　　　　　　　　　　B. 静态随机存储器

C. 动态只读存储器   D. 动态随机存储器

5. 一张软盘格式化为双面 50 磁道、10 扇区/道、512 字节/扇区，则其总容量为（   ）。

     A. 256000 字节   B. 512000 字节   C. 2048000 字节   D. 128000 字节

6. 在数字摄像头中，50 万像素相当于分辨率（   ）。

     A. 640×480   B. 800×600   C. 1024×768   D. 1600×1200

7. 下列有关存储器读/写速度的排列，正确的是（   ）。

     A. RAM>Cache>硬盘>软盘   B. Cache>RAM>硬盘>软盘

     C. Cache>硬盘>RAM>软盘   D. RAM>硬盘>软盘>Cache

8. 关于存储器的叙述，正确的是（   ）。

     A. 存储器是随机存储器和只读存储器的总称

     B. 存储器是一种输入设备

     C. 在计算机断电时，随机存储器中的数据不会丢失

     D. 内存储器在存取数据时的速度比辅助存储器快

9. 以下 CPU 的性能指标中，（   ）越小越好。

     A. 字长   B. 制作工艺   C. 内核数   D. 主频

10. 关于 CPU 主频的叙述，错误的是（   ）。

     A. 主频就是 CPU 运行的速度

     B. 主频是 CPU 性能表现的一个主要方面，但不能代表 CPU 的整体性能

     C. 提高 CPU 主频一直是 CPU 发展的主动力之一

     D. CPU 主频的高低不会直接影响 CPU 的运算能力

11. 指挥和控制计算机各部分自动、连续、协调一致地运行的部件是（   ）。

     A. 存储器   B. 运算器   C. 控制器   D. 硬盘

12. 关于 Cache 的叙述，正确的是（   ）。

     A. Cache 用来缓解 CPU 与内存的速度瓶颈

     B. Cache 是计算机中读写速度最快的半导体存储器，与 CPU 的运行速度一样快

     C. 为保证高命中率，Cache 的容量往往非常大，与内存容量相当

     D. Cache 用来抵消 CPU 与内存的速度瓶颈

13. 下列存储器中，（   ）是顺序存取的存储媒体。

     A. 软盘   B. 硬盘   C. 光盘   D. 磁带

14. 显示器最重要的指标是（   ）。

     A. 屏幕大小   B. 分辨率   C. 显示速度   D. 制造商

15. 地址总线是（   ）在微机各部分之间传送的线路。

     A. 数据信号   B. 控制信号   C. CPU 应答信号   D. 寻址信号

二、填空题

1. 微机的运算器、控制器、内存储器构成计算机的_____部分。

2. 冯·诺依曼机的两大特征是_____与_____。

3. 某台型号规格为 CORE i5/3.5 GHz 的微型机，其中 3.5 GHz 表示该机的_____。

4. 运算器的主要功能是进行_____运算和_____运算。

5. 在计算机内存中，每个基本存储单元都被赋予一个唯一的序号，即_____。

6. 指令由_____和操作数地址两部分组成。

7. 为缓解 CPU 和主存储器的速度匹配问题，可采用_____技术。

8. 在计算机数据处理过程中，CPU 直接和_____交换信息。

9. 磁盘的每一面都划分成很多的同心圆，称为_____。

10. 计算机的 3 类系统总线分别是_____、_____和_____。

三、简答题

1. 计算机的基本组成结构包括几个部分？请画出示意图并简述各个部分的功能。

2. 构成一台计算机的主要硬件有哪些？

3. 什么是主板？主板的作用是什么？

4. 简述 CPU 的两个基本部件的基本功能。

5. 简述存储器的功能和分类。

6. 简述内存和 Cache 的区别。

7. 什么是辅助存储器？目前常用的辅助存储器有哪几种？简述它们各自的工作原理和特点。

8. 列举常见的输入设备和输出设备并简述它们的功能和特点。

9. 指出下列与计算机有关的英文术语的含义：CPU、ALU、RAM、ROM、PROM、EPROM、DRAM、SDRAM、DDR、CD-ROM、BIOS、Cache。

10. 如果某人要购买一台台式计算机，请根据所学知识，从系统各个必备硬件的选型和常用软件的安装等方面给予详细的指导意见。

第 **3** 章 计算机软件系统

　　计算机系统是由硬件系统和软件系统两部分组成的,如图 3-1 所示。硬件系统是指构成计算机系统各功能部件的集合。那什么是计算机软件(Computer Software)系统呢?从广义上说,软件系统是指计算机系统中的程序,以及开发、使用和维护程序所需要的文档的集合。本章主要介绍计算机软件系统相关内容,通过对系统软件和应用软件的功能分析,尤其是对操作系统的详细讲解,帮助读者深刻理解软件系统在计算机系统中的重要地位。

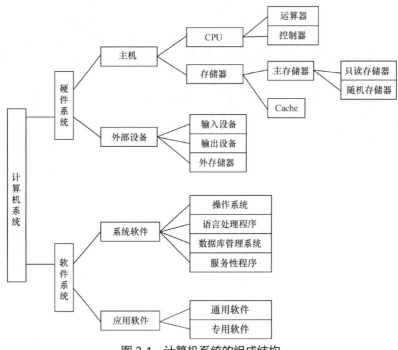

图 3-1　计算机系统的组成结构

本章学习目标

- 理解计算机软件的基本概念和程序的关系。
- 掌握系统软件和应用软件的概念及区别。
- 掌握操作系统的基本概念及其在计算机系统中的地位。
- 掌握操作系统的基本特征、基本功能和基本类型。
- 了解几种典型的计算机操作系统的主要特点。

3.1　计算机软件概述

3.1.1　软件的基本概念

软件是指在硬件系统上运行的各种程序及相关文档的集合。它是为了充分发挥硬件结构中各部件的功能和方便用户使用计算机而编译的各种程序，不仅包括可以在计算机上运行的程序，还包括与程序相关的文档。简单地说，软件就是程序与文档的集合体。软件是用户与硬件之间的接口，用户主要是通过软件与计算机进行交流的。

3.1.2　软件的分类

计算机系统的软件极为丰富，总体上可以分为系统软件和应用软件两大类。

系统软件为使用计算机提供最基本的功能，主要负责管理计算机系统中各种独立的硬件，使它们可以协调工作。系统软件包括操作系统、语言处理程序、数据库管理系统和作为软件研究开发工具的编译程序、调试程序、装配程序、连接程序和测试程序等服务性程序。其中，操作系统是最核心的软件。计算机必须装入操作系统才能工作。几乎所有的软件（系统软件和应用软件）都必须在操作系统的支持下才能安装和运行。

应用软件是指用户自己开发或外购的能满足各种特定需求的应用软件包，如图形软件、Word 文字处理软件、Excel 表格处理软件、财务软件、计划报表软件、辅助设计软件和模拟仿真软件等。

值得一提的是，系统软件不针对某一特定应用领域；而应用软件则相反，不同的应用软件根据用户和应用领域提供不同的功能。另外，尽管将计算机软件划分为系统软件和应用软件，但这种划分并不是一成不变的。一些具有较高价值的应用软件有时也被归入系统软件的范畴，作为一种软件资源提供给用户使用。例如，多媒体播放软件、文件解压缩软件、反病毒软件等就可以归入系统软件之列。

3.2　系统软件

系统软件是指支持计算机系统正常运行并实现用户操作的软件，是控制和维护计算机系统资源的各种程序的集合。这些资源包括硬件资源与软件资源，如对 CPU、内存、打印机的分配与管理，对磁盘的维护与管理，对系统程序文件与应用程序文件的组织与管理等。

系统软件一般由计算机生产厂家或软件开发人员研制，用户可以使用，但一般不能随意进行修改。其中，一些系统软件程序在计算机出厂时直接被写入 ROM 芯片，如系统引导程序、基本 I/O 系统（BIOS）、诊断程序等，也有一些直接安装在计算机的硬盘中，如操作系统还有一些保存在活动介质上供用户购买，如语言处理程序。

3.2.1　操作系统

要使计算机系统的所有资源（包括 CPU、存储器、各种外部设备、各种软件）协调一致、有条不紊地工作，就必须由一个软件来进行统一管理和统一调度，这个软件称为操作系统（Operating System，OS）。

操作系统的功能是管理计算机系统的全部硬件资源、软件资源和数据资源，使计算机系统的所有资源最大限度地发挥作用，为用户提供方便、有效、友好的服务界面。操作系统是直接运行在裸机上的最基本的系统软件，是系统软件的核心，其他软件都必须在操作系统的支持下才能运行。

典型的操作系统大致由以下 5 个功能模块组成。

1．处理机管理模块

处理机管理模块包括进程控制和处理机调度功能。该功能模块能够对处理机的分配和运行进行有效的管理。

2．存储管理模块

存储管理模块的任务是对内存资源进行合理分配。该模块能够对内存进行有效的分配和回收管理，提供内存保护机制，避免用户程序的相互干扰。

3．设备管理模块

设备管理模块的任务是解决设备的无关性，使设备使用起来方便、灵活；进行设备的分配和传输控制；改善设备的性能；提高设备的利用率。

4．文件管理模块

文件管理模块的任务是完成对文件存储空间的管理、对目录的管理、对文件读写的管理、对文件的共享和保护。

5．作业管理模块

作业管理模块的任务是为用户提供使用系统的良好环境，使用户能有效地组织自己的工作流程并使整个系统能够高效地运行。

实际的操作系统是多种多样的，根据侧重面和设计思想的不同，操作系统的结构和内容也存在很大的差别。对于功能比较完善的操作系统，通常都具备上述 5 个功能模块。

3.2.2　语言处理程序

有了程序，计算机系统才能自动连续地运行，而程序是由程序设计语言编写的。程序设计语言是人与计算机进行对话的一种媒介。人通过程序设计语言，使计算机能够"懂得"人们的需求，从而达到为用户服务的目的。

程序设计语言通常分为机器语言（Machine Language）、汇编语言（Assembly Language）和高级语言。

1．机器语言

在计算机中，指挥计算机完成某个基本操作的命令称为指令。机器语言是直接用二进制代码表达机器指令的计算机语言。它是计算机唯一可以识别和直接执行的语言。

一条指令由操作码和操作数组成。每条指令都有一个唯一的二进制代码与之对应。指令的二进制代码通常随 CPU 型号的不同而不同（同系列的 CPU 一般向下兼容）。

机器语言的特点：机器语言是一种面向机器的语言，占用内存小、执行速度快。但是用机器语言编写程序是一项十分烦琐的工作，每条指令都是"0"或"1"的代码串，难以记忆，并且阅读、检查和调试都比较困难，因此通常不用机器语言直接编写程序。

2. 汇编语言

汇编语言是面向机器的程序设计语言，它使用助记符来表示机器指令，即将机器语言符号化，因此也称汇编语言为符号语言。

汇编语言的指令与机器语言的指令基本上是一一对应的，只不过机器语言的指令直接用二进制代码，而汇编语言的指令是助记符。这些助记符（如加法指令 ADD）一般是人们容易记忆和理解的英文单词的缩写。

汇编语言的指令可分为硬指令、伪指令和宏指令 3 类。硬指令是和机器指令一一对应的汇编指令。伪指令是根据汇编语言的需要而设立的，它的作用是指示汇编程序完成某些特殊的功能。宏指令是指用硬指令和伪指令定义的可在程序中使用的指令，一条宏指令相当于若干条机器指令，使用宏指令可以使程序简单明了。

用汇编语言编写的程序称为汇编语言源程序，机器无法执行，必须用计算机配置好的汇编程序把它翻译成机器语言目标程序，机器才能执行。汇编语言的汇编过程如图 3-2 所示。

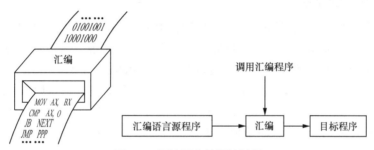

图 3-2　汇编语言的汇编过程

汇编语言的特点：与机器语言相比，汇编语言在编写、阅读、记忆、调试等方面有很大的进步，但由于汇编语言与机器指令具有一一对应的关系，实际上是机器语言的一种符号化表示，因此不同 CPU 类型的计算机的汇编语言是互不通用的。而且由于汇编语言与 CPU 内部结构关系紧密，要求程序设计人员掌握 CPU 内部结构寄存器和内存储器组织结构，所以对一般人来说，汇编语言仍然难学难记。

在计算机程序设计语言体系中，由于汇编语言与机器指令的一致性和与计算机硬件系统的接近性，通常将机器语言和汇编语言统称为低级语言。

3. 高级语言

高级语言是用数学语言和接近于自然语言的语句来编写程序的，更易于人们掌握和编写，而且它不是面向机器的语言，因此具有良好的可移植性和通用性。

用高级语言编写的程序不能直接被计算机识别，需要通过一些编译程序或解释程序将其翻译成机器语言目标程序才能被执行。这种翻译过程称为编译或解释，如图 3-3 所示。

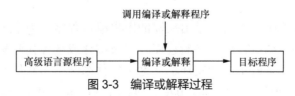

图 3-3　编译或解释过程

计算机将源程序翻译成机器指令时，通常分为两种翻译方式：一种为编译，另一种为解释。编译方式首先把源程序翻译成等价的目标程序，然后执行此目标程序。而解释方式是逐句翻译源程序，翻译一句、执行一句，边翻译、边执行。解释程序不产生将被执行的目标程序，而是借助解释程序直接执行源程序本身。一般将把高级语言程序翻译成汇编语言或机器语言程序的程序称为编译程序。

高级语言的特点：高级语言是一种面向问题的计算机语言。在编写程序时，用户不必了解计算机的内部逻辑，而是主要考虑解题算法和步骤并把解题的算法和步骤通过语言输入计算机，计算机就可以按照要求完成相应工作。高级语言具有标准化程度高、便于程序交换、可轻松优化、通用性强等优点。

随着计算机的发展，高级语言的种类也越来越多，目前已达数百种。常用的高级语言有 Pascal 语言、C 语言、C++语言、Java 语言、C#语言和 Python 语言等，我们将在 4.2.1 做详细介绍。

3.2.3　数据库管理系统

随着计算机技术在信息管理领域的广泛应用，用于数据管理的数据库管理系统应运而生。

数据库系统（Database System，DBS）是一个复杂的系统，通常所说的数据库系统并不单指数据库（Database，DB）和数据库管理系统（Database Management System，DBMS）本身，而是指将它们与计算机系统作为一个总体而构成的系统。数据库系统通常由计算机硬件、操作系统、数据库管理系统、数据库及应用程序等组成。

数据库是按一定方式组织起来的数据的集合，它具有数据量大、数据冗余度小、可共享等特点。

数据库管理系统（DBMS）的作用是管理数据库，一般具有建立、编辑、修改、增删数据库内容等对数据的维护功能；对数据的检索、排序、统计等使用数据库的功能；友好的交互式 I/O 功能；使用方便、高效的数据库编程语言的功能；允许多用户同时访问数据库的功能；提供数据独立性、完整性和安全性保障的功能。

不同的数据库管理系统是以不同的方式将数据组织到数据库中的。组织数据的方式称为数据模型。数据模型一般分为 3 种形式：层次型（采用树形结构组织数据）、网状型（采用网状结构组织数据）、关系型（以表格形式组织数据）。

目前，常用的数据库管理系统有 Microsoft Office Access、Visual FoxPro、SQL Server、Oracle、DB2 和 MySQL 等。

3.2.4　服务性程序

服务性程序是一类辅助性程序，是为了帮助用户使用和维护计算机，向用户提供服务性手段而编写的程序。服务性程序通常包括编辑程序、调试程序、诊断程序、硬件维护程序和网络管理程序等。

编辑程序、调试程序、诊断程序用来辅助用户编写程序。为了更有效、更方便地编写程序，将编辑程序、调试程序、诊断程序，以及编译或解释程序集合成一个综合的软件系统，为用户提供完善的集成开发环境，这个软件系统称为软件开发平台或集成开发环境（Integrated Develop Environment，IDE）。例如，Visual Studio、Visual C++、Delphi 等都是常用的 IDE。

硬件维护程序和网络管理程序的主要功能是支持终端与计算机、计算机与计算机，以及计算机与网络的通信，提供各种网络管理服务，实现资源共享和分布式处理并保障计算机网络的畅通无阻和安全使用。

3.3　应用软件

计算机软件系统中，除系统软件以外的所有软件统称为应用软件。应用软件是由计算机生产厂家或软件公司为支持某一应用领域或解决某个实际问题而专门研制的应用程序，包括科学计算类软件、工程设计类软件、数据处理类软件、信息管理类软件、自动控制类软件、情报检索类软件等。例如，文字处理类软件 Office、WPS；信息管理类软件 Access 数据库、MySQL 数据库；辅助设计软件 AutoCAD、CAXA；媒体播放软件 Windows Media Player、RealPlayer；图形图像软件 CorelDRAW、3ds Max、Maya、Photoshop；数学软件 MATLAB；杀毒软件诺顿、卡巴斯基、江民、瑞星等。

根据软件的应用领域，我们将应用软件分为通用软件和专用软件两大类。通用软件的应用范围很广，如 Office、WPS 等；而专用软件则是针对某些专业领域而开发的软件，如辅助设计软件、实时控制软件等。

3.3.1　通用软件

Office 办公自动化软件是现代办公室使用率非常高的一款办公软件，主要包括文字处理软件 Word、表格处理软件 Excel，以及演示文稿软件 PowerPoint 等。

1. 文字处理软件

文字处理软件是办公软件的一种，主要用于文档的编辑、修改、保存、打印等。用户通过文字处理软件，可以将文字输入计算机、存储在外存储器中，需要时可以对输入的文字进行修改、编辑，同时能将输入的文字以多种字体、多种字形及各种格式打印。

文字处理软件的发展和文字处理的电子化是信息社会发展的标志之一。现有的中文文字处理软件主要有微软公司的 Word 和金山公司的 WPS。Word 依靠 Windows 的绑定而在全世界流行。

Word 是微软公司推出的文字处理软件。它继承了 Windows 友好的图形界面，可方便地进行文字、图形、图像和数据的处理，制作具有专业水准的文档。Word 的窗口如图 3-4 所示。

WPS 是金山公司开发的一种办公软件，最初出现于 1989 年。由于其简单、易用，集编辑与打印等功能于一体，具有丰富的全屏幕编辑功能，还提供了各种控制输出格式等功能，使打印出的文稿既美观又规范，因此在国内受到各行各业的普遍欢迎。

2. 表格处理软件

表格处理软件主要用来处理各式各样的表格。它可以根据用户的要求自动生成各种表格，表格中的数据可以手动输入，也可以从数据库中导出。可根据用户给出的计算公式，表格处理软件可完成烦琐的表格计算，计算结果自动填入对应栏目。如果修改了相关的原始数据，计算结果栏目中的数据也会自动更新，不需要用户重新计算。一张表格制作完成后，可存入外存储器，方便以后重复使用，也可以通过打印机输出。目前，最常用的表格处理软件是微软公司的 Excel。

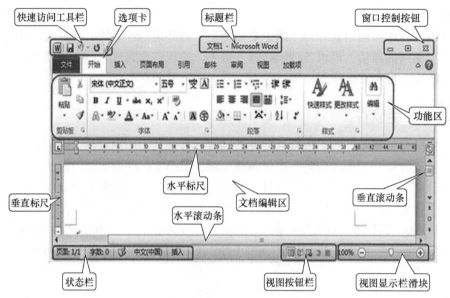

图 3-4 Word 的窗口

Excel 不仅具有强大的数据组织、计算、分析和统计功能，还可以通过图表、图形等多重形式对处理结果加以形象地显示，从而更方便地与 Office 软件中的其他组件相互调用数据，实现资源共享。Excel 的窗口如图 3-5 所示。

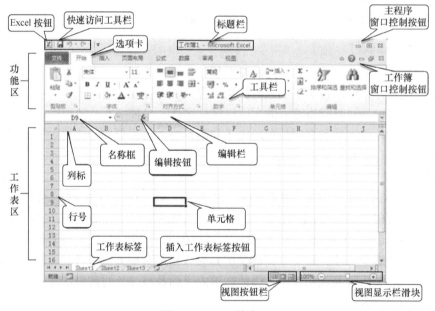

图 3-5 Excel 的窗口

3. 演示文稿软件

PowerPoint 是目前最常用的一种演示文稿软件，用于制作和演示多媒体投影片。演示文稿中的每一页称为幻灯片，每张幻灯片都是演示文稿中既相互独立又相互联系的内容。将制作好的幻灯片集合起来，就形成了一个完整的演示文稿。利用 PowerPoint，可以非常方便地制作各种文字、绘制图形,如加入图像、声音、动画、视频影像等各种媒体信息并根据需要设计各种演示效果。上课时,老师只需轻点鼠标,就可以播放制作好的一幅幅精美的画面(也可按事先安排好的时间自动连续播放)。用户不仅可以在投影仪或者计算机上进行演示,也可以将演示文稿打印出来,制作成胶片,以便应用到更广泛的领域中。PowerPoint 的窗口如图 3-6 所示。

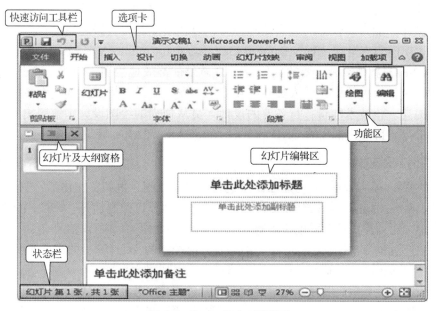

图 3-6　PowerPoint 的窗口

除 PowerPoint 外,还有一些多媒体制作软件,如 Action、ToolBook、Authorware 等。

Action 也是一种面向对象的多媒体创作工具,既可用来制作投影演示,亦可用于制作简单的交互式多媒体课件。与 PowerPoint 相比,Action 的交互功能大大增强,可通过定义"热字"按钮等实现主题跳转,还可以制作简单的动画,操作方法也比较简单,适用于初学者或者制作功能简单的多媒体课件时使用。

ToolBook 是美国 Asymetrix 公司推出的一种面向对象的多媒体开发工具,同该软件名称一样,用 ToolBook 制作多媒体课件的过程就像写一本书。尽管这种"电子书"的制作稍显复杂,但表现力强、交互性好,制作的内容具有很大的弹性和灵活性,适用于创作感丰富的多媒体课件和多媒体读物。

Authorware 是一种基于流程图的可视化媒体开发工具,它和 ToolBook 一起,成为多媒体创作工具事实上的国际标准。Authorware 中的整个制作过程以流程图为基本依据,非常直观且具有较强的整体感,制作者通过流程图可以直接掌握和控制系统的整体结构。Authorware 共提供了 10 种系统图标和 10 种不同的交互方式,被认为是目前交互功能最强的多媒体工具之一。该工具软件和 Action 均是美国 Macromedia 公司的产品。

除上述几种软件外,常用的多媒体创作工具还有国外的 Director,国内的摩天、银河等,它们各自都有不同的特点,用户可以根据开发要求、个人喜好,以及现有条件加以选择。

3.3.2 专用软件

专用软件指的是用在特定的某些行业或者有着特殊专业用途的软件，并不是对绝大多数计算机使用者有用的软件。

1. 辅助设计软件

计算机辅助设计（CAD）技术是近 20 年来最具成效的工程技术之一。由于计算机有快速的数值计算能力、较强的数据处理能力，以及模拟能力，因此目前在汽车、飞机、船舶、超大规模集成电路（Very Large Scale Integrated Circuit，VLSI）等的设计、制造过程中，CAD 占据着越来越重要的地位。CAD 软件能高效地绘制、修改、输出工程图纸。设计中的常规计算可帮助设计人员寻找较好的方案，使设计周期大幅度缩短，而设计质量却大为提高。该技术能将各行各业的设计人员从烦琐的绘图设计中解脱出来，使设计工作计算机化。目前，常用的 CAD 软件有 AutoCAD、CAXA 等。

2. 实时控制软件

在现代工厂里，计算机普遍用于生产过程的自动控制。例如，在化工厂中，用计算机控制配料、温度、阀门的开关等；在炼钢车间中，用计算机控制加料、炉温、冶炼时间等；在发电厂中，用计算机控制发电机组等。

用于生产过程自动控制的计算机一般都是实时控制的，对计算机的运算速度要求不高，但对可靠性要求很高，否则会生产出不合格产品或造成重大事故。

用于控制的计算机，其输入信息往往是电压、温度、压力、流量等模拟量，要先将模拟量转换成数字量，然后计算机才能进行处理或计算，处理或计算后，再根据预定的控制方案对生产过程进行控制。这类软件一般统称为监察控制和数据采集（Supervisory Control and Data Acquisition，SCADA）软件。目前，比较流行的 PC 上的 SCADA 软件有 FIX、InTouch、Lookout 等。

当然，还存在很多专门为解决某些特定领域的专业问题而开发的软件，如超市支付清算系统、医院挂号系统等，它们也属于专用软件范畴。

3.4 操作系统概述

根据冯·诺依曼的指导思想，计算机硬件系统是由运算器、控制器、存储器、I/O 设备等部件通过计算机主板连接构成的。要使硬件系统能够充分发挥其效能，尽可能地按照用户的预期来运行各类程序，就需要一套管理（控制、分配）硬件和组织运行程序有序完成的程序（也就是管理应用程序的程序），通常将这个程序称为操作系统。可将其做一个形象的比喻：人们修建高速公路，其目的是提高运输和通行能力，但有了高速公路（硬件）还不够，还必须有一套管理高速公路运行的规章制度（操作系统），在高速公路上行驶的车辆必须严格执行该规章制度，这样才能发挥高速公路的作用。

通常将计算机硬件称为裸机，它的功能非常弱，仅能完成简单的运算（只能进行"0"和"1"的二进制运算）。将计算机操作系统运行在计算机硬件上，可以使计算机变得功能非常强大、服务质量非常高、使用非常方便，为人们使用计算机提供了一个安全、可靠的应用环境，以满足各种应用需求。同时，操作系统可以有效且合理地组织多个用户共享计算机系统中的各种资源，最大限度地提高资源的利用率。

操作系统是一种管理计算机硬件的接口，为应用程序提供基本的运行条件，是计算机用户和计算机硬件之间的人机接口。操作系统的类型具有丰富的多样性。大型计算机操作系统的目标是优化对硬件的使用，而 PC 的操作系统提供了对商业应用、个人娱乐，以及介于两者之间的其他应用软件的支持。有些操作系统追求易用性，也有些操作系统追求效率，还有些操作系统则是两者折中。

3.4.1　操作系统的基本概念

一般认为，操作系统是管理计算机系统资源、控制程序执行、改善人机界面、提供各种服务、合理组织计算机工作流程和为用户使用计算机提供良好运行环境的一类系统软件。

从广义上说，操作系统或者说整个计算机系统都是为人类服务的，但具体功能是完成对计算机系统硬件的管理和控制，对各类信息的编辑、运行、I/O 等进行控制。因为在计算机系统中，有多个程序（作业）是并发执行的（类似田径跑步，每个运动员都想争第一名，而第一名只有一个，谁得第一名取决于哪位运动员发挥得更好，以及裁判的规则，这是一个很复杂的问题。"第一名"是资源，运动员们要通过竞争来使用这一资源）。在计算机系统中也一样，CPU 只有一个（或是少于运行程序的数目），多个程序就要竞争 CPU 资源。这时，操作系统则根据资源的状态和运行程序的优先级并按一定的算法将资源分配给具备条件的程序（进程或线程）。所以，可以将操作系统视为计算机系统资源的管理者。

在计算机系统中，人们是通过操作系统或者说是通过操作系统提供的各种相关命令来使用计算机的，操作系统是用户与计算机硬件的接口，如图 3-7 所示。

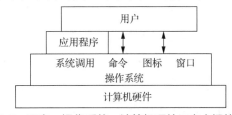

图 3-7　用户、操作系统、计算机硬件三者之间的关系

整个操作系统的构成用层级结构来划分和实现，可以使各个部分的关系十分清晰、一目了然。图 3-8 所示为计算机系统中软、硬件的层级结构，可见操作系统在整个计算机系统中处于核心地位。

图 3-9 所示为计算机系统中的分层结构，可知计算机系统中的分层结构由硬件、内核层、服务层和命令层组成的操作系统及用户构成，下面将对分层结构中的各部分进行详细介绍。

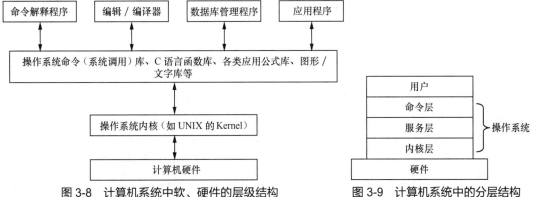

图 3-8　计算机系统中软、硬件的层级结构　　　图 3-9　计算机系统中的分层结构

1．硬件

硬件是操作系统得以工作的基础，也是操作系统设计者可以使用的功能和资源。

2．内核层

内核层是操作系统的最里层，是唯一直接与计算机硬件"打交道"的部分，它使得操作系统与计算机硬件相互独立。只要改变操作系统的内核层，就可以使同一操作系统运行于不同的计算机硬件环境下。内核层提供了操作系统中最基本的功能，它包括调入执行程序，以及为程序分配各种硬件资源的子系统。在内核层中完成软件与硬件的各类信息的传递，对普通用户来说，可以使复杂的计算机系统变得简单、易操作。

3．服务层

该层接收来自应用程序或命令层的服务请求并将这些请求译码为传送给内核层的执行指令，然后将结果回送到请求服务的程序中。服务层是由众多程序组成的，可以提供以下服务。

（1）访问 I/O 设备：对数据进行输入和输出。

（2）访问存储设备（内存或者外存储器）：读或写磁盘中的数据。

（3）文件操作：打开（关闭）文件、读写文件。

（4）特殊服务：窗口管理、通信网络和数据库访问等。

4．命令层

命令层主要提供用户接口界面，是操作系统中唯一直接与用户（应用程序）"打交道"的部分（如 UNIX 的 Shell）。

5．用户

用户是指应用程序。

以上阐述说明了操作系统在计算机系统中的重要地位，没有操作系统，计算机硬件就不能充分发挥作用，用户也不能随心所欲地操作计算机系统。所以说，操作系统是裸机上的第一层软件，它是对硬件系统功能的首次扩充，填补了人与机器之间的鸿沟。

3.4.2 操作系统的基本特征

1．并发性

我们在讲某一问题时，可能会用到"并行性"和"并发性"两个词，它们分别是什么意思？又有什么不同？

"并行性"和"并发性"的含义有相似之处而又有所区别。

并行性是指两个或多个事件在同一时刻发生（强调一个时间点），而并发性是指两个或两个以上的事件或活动在同一时间间隔内发生（强调一个时间段）。

在多道程序环境下，并发性是指在一段时间内，宏观上有多个程序在同时运行，但实际上在单 CPU 的运行环境中，每一个时刻仅有一个程序在运行。因此，从微观上来说，各个程序是交替运行的。如果计算机系统中有多个 CPU，这些存放在内存中的可以并发执行的程序则会被分配到多个 CPU 上，以实现并行运行。一般来说，有多少个 CPU 就有多少个程序可以同时运行。

由于程序可以输出，也可以存储在磁介质上，所以是静态实体，是不可以并发执行的。怎样才能使多道程序并发执行？简单地说，系统把需要运行的程序的一部分调入内存并给其分配必要的系统资源，做好运行前的一切准备。这个过程就是为每个程序建立进程（Process）。程序是以进程为单位在 CPU 中运行的，系统也是以进程为单位为程序分配所需资源的。进程是由一组机器指令、数据、堆栈和数据结构（表格）等组成的，是活动实体。进程是正在执行程序（作业）的一部分（可能是极小一部分）。图 3-10 给出了进程的组成示意。

PCB
程序
数据或存放数据的地址

图 3-10　进程的组成示意

那么，操作系统为什么要以进程为单位来控制和管理程序的运行？是为了使多个程序能并发执行。并发执行使操作系统变得非常复杂，因为操作系统需要增加多个完成控制和管理的功能模块，分别用于 CPU、内存、I/O 设备和文件系统等资源的管理并控制系统中程序的运行。

20 世纪 80 年代，计算机专家又提出了比进程更小的运行单位——线程（Thread）。一个进程可以包含多个线程。在引入线程的系统中，由于线程比进程小，基本上不拥有系统资源，所以线程的运行比进程更轻松（切换迅速）。目前，用户使用的操作系统一般都引入了线程。

进程控制块（Process Control Block，PCB）是记录每个进程相关信息（如进程标识符、所需要的系统资源、优先级等）的数据结构，它描述了进程在其生命周期中动态变化的全过程，是进程存在的唯一标志。

2．共享性

共享性是指操作系统中的资源（包括硬件资源和信息资源）可被多个并发执行的进程（线程）共同使用，而不是被一个进程（线程）所独占。出于经济上的考虑，一次性向每个用户程序分别提供它所需的全部资源不但是浪费的，有时也是不可能实现的。现实的方法是让操作系统和多个用户程序共用一套计算机系统的所有资源，因而必然会产生共享资源的需要。资源共享的方式可以分成以下两种。

（1）同时共享。系统中有许多资源，允许在一段时间内由多个进程同时对它们进行访问的称为同时共享。这里所谓的"同时"往往是宏观上的说法，而在微观上，这些进程可能是交替地对某一资源进行访问的。典型的可供多进程"同时"访问的资源是磁盘，一些用重入码编写的文件也可以被同时共享，即若干个用户可以同时访问该文件。

（2）互斥共享。虽然系统中的某些资源如打印机、磁带机、卡片机可提供给多个进程使用，但在同一时间内只允许一个进程访问，即要求互相排斥地使用这些资源。当一个进程还在使用该资源时，其他要访问该资源的进程必须等待，仅当该进程访问完毕并释放资源后，才允许另一个进程对该资源进行访问。这种同一时间内只允许一个进程访问的资源被称为"临界资源"，许多物理设备，以及某些数据和表格都是临界资源，它们只能互斥地被共享。

值得注意的是，并发性和共享性是操作系统的两个最基本的特征，它们彼此独立又互相依赖。一方面，资源的共享是因为程序的并发执行而引起的，若系统不允许程序并发执行，自然也就不存在资源共享问题；另一方面，若系统不能对资源共享实施有效管理，必然会影响到程序的并发执行，甚至使程序无法并发执行，操作系统也就失去了并发性，导致整个系统运行效率低下。

3. 虚拟性

虚拟性是指操作系统中的一种管理技术，它是把物理上的一个实体变成逻辑上的多个对应物或把物理上的多个实体变成逻辑上的一个对应物的技术。物理实体是实际存在的，而逻辑对应物是虚构假想的，是用户感觉上的东西。采用虚拟技术的目的是为用户提供易于使用、方便高效的操作环境。

现代计算机系统中使用了多种虚拟技术，分别用来实现虚拟处理机、虚拟存储器、虚拟外部设备和虚拟信道等。

在虚拟处理机技术中，通过多道程序设计技术，让多道程序并发执行来分时使用一台（物理）处理机。这台处理机的处理速度应该非常快且功能特别强，使得各用户终端在执行自己的进程（程序）时，总感觉自己是独占计算机系统一般。

虚拟存储器就是通过某种技术，把有限的内存容量变得更大，用户在运行远大于实际内存容量的程序时，不会发生内存不够的错误。用户所运行的程序大小与实际内存容量无关。

虚拟外部设备通过虚拟技术把一台物理 I/O 设备虚拟为多台逻辑上的 I/O 设备，供多个用户使用，每个用户可以占用一台逻辑上的 I/O 设备，实现 I/O 设备的共享。

其实，操作系统本身就是一个虚拟机，对很多资源进行抽象以便于用户使用。例如，将各类数据抽象为文件并提供统一接口和友好的图形界面，以方便用户的存取。而用户所感受到的只是使用上的方便，其实这种方便都是源于操作系统的虚拟性。

4. 不确定性

操作系统的第 4 个特征是不确定性，也称随机性。在多道程序环境中，允许多个进程并发执行。但由于资源有限而进程众多，在多数情况下进程的执行不是一贯到底的，而是"走走停停"的。例如，一个进程在 CPU 上运行一段时间后，由于等待资源满足需求或事件发生，它被暂停执行，CPU 将切换给另一个进程执行。系统中的进程何时执行、何时暂停、以什么样的速度向前推进、进程总共要花多少时间才能完成执行……这些都是不可预知的，或者说该进程是以不确定的方式运行的，其导致的直接后果是程序执行结果可能不唯一。不确定性给系统带来了潜在的危险，有可能导致进程产生与时间有关的错误，但只要运行环境相同，操作系统必须保证多次运行的进程都能获得完全相同的结果。

操作系统中的不确定性处处可见。例如，作业到达系统的类型和时间是随机的；操作员发出命令或按按钮的时刻是随机的；程序运行发生错误或异常的时刻是随机的；各种各样硬件和软件中断事件发生的时刻是随机的；等等。操作系统内部产生的事件序列有许多种可能，而操作系统的一个重要任务是必须确保捕捉任何一种随机事件并正确处理可能发生的随机事件和任何一种产生的事件序列，否则将会导致严重后果。

3.4.3 操作系统的基本功能

操作系统既是用户与计算机硬件之间的接口，也是对计算机硬件系统的一次扩充，使得用户能够方便、可靠、安全、高效地操作计算机硬件和运行自己的程序。操作系统合理地组织计算机的工作流程，协调各个部件有效地工作，为用户提供一个良好的运行环境。用户可以直接调用操作系统提供的各种功能，而无须了解许多软、硬件本身的细节。

操作系统是计算机系统的资源管理者。在计算机系统中，能分配给用户使用的各种硬件和软件设施统称为资源。资源包括两大类：硬件资源和软件资源。其中，硬件资源包括处理机、存储器、I/O 设备等，I/O 设备具体可分为输入型设备、输出型设备和存储型设备。软件资源包括程序、数据等。操作系统的重要任务是有序地管理计算机中的硬件资源和软件资源，跟踪资源的使用情况，监视资源的状态，满足用户对资源的需求，协调各程序对资源的使用冲突，为用户提供简单、有效的使用资源的手段，最大限度地实现各类资源的共享，提高资源的利用率。

总的来说，操作系统包括以下 4 个基本功能。

1．处理机管理

CPU 是计算机系统中最核心的资源。处理机管理的主要工作包括处理机中断事件和处理机调度。其目的是最大限度地提高处理机的使用效率，发挥处理机的作用。

在单用户、单任务的情况下，处理机仅为一个用户的一个任务所独占，组织多个作业或任务执行时，要解决处理机的调度、分配和回收等问题。多处理机系统的管理更加复杂。为了实现处理机的管理功能、描述多道程序的并发执行，操作系统引入了进程的概念，处理机的分配和执行以进程为基本单位。随着并行处理技术的发展，为了进一步提高系统的并行性，使并发执行单位的粒度变细、并发执行的代价降低，操作系统又引入了线程的概念。对处理机的管理最终归结为对进程和线程的管理和调度。

（1）处理机调度的 3 个级别。处理机调度可以分为高级调度、中级调度和低级调度 3 个级别，如图 3-11 所示。

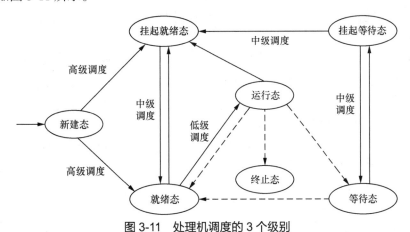

图 3-11　处理机调度的 3 个级别

① 高级调度。高级调度又称作业调度，通常发生在新进程的创建过程中，它决定一个进程能否被创建或者创建后能否被置为就绪态，以参与竞争处理机，获得运行。在纯粹的分时或者实时操作系统中，通常不需要配备高级调度。

② 中级调度。在分时系统或具有虚拟存储器的操作系统中，为了提高内存利用率、增大作业吞吐量，专门引入了中级调度。中级调度反映到进程状态上就是挂起和解除挂起，

它根据系统当前的负荷情况决定停留在主存储器中的进程数量。

③ 低级调度。低级调度又称进程调度，是各类操作系统都必须具有的功能，它根据一定的算法和策略来决定哪一个就绪进程或线程优先占用 CPU 运行。

（2）进程的状态和转换。在一个进程因创建而产生直到因撤销而消亡的整个生命周期中，有时占有处理机，有时虽可运行但分不到处理机，有时虽有空闲处理机但因某个事件的发生而无法执行，这一切都说明进程和程序不同，进程是活动的且有动态变化，这可以用一组状态来加以刻画。为了便于进程的管理，一般来说，可按进程在其生命周期中的动态变化情况，定义以下一些进程状态。

① 新建态：进程刚被创建时的状态，系统为新进程创建必要的管理信息。

② 就绪态：进程已获得除处理机以外的所有资源，已具备运行条件，等待系统分配处理机以便运行。

③ 运行态：进程占有处理机，正在运行。

④ 等待态：也称阻塞态，此时进程不具备运行条件，正在等待某个事件的完成。

⑤ 挂起就绪态：进程具备运行条件但目前在辅助存储器中，只有当它被转换到主存储器后才能被调度执行。

⑥ 挂起等待态：进程正在等待某一个事件且在辅助存储器中。

⑦ 终止态：表明进程不再执行，保留在操作系统中等待善后，然后退出主存储器。

2．存储管理

操作系统的第 2 个功能是管理存储器，按照一定的分配算法为需要运行的程序或作业分配所需的存储空间，当使用结束后，操作系统负责将这部分存储空间收回。存储管理主要针对计算机系统的重要资源——主存储器，也就是对内存进行管理。主存储器一般分为两部分：一部分是系统区，其用来存放操作系统核心程序、标准子程序，以及例行程序等；另一部分是用户区，其用来存放用户的程序和数据等，供当前正在执行的应用程序使用。存储管理主要是对主存储器中的用户区进行管理。

（1）存储器的层次。计算机系统采用层次结构的存储子系统，以便在容量、速度、成本等各因素中取得平衡，获得较好的性能价格比。存储器分为寄存器、高速缓存、主存储器、磁盘缓存、固定磁盘和可移动存储介质 6 层层次结构，如图 3-12 所示。层次越高，CPU 的访问越直接，访问速度越快，硬件成本越高，配置的容量越小。其中，寄存器、高速缓存、主存储器和磁盘缓存均属于存储管理的范畴。固定磁盘和可移动存储介质属于设备管理的范畴。磁盘缓存本身并不是一种实际存在的存储介质，它依托于固定磁盘，提供对主存储器存储空间的扩充。

图 3-12　存储器的层次

可执行的程序必须被保存在计算机的主存储器中，与外部设备交换的信息一般也存储于主存储器的地址空间中。由于处理机在执行指令时，主存储器访问时间远大于其处理时间，因此引入寄存器和高速缓存来加快指令的执行。

（2）虚拟存储管理。在传统的存储管理方式中，必须为作业分配足够的存储空间，以装入与作业有关的全部信息，作业的大小不能超出内存的可用空间，否则这个作业无法运行，即存储空间的大小限制了作业的规模。然而，实际研究发现，作业的信息在执行时实际上不是被同时使用的，有些部分运行一遍后就不再使用。把运行时暂时不用的或某种条件下才用到的程序和数据全部留在内存中是对宝贵的内存资源的一种浪费，大大降低了内存的利用率。

为提高内存的利用率，也为扩展内存以便处理规模更大的作业，提出了这样的设计：作业提交后，先进入辅助存储器，暂时不用的部分保留在作为内存扩充的辅助存储器中，待用到这些信息时，再由系统自动把它们装入主存储器，这就是虚拟存储器的基本思路。这样，不仅能使内存空间被充分利用，而且用户编制程序时也不必考虑主存储器的实际容量大小，允许用户的逻辑地址空间大于主存储器的绝对地址空间，可为用户提供比实际内存空间更大的虚拟存储空间。

3．设备管理

现代计算机外部设备种类繁多、功能各异，设备管理成为操作系统中最庞杂的部分，其主要任务是控制外部设备和 CPU 的 I/O 操作。设备管理模块在控制各类设备和 CPU 进行 I/O 操作的同时，还要尽量提高设备与设备、设备与 CPU 的并行性，使系统效率得到提高，同时要为用户使用外部设备屏蔽硬件细节提供方便易用的接口。

4．文件管理

操作系统的第 4 个功能是对系统中各类信息（也称文件）进行管理。计算机系统中的信息种类众多，如何按照用户的要求分门别类地加以管理和控制、按照用户的需求检索文件、提供操作文件的各种命令是操作系统中相应的软件（程序）应该具备的功能。

操作系统中负责管理和存储文件信息的软件机构称为文件管理系统，简称文件系统。它用统一的方式进行用户的管理和系统信息的存储、检索、更新、共享和保护并为用户提供一整套方便、有效的文件使用和操作方法。文件系统的主要功能包括存储文件的外存储器空间的组织和管理、文件目录的管理、文件的读写管理，以及文件的共享和保护。

3.4.4　操作系统的基本类型

操作系统的基本类型有批处理操作系统、分时操作系统和实时操作系统 3 种。具备全部或兼有两者功能的系统统称为通用操作系统。随着硬件技术的发展和应用的需要，新发展和形成的操作系统又有微机操作系统、并行操作系统、网络操作系统、分布式操作系统和嵌入式操作系统等。

1．批处理操作系统

在计算中心的大型计算机上一般采用批处理操作系统。用户将要计算的用户作业集中并成批地输入计算机，然后由操作系统来调度和控制用户作业的执行，形成一个自动转接的连续处理的作业流，最后把运算结果返回给用户。采用这种批处理作业方式的操作系统称为批处理操作系统。

批处理操作系统的主要优点是系统资源利用率高、作业的吞吐量大；缺点是作业周转时间长、不具备人机交互能力。

批处理操作系统的特征主要有以下几个。

（1）用户脱机工作。用户提交作业之后直至获得结果之前不再和计算机及其他的作业交互。这种工作方式致使发现程序错误不能及时修正，因此对调试和修改程序极为不方便。

（2）批量处理作业。集中一批用户提交的作业，将其输入计算机，成为后备作业。后备作业由批处理操作系统一批批地选择调入内存执行。

（3）单/多道程序运行。根据处理机的数量和能力分别采用单/多道批处理。单道批处理同一时间只能处理一道作业流，多道批处理可以同时选取多个作业进入主存储器运行。

2. 分时操作系统

允许多个联机用户同时使用一台计算机系统的操作系统称为分时操作系统。其实现思想：每个用户在各自的终端上以问答的方式控制程序运行，系统把 CPU 的时间划分为时间片，轮流分配给各个联机终端用户，每个用户只能在极短的时间内执行程序。若时间片用完而程序还未执行完，则挂起等待下次分得时间片。由于调试程序的用户常常只发出简短的命令，这样一来，每个用户的每次要求都能得到快速响应，使其感觉好像独占了这台计算机一样。实际上，分时操作系统是多道程序的一个变种，CPU 被若干个交互式用户多路分用，不同之处在于每个用户都有联机终端。

分时操作系统具有以下特性。

（1）多路性。允许在一台主机上同时连接多台联机终端，系统按分时原则为每个用户服务。宏观上，是多个用户同时工作，共享系统资源；而微观上，则是每个用户作业轮流运行一个时间片。这样就提高了资源利用率，从而促进了计算机更广泛的应用。

（2）独立性。每个用户各占一个终端，彼此独立操作、互不干扰，因此每个终端用户在感觉上好像独占了一台计算机。

（3）及时性。用户的请求（即不要求大量 CPU 处理时间的请求）能够在足够快的时间内得到响应，此时间间隔是以人们所能接受的等待时间来确定的，通常为 2～3 s。这一特性与计算机 CPU 的处理速度、分时操作系统中联机终端用户数量和时间片的长短密切相关。

（4）交互性。用户可通过终端与系统进行广泛的人机对话。其广泛性表现在用户可以请求系统提供多方面的服务，如文件编辑、数据处理和资源共享等。

3. 实时操作系统

实时操作系统是指当外界事件或数据产生时，能够接受并以足够快的速度予以处理，其处理的结果又能在规定的时间内控制生产过程或对处理系统做出快速响应并控制所有实时任务协调一致运行的操作系统。及时响应和高可靠性是其主要特点。实时操作系统有过程控制系统、信息查询系统和事务处理系统 3 种类型，如飞机自动驾驶系统、情报检索系统、银行业务处理系统等。实时操作系统要求响应快速、安全保密、可靠性高。

4. 微机操作系统

微型计算机是目前使用得最广泛的计算机，其使用方式与大型计算机不同，其操作系统也有自己的特点。早期微型计算机上运行的一般是单用户、单任务操作系统，如 CP/M、MS-DOS，后来逐步发展为支持多用户、多任务和图形界面的操作系统，如 Windows、 macOS、Linux 等。

现代微机操作系统具有以下特点。

（1）开放性。支持不同系统互联、支持分布式处理和多 CPU 系统。

（2）通用性。支持应用程序的独立性和在不同平台上的可移植性。

（3）高性能。随着硬件性能的提高、64 位计算机的逐渐普及，以及 CPU 速度的进一步提高，微机操作系统引入了许多以前在中型和大型计算机上才能实现的技术，支持虚拟存储器，支持多线程，使微型计算机系统性能大大提高。

（4）采用微内核结构。提供基本支撑功能的内核极小，大部分操作系统功能由内核之外运行的服务程序（也称服务器）来实现。

5. 并行操作系统

随着并行处理技术的发展，出现了并行计算机，为充分发挥其并行处理性能，需要有并行算法、并行语言等的配合，从而出现并行操作系统。典型的并行操作系统有美国斯坦福大学的 V-Kernel、美国卡内基-梅隆大学的 Mach 等。并行计算机有阵列处理机、流水线处理机、多处理机等。并行处理技术已成为近年来计算机的热门研究课题，在气象预报、石油勘探、空气动力学、基因研究、核技术、航空航天飞行器等领域均有广泛应用。

6. 网络操作系统

网络操作系统能够控制计算机在网络中方便地传送信息和共享资源，并能为网络用户提供各种服务。网络操作系统主要有两种工作模式。第一种工作模式是客户机-服务器（Client/Server）模式，这类网络中有两类站点：一类作为网络控制中心或数据中心的服务器，提供文件打印、通信传输、数据库等各种服务；另一类是本地处理和访问服务器的客户机。第二种工作模式是对等（Peer-to-Peer，P2P）模式，这种网络中的站点都是对等的，每一个站点既可作为服务器，又可作为客户机。典型的网络操作系统有 Netware 和 Windows Server。

7. 分布式操作系统

用于管理分布式计算机系统的操作系统称为分布式操作系统。分布式系统是指在通信网络互联的多处理机体系结构上执行任务的系统，它包括分布式操作系统、分布式程序设计语言及编译（解释）系统、分布式文件系统、分布式数据库系统等。

在以往的计算机系统中，处理和控制能力都被高度地集中在一台计算机上，所有的任务都由它完成，这种系统称为集中式计算机系统。分布式计算机系统是由多台分散的计算机经互联网连接而成的，每台计算机高度自治，互相协同，能在系统范围内实现资源的任务分配，能并行地运行分布式程序。

分布式操作系统负责管理分布式处理系统资源和控制分布式程序运行，它和集中式操作系统的区别在于资源管理、进程通信和系统结构等方面。

分布式操作系统与网络操作系统的区别在于，分布式操作系统将多台计算机以透明的方式组织为一套完整的系统，而网络操作系统中的用户明确知道各结点仍是独立的且可以有各自不同的操作系统。分布式操作系统的耦合程度高于网络操作系统。对用户透明是指，对用户而言，处理过程是感觉不到、不可见、隐藏的，用户不知道原理或者整个过程，甚至根本感觉不到它的存在。

8. 嵌入式操作系统

嵌入式（计算机）系统硬件不以物理上独立的装置或设备的形式出现，大部分甚至全部隐藏和嵌入各种应用系统。嵌入式操作系统（Embedded Operating System，EOS）需要专门的软件，是嵌入式软件的基本支撑。

嵌入式操作系统在系统的实时高效性、硬件的相关依赖性、软件固态化，以及应用的专用性等方面具有较为突出的特点。

目前，国际上的嵌入式操作系统有 40 余种，其中具有代表性的有 Palm OS（3Com 公司），VxWorks、Windows CE、嵌入式 Linux 系统等。

3.4.5　典型操作系统

目前，计算机用户较为熟悉的操作系统主要有 DOS、Windows、UNIX 和 Linux。

DOS 和 Windows 都是微软公司的产品，DOS 是 Windows 的前身，它们多用于 PC。UNIX 是一个通用的、交互型分时操作系统，现已成为操作系统标准，而不仅是指一个具体的操作系统。许多公司和大学都推出了自己的 UNIX 系统，用于专业领域的计算机。Linux 是一个开放源代码、UNIX 类的操作系统，作为自由软件，它被广泛用于构建 Internet 服务器。

1. DOS

DOS（Disk Operating System）的含义就是磁盘操作系统，产生于 Seattle Computer Products 公司，微软公司取得其专利后，将其改名为 MS-DOS，并与 IBM 联合对其功能进行了扩充。由于 DOS 是广泛运行在 IBM PC 及其兼容机上的单用户操作系统，所以又称为 PC-DOS。

MS-DOS 的最早版本是 1981 年 8 月推出的 DOS 1.0 版，几经修改、扩充，发展为 1993 年的 DOS 6.0 版。微软公司推出的最后一个 MS-DOS 版本是 DOS 6.22 版，之后不再推出新的 MS-DOS 版本。自 DOS 4.0 版开始，该系统具有多任务处理功能。

DOS 所具备的功能不能满足人们的需求和微型计算机发展的进程。例如，DOS 对内存的空间大小有限制，它只能寻址 1 MB 的内存空间，又把这 1 MB 的内存空间分为 0～640 KB 的基本内存和 640 KB～1 MB 的高端扩展内存。

由于 DOS 基本上不支持鼠标，所以该系统提供了如图 3-13 所示的基本命令，供用户通过键盘来操作计算机。

人们把存放在磁盘上的各种信息统称为文件。一台计算机中有用户文件和操作系统文件，管理这些文件的软件就称为文件系统。

DOS的命令	命令的功能
dir/w dir	显示文件列表
type	显示文件内容
copy	复制文件
rename 或 ren	重命名文件
erase 或 del	删除文件
help	获取帮助
chkdsk	显示磁盘剩余空间
print	打印文件

图 3-13　DOS 的基本命令

（1）文件名。文件名的长度最多不超过 11 个字符，其中又分为主文件名（最多 8 个字符）和扩展名（最多 3 个字符）。主文件名与扩展名用"."分隔，如：myfile.txt。

（2）文件类型。在 DOS 中，以文件的扩展名来区分文件的类型。例如，myfile.txt 是文本文件；如果文件名为 command.com，则说明此文件是一个命令文件；myfile.c 是一个用 C 语言编写的源程序文件。DOS 中有数十种类型的文件。

（3）说明。在 DOS 中，文件名的组成是有限制的，文件名中不能出现"+""–""*""/""?""">""<"等字符，因为这些字符已经在操作系统中被赋予了含义。

2. Windows

微软公司是现在世界上最大的软件公司之一，其开发的 Windows 操作系统目前在 PC 操作系统中大约占 90%。

微软公司于 1983 年 11 月发布的 Windows 起初并不成功，直到 1990 年发布 Windows 3.0 版，对以前的版本进行了彻底改造，在功能上进行了很大程度的扩充，用户数量才逐步增加。1992 年 4 月发布的 Windows 3.1 是第一个真正被广泛使用的版本。

从 Windows 1.x 到 Windows 3.x，系统都必须依靠 DOS 提供的基本硬件管理功能才能工作，因此从严格意义上说，Windows 还不能算一个真正的操作系统，只能称之为图形化用户界面操作环境。1995 年 8 月，微软公司推出了 Windows 95 并放弃开发新的 DOS 版本，Windows 95 能够独立地在硬件上运行，是真正的新型操作系统。此后，微软公司又相继推出了 Windows 98、Windows 98 SE 和 Windows Me 等后续版本。Windows 3.x 和 Windows 9x 都属于个人操作系统范畴，主要运行于 PC。

除个人操作系统版本，Windows 还有商用操作系统版本 Windows NT，它主要运行于小型计算机、服务器，也可以在个人计算机上运行。Windows NT 3.x 于 1993 年 8 月推出，此后微软公司又相继发布了 NT 4.x。基于 NT 内核，微软公司于 2000 年 2 月正式推出了 Windows 2000。2001 年 1 月，微软公司宣布停止对 Windows 9x 内核的改进，把个人操作系统版本和商用操作系统版本合而为一，命名为"Windows XP"。Windows XP 包括家庭版、专业版和一系列服务器版。

2009 年 7 月 14 日，Windows 7 正式开发完成并于同年 10 月 22 日在美国正式发布。Windows 7 的设计主要围绕 5 个重点——针对笔记本电脑的特有设计、基于应用服务的设计、用户的个性化、视听娱乐的优化、用户易用性的新引擎。跳跃列表、系统故障快速修复等新功能令 Windows 7 成为最简单易用的 Windows 版本之一。

2015 年 1 月，微软公司正式终止了对 Windows 7 的主流支持，但仍然继续为 Windows 7 提供安全补丁支持，直到 2020 年 1 月 14 日正式终止对 Windows 7 的所有技术支持。2015 年，微软公司宣布自当年 7 月 29 日起一年内，除企业版，所有版本的 Windows 7 SP1 均可以免费升级至 Windows 10，升级后的系统将永久免费。

2021 年 6 月 24 日，微软公司推出了 Windows 11 预览版系统，同年 10 月 21 日发布 Windows 11 正式版。

3. UNIX

UNIX 操作系统是一个通用的、交互型分时操作系统。它最早由 AT&T 公司贝尔实验室于 1969 年在 DEC 公司的小型计算机 PDP-7 上开发成功。用 C 语言改写后的第 3 版 UNIX 具有高度易读性、可移植性，为迅速推广和普及走出了决定性一步。1978 年的 UNIX 第 7 版被视为当今 UNIX 的先驱，该版为今天 UNIX 的繁荣奠定了基础。20 世纪 70 年代中后期，UNIX 源代码的免费扩散引起了很多大学、研究所和公司的兴趣，大众的参与为 UNIX 的改进、完善、传播和普及起到了重要的促进作用。

UNIX 取得成功的一个重要原因是系统的开放性。由于公开源代码，用户可以方便地往 UNIX 操作系统中逐步添加新功能和工具，这样可使 UNIX 越来越完善，能提供更多服务，成为有效的程序开发支撑平台。它是目前唯一可以安装和运行在巨型计算机、大型计算机、微型计算机和工作站上的操作系统。

UNIX 具有以下主要特点。

（1）多用户、多任务操作系统，用 C 语言编写，具有较好的易读性、易修改性和可移植性。

（2）结构上分为核心部分和应用子系统，便于做成开放系统。

（3）具有分层可装卸卷的文件系统，提供文件保护功能。

（4）提供 I/O 缓冲技术，系统效率高。

（5）抢占式动态优先级 CPU 调度，有力地支持分时功能。

（6）命令语言丰富、齐全，其中还包括功能强大的 Shell 语言，以构建用户界面。

（7）具有强大的网络与通信功能。

（8）请求分页式虚拟存储管理，内存利用率高。

实际上，UNIX 已成为一种操作系统标准，而不仅指某个具体的操作系统。许多公司和大学都推出了自己的 UNIX 操作系统，如 IBM 的 AIX 操作系统、Sun 公司的 Solaris 操作系统、加利福尼亚大学伯克利分校的 UNIX BSD 操作系统、HP 公司的 HP-UX 操作系统、SGI 公司的 IRIX 操作系统、SCO 公司的 SCO UnixWare 和 Open Server 操作系统，以及 AT&T 公司的 SVR 操作系统等。为解决各个版本的兼容问题，使同一个程序能在所有不同的 UNIX 版本上运行，IEEE 拟定了一个 UNIX 标准，即可移植操作系统接口（Portable Operating System Interface，POSIX）标准，该标准已被多数 UNIX 操作系统支持，同时，其他一些操作系统也支持 POSIX 标准。此外，还有一些 UNIX 标准和规范，如 UNIX System V 接口定义（System V Interface Definition，SVID）、XPG（X-Open Portability Guideline），这些均进一步推动了 UNIX 的发展。

下面简单介绍一下 UNIX 操作系统的结构。

UNIX 系统主要由系统"内核"（Kernel）、Shell、各类应用工具（程序）和用户应用程序等组成。通常，我们也可以把 UNIX 系统的结构分为 4 层，如图 3-14 所示。从下至上，它的底层是硬件，也是整个系统的基础；第 2 层是操作系统的内核，功能包括进程管理、存储器管理、设备管理和文件管理等；第 3 层是操作系统与用户的接口（Shell）、编译程序等；最上层则是应用层（即用户程序）。

| 用户程序 |
| 接口 |
| 内核 |
| 硬件 |

图 3-14　UNIX 系统的结构示意

UNIX 操作系统是多用户、多任务的分时操作系统，主要运行在大、中型计算机中，其功能非常强大，可以供成百上千个用户同时使用一台主机。

4．Linux

Linux 是由芬兰科学家林纳斯·托瓦兹首先编写内核并在自由软件（Free Software）爱好

者的共同努力下完成和丰富的操作系统。Linux 的发展证明了自由软件的强大力量并形成了一个广泛的开放源代码社区。

（1）自由软件。自由软件是指遵循通用公共许可证（General Public License，GPL）规则，保证用户有使用上的自由、获得源程序的自由、可以自己修改的自由、可以复制和推广的自由及收费的自由的一种软件。

自由软件的出现意义深远。众所周知，科技是人类社会发展的阶梯，而科技知识的探索和积累是组成这个阶梯的一个个台阶。人类社会的发展是以知识积累为依托，不断地在前人获得知识的基础上发展和创新才得以一步步提高的。软件产业也是如此，如果能对已有的成果加以利用，避免每次都重复开发，将大大提高目前软件的生产率。带有源程序和设计思想的自由软件对学习和进一步开发软件起到了极大的促进作用。自由软件的定义确定了它是为人类科技的共同发展和交流而出现的。"Free"指的是自由，但并不是免费。"自由软件之父"理查德·斯托曼先生将自由软件划分为以下等级。

0 级：对软件的自由使用。

1 级：对软件的自由修改。

2 级：对软件的自由获利。

自由软件赋予了人们极大的自由空间，但这并不意味着自由软件是完全无规则的。例如，GPL 是自由软件必须遵循的规则。由于自由软件是贡献型的，而不是索取型的，只有人人贡献出自己的一份力量，自由软件才能得以健康发展。比尔·盖茨早在 20 世纪 80 年代曾大声斥责"软件窃取行为"，警告世人这样会影响整个社会享有好的软件。而自由软件的出现则是软件产业的一个分水岭，在拥护自由软件的人们眼中，微软公司的做法实际上抑制了软件对社会的积极作用，剥夺了人们共享与修改软件的自由。

GPL 协议可以被视为一个伟大的协议，是征求和发扬人类智慧和科技成果的宣言书，是所有自由软件的支撑点。没有 GPL，就没有今天的自由软件。

（2）Linux 操作系统。林纳斯·托瓦兹于 1991 年编写完成 Linux 操作系统内核。当时，他还是芬兰赫尔辛基大学计算机系的学生，在学习操作系统课程中，他自己动手编写了一个操作系统原型，从此，一个新的操作系统诞生了。林纳斯把这个系统放在 Internet 上，允许自由下载，许多人对这个系统进行改进、扩充、完善并做出了关键性贡献。Linux 由最初的一个人写原型变成了在 Internet 上由无数志同道合的程序高手们一起编写。

Linux 属于自由软件，短短几年，Linux 操作系统已得到广泛使用。1998 年，作为构建 Internet 服务器使用的操作系统，Linux 已超越 Windows NT。许多计算机公司如 IBM、Intel、Oracle、Sun、HP 等都大力支持 Linux 操作系统，各种成名软件纷纷被移植到 Linux 平台上，运行在 Linux 下的应用软件也越来越多。当前，Linux 中文版早已被开发出来，Linux 已经在我国流行，这也为我国自主操作系统的发展提供了良好条件。

Linux 是一个开放源代码、UNIX 类的操作系统。它除继承历史悠久和技术成熟的 UNIX 操作系统的优点外，还做了许多改进，成了一个真正的多用户、多任务通用操作系统。1993 年，第一个产品版 Linux（Linux 1.0）问世的时候，全部按自由扩散版权进行扩散，即公开源代码，不准获利。不久后，人们发现这种纯粹理想化的自由软件会阻碍 Linux 的扩散和发展，特别是抑制了商业公司参与并提供技术支持的积极性。于是，Linux 转向 GPL 协议，除允许享有自由软件的各项许可权，还允许用户出售自由软件副本程序。这一版权上的转变在后来被证明对 Linux 的进一步发展十分重要。

从 Linux 的发展史可以看出，是 Internet 孕育了 Linux，没有 Internet 就不可能有 Linux 今天的成功。从某种意义上说，Linux 是 UNIX 和 Internet 结合的产物，其主要特点如下。

① 既继承了 UNIX 的优点，又有许多改进；协作开发的开发模式是集体智慧的结晶，能紧跟技术发展潮流，具有极强的生命力。

② Linux 是真正的多用户、多任务通用操作系统，可作为 Internet 上的服务器，路由器，数据库、文件和打印服务器，也可供个人使用。

③ 全面支持传输控制协议/互联网协议（Transmission Control Protocol/Internet Protocol，TCP/IP），内置通信联网功能并可方便地与 LAN Manager、Windows for Workgroups、Novell NetWare 网络集成，让异种机方便地联网。

④ 符合 POSIX 1003.1 标准，各种 UNIX 应用和 Linux 应用可以相互移植；支持在 DOS 和 Windows 上应用，对 UNIX BSD 和 UNIX System V 应用程序提供代码级兼容功能；也支持绝大部分 GNU 软件。

⑤ 完整的 UNIX 开发平台，支持一系列 UNIX 开发工具，几乎所有主流语言如 C、C++、FORTRAN、Ada、Pascal、Smalltalk 等都可移植到 Linux 下。

⑥ 具有强大的远程管理功能并支持大量外部设备。

⑦ 支持 32 种文件系统，如 EXT2、EXT、XI AFS、ISO FS、HPFS、MS-DOS、UMS-DOS、PROC、NFS、SYSV、Minix、SMB、UFS、NCP、VFAT、AFFS 等。

⑧ 提供图形用户界面（Graphical User Interface，GUI），有图形接口 X-Windows 和多种窗口管理器。

⑨ 支持并行处理和实时处理，能充分发挥硬件性能。

⑩ 开放源代码，用户可自由获得；在 Linux 平台上开发软件的成本低，有利于发展各种特色的操作系统。

小结

（1）软件是指在硬件系统上运行的各种程序及相关文档的集合，是程序与文档的集合体。软件是用户与硬件之间的接口，用户主要是通过软件与计算机进行交流的。计算机的软件分为系统软件和应用软件两大类。

（2）系统软件主要负责管理计算机系统中各种独立的硬件，使它们可以协调工作，并为用户使用计算机提供最基本的功能。系统软件主要包括操作系统、语言处理程序、数据库管理系统和一些服务性程序等。其中，操作系统是最重要的系统软件。

（3）应用软件是指用户自己开发或外购的能满足各种特定需求的应用软件包。根据应用领域的不同，又可将应用软件分为通用软件和专用软件两大类。

（4）操作系统是指管理计算机系统的所有软、硬件资源，合理组织计算机的工作流程并为用户提供方便、友好服务界面的程序与数据的集合。操作系统是直接运行在裸机上的最基本的系统软件，是系统软件的核心。

（5）程序设计语言通常分为机器语言、汇编语言和高级语言。机器语言是直接用二进制代码表示机器指令的计算机语言，是计算机唯一可以识别和直接执行的语言。汇编语言是面向机器的程序设计语言，是为特定的计算机或计算机系统设计的并使用助记符来表示机器指令，因此也称汇编语言为符号语言。我们通常将机器语言和汇编语言统称为低级语言。

（6）高级语言是用数学语言和接近于自然语言的语句来编写的、用于解决实际问题的程序设计语言。高级语言具有良好的通用性和可移植性，因此更易于人们编写和掌握，但是用高级语言编写的程序不能直接被计算机识别，需要通过一些编译或解释程序将其翻译成机器语言的目标程序后才能被执行。

（7）数据库是按一定方式组织起来的数据的集合，具有数据量大、数据冗余度小、可共享等特点。而数据库管理系统（DBMS）的作用就是管理数据库。不同的 DBMS 是以不同的方式将数据组织到数据库中的。组织数据的方式称为数据模型。数据模型一般分为层次型、网状型和关系型 3 种形式。

（8）服务性程序是一类辅助性程序，是为了帮助用户使用和维护计算机、向用户提供服务性手段而编写的程序，通常包括编辑程序、调试程序、诊断程序、硬件维护程序和网络管理程序等，它们也是系统软件的重要组成部分。

（9）操作系统的基本特征有并发性、共享性、虚拟性和不确定性。

（10）操作系统的功能包括处理机管理与进程调度、存储管理、设备管理和文件管理。

（11）操作系统的基本类型主要有 3 种，即批处理操作系统、分时操作系统和实时操作系统。具备全部或兼有两者功能的系统统称为通用操作系统。随着硬件技术的发展和应用的需要，新发展和形成的操作系统又有微机操作系统、并行操作系统、网络操作系统、分布式操作系统和嵌入式操作系统等。

（12）目前市面上流行的、用户较为熟悉的操作系统主要有 DOS、Windows、UNIX 和 Linux。

习题 3

一、单项选择题

1. 计算机软件由（　　）组成。
   A. 数据和程序　　B. 程序和工具　　C. 文档和程序　　D. 工具和数据
2. C 语言编译系统是（　　）。
   A. 操作系统　　　B. 应用软件　　　C. 系统软件　　　D. 数据库管理系统
3. 下列 4 种软件中属于应用软件的是（　　）。
   A. Basic 解释程序　B. UCDOS　　　C. 财务管理系统　　D. Pascal 编译程序
4. 以下应用软件主要用于播放音乐和视频的是（　　）。
   A. PowerPoint　　　　　　　　B. Media Player
   C. Adobe Photoshop　　　　　　D. Macromedia Flash
5. 关于 Excel 与 Word 的区别，下列描述中不正确的是（　　）。
   A. Excel 是一个数据处理软件　　B. 两者同属于 Office
   C. Word 是一个文档处理软件　　D. Excel 与 Word 的功能相同

6. 用C语言编写的源程序要变为目标程序，必须经过（　　　）。

  A. 编辑   B. 编译   C. 解释   D. 汇编

7. 操作系统在计算机系统中位于（　　　）。

  A. CPU 和用户之间   B. 计算机硬件和用户之间

  C. CPU   D. 计算机硬件和软件之间

8. 操作系统是为了提高计算机的（①）和方便用户使用计算机而配置的基本软件。它负责管理计算机系统中的（②），其中包括（③）（选两项）、（④）、外部设备和系统中的数据。操作系统中的（③）管理部分负责对进程进行管理。操作系统对系统中的数据进行管理的部分通常被称为（④）。

  ① A. 速度   B. 利用率   C. 灵活性   D. 兼容性

  ② A. 程序   B. 功能   C. 资源   D. 进程

  ③ A. 主存储器 B. 虚拟存储器 C. 运算器   D. 控制器

    E. 微处理器 F. 处理机

  ④ A. 数据库系统 B. 文件系统 C. 检索系统   D. 数据库

    E. 数据存储系统   F. 数据结构   G. 数据库管理系统

9. （　　　）不是操作系统关心的主要问题。

  A. 管理计算机裸机

  B. 设计、提供用户程序与计算机硬件系统的界面

  C. 管理计算机系统资源

  D. 高级语言的编译器

10. 操作系统的基本类型主要有（　　　）。

  A. 批处理系统、分时操作系统及多任务系统

  B. 实时操作系统、批处理系统及分时操作系统

  C. 单任务系统、多任务系统及批处理系统

  D. 实时操作系统、分时操作系统和多任务系统

11. 下列有关操作系统的叙述中，正确的是（　　　）。

  A. 批处理作业必须具有作业控制信息

  B. 分时操作系统不一定都具有人机交互能力

  C. 从响应时间的角度看，实时操作系统与分时操作系统差不多

  D. 由于采用了分时技术，用户可以独占计算机的资源

12. 采用多道程序设计的主要目的是（　　　）。

  A. 提高 CPU 利用率   B. 充分利用内存

  C. 充分利用 I/O 设备   D. 充分利用磁盘

13. 某进程在运行过程中需要等待从磁盘上读入数据，此时该进程的状态是（　　　）。

  A. 从就绪态变为运行态   B. 从运行态变为就绪态

  C. 从运行态变为阻塞态   D. 从阻塞态变为就绪态

14. 下列关于虚拟存储器的描述中，正确的是（　　　）。

  A. 要求作业在运行前，必须全部装入内存且在运行过程中也必须一直驻留内存

  B. 要求作业在运行前，不必全部装入内存且在运行过程中不必一直驻留内存

    C. 要求作业在运行前，不必全部装入内存，但在运行过程中必须一直驻留内存

    D. 要求作业在运行前，必须全部装入内存，但在运行过程中不必一直驻留内存

15. 下列文件名中，非法文件名是（　　　）。

    A. LX5.WPS   B. YUANS.LF   C. MINamp?FN.COM D. 123.456

二、填空题

1. 编译程序、数据库管理系统和服务性程序属于_____。

2. 用计算机把高级语言源程序变成机器可直接执行的程序或目标程序的方法通常有_____和_____两种。

3. 操作系统是对计算机的系统资源进行控制与管理的软件，这里系统资源指的是_____、_____、_____和_____。

4. 操作系统的基本特征包括_____、_____、_____和_____。

5. 批处理系统的主要缺点是_____。

6. 分时操作系统具有的 4 个基本特征是_____、_____、_____和_____。

7. 实时操作系统追求的目标是_____。

8. 进程主要由_____、_____和_____3 部分组成。其中，_____是进程存在的唯一标志，而_____部分也可以为其他进程共享。

9. 按操作系统中文件的性质与用途，可将文件分为_____、_____和_____。

10. DOS 是_____的缩写。

三、简答题

1. 简述计算机系统的组成并说明硬件与软件的关系。

2. 什么是软件？简述软件的分类。

3. 系统软件和应用软件的区别是什么？请分别列举一些常见的系统软件和应用软件。

4. 什么是操作系统？它在系统中的地位如何？

5. 简述操作系统的基本特征和基本功能。

6. 操作系统是如何分类的？简述各种操作系统的特点。

7. DOS 和 Windows 操作系统有什么联系？DOS 的主要特点有哪些？

8. 简述 UNIX 操作系统的基本结构和基本特点。

9. Linux 和 UNIX 操作系统有什么联系？Linux 的主要特点是什么？

10. 任选一款本章中提到的应用软件，谈一谈使用该软件的体会。

第 **④** 章 算法与数据结构基础

计算机程序就是指导计算机如何解决问题的一系列指令的有序集合。写程序比写其他文档要难得多，因为计算机编程非常强调结构性和严谨性，丝毫不能马虎。设计计算机程序首先从描述问题开始，它也是算法（Algorithm）设计的基础。要设计一个结构好、效率高的程序，还必须研究数据的特性和数据的相互关系及其对应的存储表示，并利用这些特性和关系设计出相应的算法和程序。

本章学习目标

- 理解算法的含义、特性、描述算法的方法，以及评价算法的主要标准。
- 理解程序设计语言的发展历程、分类，以及它们各自的特点。
- 理解和掌握常用的结构化程序语言和面向对象程序设计语言的典型代表及其主要特点。
- 掌握结构化程序设计的 3 种基本控制结构。
- 理解面向对象程序设计的基本含义和基本思想。
- 理解和掌握数据结构及其相关概念的含义、数据的逻辑结构和存储结构之间的关系。
- 理解和掌握几种典型的数据结构中数据之间的关系及常用的基本操作。

4.1 算法

在数学和计算机科学之中，算法被定义为某一计算的具体步骤，常用于计算、数据处理和自动推理，算法代表着用系统的方法描述解决问题的策略机制。

本节我们将在具体介绍解决实际问题步骤的基础上介绍算法的概念、特性、描述方法，以及评价标准。

4.1.1 解决实际问题的步骤——从问题到程序

在计算机技术出现的初期，人们使用计算机的目的主要是处理数值计算问题。当人们使用计算机解决具体问题时，一般需要经过以下几个步骤。

1. 从具体问题抽象出数学模型（数学建模）

解决各类实际问题时，建立数学模型是十分关键的一步，同时是十分困难的一步。数学模型一般是实际事物的一种数学简化，建立数学模型的过程是把错综复杂的实际问题简化、抽象为合理的数学结构的过程。要通过调查、收集数据资料，观察和研究实际对象的固有特征和内在规律，建立起反映实际问题的数量关系，然后利用数学的理论和方法去分析和解决。这就要求人们不但要具有深厚、扎实的数学基础，还要具有敏锐的洞察力、想象力和广博的知识。

2. 算法设计

在建立起数学模型之后，就需要建立一个确定求解步骤的算法。算法是由一系列规则组成的，这些规则确定操作的顺序，以便在有限的步骤内得到特定问题的解。算法的描述可以是粗略的，也可以是详细的。我们通常可以采用"自顶向下、逐步求精"的方法，即先建立一个抽象、粗略的算法，然后将其逐步细化，更精确地描述出来。

3. 程序设计

确定问题求解的算法之后，必须通过程序设计（编码）将其转换为程序，才能在计算机上实现。程序设计是一个将算法转换为程序设计语言的过程。根据实际情况可以采用汇编语言或高级语言来进行程序设计。

4. 调试

调试是为了发现程序中的错误而运行程序的过程，需要预先设计足够的测试数据。使用该测试数据来测试程序是否能够获得预期的正确结果。如果正确，则解题结束；否则进一步测试程序是否有错。如果程序有错，则转去修改程序；否则需要检查算法是否有错。如果算法有错，则转去修改算法；否则需要重新进行数学建模，检查问题的数学模型与实际要求是否相符。

由此可见，即使算法设计和程序设计都没有错误，如果数学建模阶段得出的模型与实际要求不相符合，则整个工作流程都要推倒重来。这说明了数学建模在整个解题过程中是何等重要，必须予以充分的重视。

4.1.2 算法的基本概念

1. 算法的概念与特性

算法是对特定问题求解步骤的一种描述，是指令的有限序列。其中，每一条指令表示一个或多个操作。一个算法应该具有以下特性。

（1）有穷性（Finiteness）。一个算法必须在有穷步之后结束，即必须在有限时间内完成。实际应用中，算法的有穷性应该包括执行时间的合理性。

（2）确定性（Definiteness）。算法的每一步必须有确切的含义，无二义性且在任何条件下，算法只有唯一一条执行路径，即对于相同的输入，只能得出相同的输出。

（3）可行性（Effectiveness）。算法中的每一步都可以通过已经实现的基本运算的有限次执行得以实现。

（4）输入（Input）。一个算法具有零个或多个输入，这些输入取自特定的数据对象集合。

（5）输出（Output）。一个算法具有一个或多个输出，这些输出同输入之间存在某种特定的关系。

算法的含义与程序十分相似，但又有所区别。一个程序不一定满足有穷性。例如，对于操作系统，只要整个系统不遭到破坏，它将永远不会停止，即使没有作业需要处理时，它仍处于动态等待中，因此操作系统不是一个算法。另外，程序中的指令必须是机器可执行的，而算法中的指令则无此限制。算法代表对问题的解，而程序则是算法在计算机上特定的实现。如果用程序设计语言来描述一个算法，那么它就是一个程序。

2. 算法的描述

为了让算法清晰易懂，需要选择一种好的描述方法。常用的算法描述方法有自然语言、伪代码、流程图等。

（1）自然语言描述。自然语言描述就是用人们日常使用的语言描述解决问题的方法和步骤。这种描述方法通俗易懂，即使是不熟悉计算机语言的人也很容易理解程序。但是，自然语言在语法和语义上往往具有多义性且比较烦琐，对程序流向等的描述不明了、不直观。

（2）伪代码描述。伪代码是介于自然语言和计算机语言之间的文字和符号，它与一些高级编程语言（如 C 和 C++）类似，但是不需要遵循真正编写程序时所要遵循的严格规则。伪代码用一种从顶到底、易于阅读的方式表示算法。在程序开发期间，伪代码经常被用于"规划"一个程序，然后将其转换成某种语言程序。

例如，用伪代码描述商家给客户打折的问题，规定一种商品一次消费金额超过 200 元的客户可以获得折扣（10%），伪代码如下。

```
sum =数量*单价;
if (sum > 200)
  { discount = sum * 0.1;
    total = sum - discount;
  }
else
    total= sum;
```

（3）流程图描述。流程图使用不同的几何图形来表示不同性质的操作。使用流程线来表示算法的执行方向，比起前两种描述方式，流程图描述具有直观形象、逻辑清楚、易于理解等特点，但它占用篇幅较大、流程随意转向，规模较大的流程图不易读懂。表 4-1 列出了流程图的基本符号及其名称和含义。

表 4-1　流程图的基本符号及其名称和含义

流程图的基本符号	名称	含义
⬭	起止框	表示算法的开始和结束
▭	处理框	表示完成某种操作，如初始化或运算赋值等
◇	判断框	表示根据一个条件成立与否，决定执行两种不同操作中的一种
▱	I/O 框	表示数据的输入和输出操作
↓→	流程线	用箭头表示程序执行的流向
○	连接点	用于流程分支的连接

例如，用流程图描述商家给客户打折的问题，规定一种商品一次消费金额超过 200 元的客户可以获得折扣（10%），如图 4-1 所示。

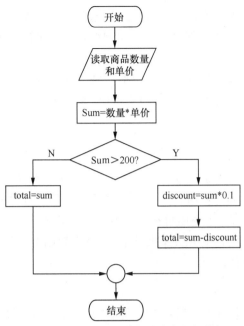

图 4-1 用流程图描述商家给客户打折的问题

4.1.3 算法的评价标准

在算法设计时通常从以下几个方面来评价算法的优劣。

1. 正确性

算法的执行结果应当满足预先规定的功能和性能的要求。正确性表明算法必须满足实际需求，达到解决实际问题的目的。

2. 可读性

一个算法应当思路清晰、层次分明、简单明了、易读易懂。可读性要求表明，算法主要是人与人交流解题思路和进行软件设计的工具，因此可读性必须要强。同时，一个可读性强的算法，其程序的可维护性、可扩展性也要好许多，因此许多时候开发者们会在一定程度上牺牲算法的效率以加强可读性。

3. 健壮性

当输入不合法数据时，算法应能做适当处理，不至于引发严重后果。健壮性要求表明，算法要全面、细致地考虑所有可能出现的边界情况并对这些边界情况做出完备的处理，尽可能使算法不出现意外情况。

4. 高效性

一个算法应当有效使用存储空间且有较高的时间效率。高效性要求主要是指时间效率，即解决相同规模的问题的时间要尽可能短。

4.2 程序设计基础

程序设计能力是计算机专业人员与非专业人员的重要区别，虽然在现代程序开发环境的支持下，非计算机专业人员也能编写程序，但通用的、功能复杂的大型程序的编写仍然以计算机专业人员为主导。掌握程序设计知识和增强程序设计能力也是计算机相关专业学生胜任专业工作的基础要求。

本节主要介绍程序设计的基础知识，包括程序设计语言、结构化程序设计（Structured Programming，SP）、面向对象程序设计（Object-Oriented Programming，OOP），以及良好的程序设计风格等相关内容。

4.2.1 程序设计语言

程序设计语言是人与计算机交互的工具。人要把需要由计算机完成的工作告诉计算机，就需要使用程序设计语言编写程序，让计算机去执行。随着计算机科学技术的发展，程序设计语言也经历了机器语言、汇编语言和高级语言 3 个阶段，我们在 3.2.2 节中已对此做过介绍，这里着重介绍高级语言的几类重要代表——结构化程序设计语言、面向对象程序设计语言和人工智能程序设计语言。

1. 结构化程序设计语言

1969 年，荷兰科学家迪杰斯特拉提出了结构化程序设计（SP）的概念，强调从程序结构和风格上研究程序设计，注重程序结构的清晰化，注重程序的可理解性和可修改性。迪克斯特拉被西方学术界称为"结构化程序设计之父"，他于 1972 年获得了"图灵奖"。

到了 20 世纪 70 年代末，结构化程序设计得到了进一步发展，瑞士计算机科学家、Pascal 语言之父——尼古拉斯·沃斯的贡献尤为突出。他提出了"数据结构+算法=程序"的程序设计方法，将整个程序划分成若干个模块。模块化实际上是把一个复杂的大程序分解成若干个相互联系又相互独立的小程序（函数）来进行编写，使程序易于编写、理解和修改。到了 20 世纪 80 年代，在经过多年的探索和实践之后，模块化程序设计方法已经十分流行，遵循结构化程序设计方法编写出来的程序不仅结构良好、容易理解和阅读，而且容易查错。

下面我们简要介绍结构化程序设计语言的典型代表 Pascal 语言和 C 语言。

（1）Pascal 语言。Pascal 语言是第一个真正意义上的结构化程序设计语言，是在 ALGOL 的基础上发展起来的，以法国科学家布莱兹·帕斯卡的名字命名。Pascal 语言的主要特点是结构化形式严格、数据类型丰富完备、编译运行效率高、查错能力强，它对于培养初学者形成良好的编程习惯和编程风格很有益处，因此被誉为"最好的计算机教学语言"。Pascal 语言在 20 世纪 70～90 年代具有很大的影响力，但它缺乏对网络编程的支持且难以实现较好的图形用户界面（Graphical User Interface，GUI），和 90 年代兴起的面向对象程序设计语言相比，并不利于大型软件的开发。

（2）C 语言。C 语言的前身是 ALGOL 60。ALGOL 60 是一种面向问题的高级语言，虽然它描述算法很方便，却不适合用来编写系统软件，如操作系统等。

1963 年，英国剑桥大学在 ALGOL 60 的基础上添加了硬件处理功能，推出了组合程序设计语言（Combined Programming Language，CPL），但 CPL 规模比较大，难以实现。

1967 年，英国剑桥大学对 CPL 做了简化，推出了基本组合程序设计语言（Basic Combined

Programming Language，BCPL）。

1970 年，美国贝尔实验室以 BCPL 为基础，又做了进一步简化，设计出了更简单、更靠近硬件的 B（取 BCPL 的第一个字母）语言并用 B 语言编写了第一个高级语言版的 UNIX 操作系统。

1972—1973 年，贝尔实验室在 B 语言的基础上设计出了 C（取 BCPL 的第二个字母）语言并用 C 语言对 UNIX 操作系统重新进行了改写，C 语言代码占了 90%以上。

C 语言既保持了 BCPL 和 B 语言的简练、靠近硬件的优点，又克服了它们过于简单、无数据类型的缺点。虽然最初 C 语言只是为了编写 UNIX 操作系统而研发的，但它由于具有程序结构完整、简单易懂、可移植性强等诸多优点而逐渐被人们所认识，因而迅速得到传播和普及，成为主要的程序设计语言之一。

2. 面向对象程序设计语言

20 世纪 80 年代，人们就如何跨越程序的复杂性障碍、如何在计算机系统中更加真实自然地表示客观世界等问题，提出了面向对象程序设计（OOP）。面向对象程序设计方法不再将问题分解为过程，而是将问题分解为对象，对象将自己的属性和方法封装成一个整体，供程序员直接使用，对象之间的相互作用则通过消息传递来实现。这种"对象+消息"的面向对象程序设计方法正逐渐取代"数据结构+算法"的面向过程的程序设计方法。

如同结构化程序设计方法要有结构化程序设计语言支持一样，面向对象程序设计方法也要有面向对象程序设计语言支持，下面简要介绍 C++、Java、C#和 Python 语言。

（1）C++语言。C++语言最早于 1979 年由贝尔实验室的比亚内·斯特劳斯特鲁普（Bjarne Stroustrup）博士研发并实现。它是对 C 语言的扩充，从 Simula、ALGOL 68、Ada、CLU 和 C 等语言中吸取了众多先进特性，如从 Simula 语言中吸取了类；从 ALGOL 68 语言中吸取了运算符的灵活使用；综合了 Ada 语言的类属和 CLU 语言的模块特点，形成了抽象类；保持了 C 语言程序的紧凑灵活、高效，以及移植性强等优点，再加上 C 语言的普及基础，使得 C 到 C++语言的过渡非常顺利，C++语言在很短的时间内就得到了广泛应用。

C++语言支持数据的封装，支持类的继承，也支持函数的多态，提高了程序的可扩展性和可重用性，因此 C++语言既可以进行 C 语言的结构化程序设计，又可以进行以抽象数据类型为特点的基于对象的程序设计，还可以进行以继承和多态为特点的面向对象程序设计，从而大大提高了软件开发的效率。

（2）Java 语言。Java 语言是由 Sun Microsystems 公司于 1995 年 5 月推出的一个支持网络计算的面向对象程序设计语言。Java 语言吸收了 Smalltalk 语言和 C++语言的优点并增加了并发程序设计、网络通信和多媒体数据控制等特性，是目前得到广泛应用的一种面向对象程序设计语言。

（3）C#语言。C#语言是微软公司发布的一种面向对象的、运行于.NET 框架上的高级语言。C#语言在语法规则与系统结构上与 Java 语言有着许多相似之处，如它与 Java 语言具有几乎相同的语法，是微软公司基于.NET 网络框架进行系统开发的主角。

（4）Python 语言。Python 语言是一种完全面向对象的、解释型程序设计语言，它由荷兰数学和计算机科学研究学会的工程师吉多·范罗苏姆在 20 世纪 90 年代初设计并研发完成。之所以以"Python"作为该编程语言的名字，是取自 20 世纪 70 年代英国首播的电视喜剧《蒙提·派森的飞行马戏团》（*Monty Python's Flying Circus*）。1991 年，Python 语言公开发行了第一个版本。由于程序简洁、易读、易维护，以及有大量的内置库和第三方库可使用，Python 语言成为一种广受欢迎、得到广泛应用的程序设计语言。

3. 人工智能程序设计语言

人工智能是让计算机具有类似于人的智能，完成诸如判断、推理、证明、识别、学习等智能性工作。实际上，计算机所做的所有工作都是在程序的支持下完成的，同样地，程序设计也是实现人工智能的基础，人工智能程序要求能有效地处理知识表示和逻辑推理。比较著名的人工智能程序设计语言有 LISP 和 Prolog。

（1）LISP 语言。LISP（List Processing）语言是由美国麻省理工学院，以约翰·麦卡锡（John McCarthy）教授为首的人工智能研发团队在 1958 年提出的人工智能程序设计语言。该语言使用表结构来表达非数值计算问题，实现技术简单，原则上可以解决人工智能中的任何符号处理问题，适用于符号处理、自动推理、硬件描述和超大规模集成电路设计等。LISP 语言的版本很多，常用的有 MACLISP、INTERLISP、ZETALISP、QLISP、CommonLISP、GCLISP。目前，LISP 语言已成为非常有影响力、使用范围十分广泛的人工智能语言。

（2）Prolog 语言。Prolog（Programming in Logic）语言是一种逻辑编程语言，它建立在逻辑学的理论基础之上，最初被运用于自然语言研究领域，现在它已被广泛应用在人工智能的研究中，可以用来建造专家系统、自然语言理解、智能知识库等。

Prolog 语言最早是由法国马赛大学的科莫劳埃团队于 1972 年为了提高归结法的执行效率而研发的一个定理证明程序的程序执行器。Prolog 语言是以一阶谓词逻辑的 Horn 子句集为语法，以罗宾逊的归结原理为工具，加上深度优先的控制策略而形成的人工智能通用程序设计语言。其最大的优点就是自动实现模式匹配与回溯这两种人工智能中最常用的操作，同时语句句型少、语法简明扼要、程序易于编写和阅读；其缺点主要是系统开销较大、程序的执行效率低。

4.2.2 结构化程序设计

结构化程序设计一般是指采用自顶向下、逐步求精的设计方法和单入口、单出口的控制成分的程序设计技术。采用自顶向下、逐步求精的设计方法符合人们解决复杂问题的普遍规律，因此可以显著提高程序设计的成功率和生产率。用先全局后局部、先整体后细节、先抽象后具体的逐步求精方法开发出的程序有清晰的层次结构，容易阅读和理解。

单入口、单出口控制成分是指在程序中只能使用顺序、分支和循环 3 种控制结构，如图 4-2 所示，而不能使用 GOTO 语句随意地进行控制的转移，这使得程序的静态结构和它的动态执行情况比较一致，开发时比较容易保证程序的正确性，并且程序易阅读、易理解、易调试、易修改。

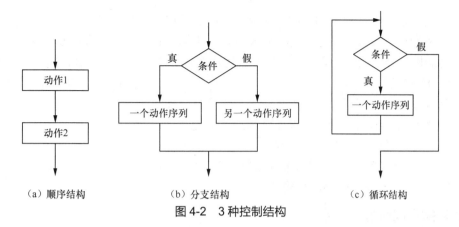

| （a）顺序结构 | （b）分支结构 | （c）循环结构 |

图 4-2 3 种控制结构

4.2.3 面向对象程序设计

面向对象程序设计（OOP）的核心是类（Class）和对象（Object）。类是对现实世界的抽象，包括表示静态属性的数据和对数据的操作。对象则是类的实例化，是组成程序的基本模块。OOP 认为程序由一系列对象组成，它以要解决的问题中所涉及的各种对象为主要考虑因素，对象通过消息传递相互通信，从而模拟现实世界中不同实体间的联系。

OOP 方法最大的优点在于：通过把客观世界中的实体抽象为问题域中的对象，从而尽可能地模拟人类的思维方式，使得程序的设计过程尽可能地接近人类认识世界、解决现实问题的方法和过程，即使得描述问题的问题空间与问题的解决方案空间在结构上尽可能一致，这对于复杂的、大规模的软件系统开发是非常有利的。

4.2.4 良好的程序设计风格

程序设计风格是指程序员在编写程序时所表现出来的特点、习惯、逻辑思路等。在程序设计中要使程序结构合理、清晰，形成良好的编程习惯，对程序的要求不仅是可以在机器上执行，得出正确的结果，还要便于调试和维护，这就要求程序员不仅自己要看得懂编写的程序，而且要让别人也看得懂。为了做到这一点，程序员应该遵循以下原则。

1. 源程序文档化原则

源程序文档化原则体现在恰当的名称、适当的注释和程序的视觉组织等方面。

（1）恰当的名称。选取含义鲜明的名字，使它能正确地提示程序对象所代表的实体，这对于帮助阅读者理解程序是很重要的。如果使用缩写，那么缩写规则应该一致且应该给每个名字加注释。

（2）适当的注释。注释是日后程序员与读者通信的重要工具，通常用自然语言或伪代码来描述。它说明了程序的功能，特别是在维护阶段，注释可为阅读者理解程序提供明确的指导。注释分为序言性注释和功能性注释。

① 序言性注释。序言性注释应置于每个模块的起始部分，主要内容如下。

● 说明每个模块的用途和功能。

● 说明模块的接口：调用形式、参数描述，以及从属模块的清单。

- 数据描述：重要数据的名称、用途、限制、约束及其他信息。
- 开发历史：设计者、审阅者姓名及设计、审阅的日期，修改说明及日期。

② 功能性注释。功能性注释通常嵌在源程序内部，说明程序段或语句的功能，以及数据的状态。应注意以下几点。

- 注释用来说明程序段，而不是每一行程序都要加注释。
- 使用空行、缩格或括号，以便区分注释和程序。
- 修改程序的同时也要修改注释。

（3）程序的视觉组织。程序清单的布局对于程序的可读性也有很大的影响，因此应利用适当的阶梯形式使程序的层次结构清晰明了。

2. 数据说明原则

虽然在设计期间已经确定了数据结构的组织和复杂程度，但数据说明的风格是在编写程序时确定的。为了使数据更容易理解和维护，应当遵循以下一些简单的原则。

（1）数据说明的次序应规范化。有次序就容易查阅，因此能够加速测试、调试和维护的过程。

（2）当在一条语句中说明多个变量名时，应该按字母顺序排列这些变量。

（3）对于使用的一个复杂的数据结构，应该用注释来说明实现这个数据结构的方法和步骤。

3. 语句构造原则

语句构造时应该遵循的原则是每条语句都尽量简单而直接，使语句简单明了，具体如下。

（1）不要为了节省空间而把多条语句写在同一行。

（2）尽量避免复杂的条件判断。

（3）尽量减少对"非"条件的判断。

（4）尽量避免大量使用循环嵌套和条件嵌套。

（5）利用括号使逻辑表达式或算术表达式的运算次序清晰直观。

4. 输入/输出原则

在编写输入和输出程序时应遵循以下原则。

（1）输入操作步骤和输入格式应尽量简单。

（2）应检查输入数据的合法性、有效性，报告必要的输入状态信息及错误信息。

（3）输入一批数据时，使用数据或文件结束标志，而不要用计数来控制。

（4）交互式输入时，提供可用的选择和边界值。

（5）当程序设计语言有严格的格式要求时，应保持输入格式的一致性。

（6）输出数据表格化、图形化。

5. 追求效率原则

效率主要是指处理机时间和存储空间两个方面。对效率的追求要注意以下3点。

（1）效率是一个性能要求，目标在需求分析中给出。

（2）追求效率应建立在不损害程序的可读性或可靠性的基础上，首先要保证程序正确、逻辑结构清晰，其次要提高程序的效率。

（3）提高程序效率的根本途径是选择良好的设计方法和数据结构算法，而不是靠编程时对程序语句做局部调整。

4.3 数据结构基础

计算机科学是一门研究信息表示和处理的科学，它不仅涉及算法与程序的结构，也涉及程序的加工对象——数据（信息）的结构。数据的结构直接影响算法的选择和程序的效率。一个好的算法一定要使用好的数据结构，一个好的数据结构也是在研究好的算法的过程中产生的。

本节主要介绍数据结构的相关概念，以及几种典型的数据结构。

4.3.1 数据与数据结构

1. 数据

这里所说的"数据"（Data）是能输入计算机且能被计算机程序所处理的符号的总称。因此，在现代计算机科学中，"数据"的含义十分广泛，不仅包括用于科学计算的数值，还包括字符、图像、声音、动画、视频等其他信息。

2. 数据元素

数据集合中的个体称为数据元素（Data Element），它是数据的基本单位，又可称为结点或记录。同类数据元素的集合称为数据对象。

3. 数据结构

数据结构（Data Stucture）是指带有结构的数据元素的集合。结构反映了数据元素相互之间存在的某种逻辑关系（如一对一的关系、一对多的关系或多对多的关系）。

4. 数据结构研究的内容

（1）从学科的角度来看。数据结构是计算机科学与技术的一个分支，它主要研究数据的逻辑结构、物理结构，以及数据结构上的基本数据运算。

① 数据的逻辑结构。数据的逻辑结构是指数据元素之间的逻辑关系，它与数据在计算机中的存储方式无关。数据的逻辑结构分为以下 3 类。

● 线性结构。数据元素之间存在前后依次相邻的逻辑关系，除第一个元素和最后一个元素，其余元素都有唯一一个直接前驱元素和直接后继元素，即元素之间是一对一的关系，如图 4-3 所示。线性结构包括线性表、栈、队列、数组、广义表，以及串等。

图 4-3　线性结构

● 树形结构。数据元素之间存在顺序关系，除第一个根结点，其余结点都有唯一一个前驱结点，但可以有多个后继结点，即元素之间是一对多的关系，如图 4-4 所示。树形结构包括树、二叉树、森林等。

● 网状结构。每个结点都可以有多个前驱结点和多个后继结点，即元素之间是多对多的关系，如图 4-5 所示。

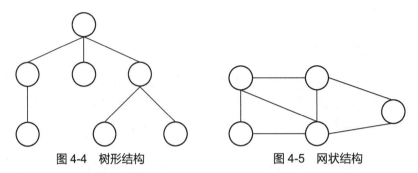

图 4-4　树形结构　　　　　　　图 4-5　网状结构

② 数据的物理结构。数据的物理结构是指数据在计算机中是如何表示的，即数据的逻辑结构在计算机存储器上的实现。它有多种不同的方式，其中顺序存储结构和链式存储结构是最常用的两种存储方式。

● 顺序存储结构。顺序存储结构即逻辑上相邻的数据元素存储在物理上也相邻的存储单元里。它主要存储线性结构的数据，具有如下主要特点。

➢ 元素之间的逻辑关系由物理相邻关系体现，每个结点仅存储元素的数据信息，存储密度大、空间利用率高。

➢ 第 i 个数据元素的存储地址可由以下公式求得。

$$\text{Loc}(a_i)=\text{Loc}(a_1)+(i-1)\times L$$

上式中，$\text{Loc}(a_1)$ 为第一个元素的存储地址，L 为每个元素所占存储单元的大小。

➢ 对任意数据元素的访问都可采用直接访问的方式，因此速度快、效率高。

➢ 插入和删除运算会引起相应元素的大量移动，因此效率较低。

● 链式存储结构。链式存储结构即逻辑上相邻的数据元素可以存放在物理上不相邻的存储单元中。每个结点分为数据域和指针域两部分，其中指针域指示元素之间的逻辑关系。链式存储结构的主要特点如下。

➢ 结点除数据外，还有表示地址信息的指针域，因此与顺序存储结构相比，占用更大的存储空间。

➢ 逻辑上相邻的结点在物理上不一定相邻，因此可用于线性表、树、图等多种逻辑结构的存储。

➢ 插入和删除运算灵活方便，不需要大量移动结点，只需修改结点的指针域即可。

③ 基本数据运算（操作）。数据的每一种逻辑结构都有相应的基本运算或操作，主要包括建立、查找、插入、删除、修改、排序等。数据结构连同以上定义的基本操作可封装在一起构成抽象数据类型（Abstract Data Type，ADT）。很多程序设计语言都支持抽象数据类型，用 C++或 Java 面向对象程序设计语言来实现更方便，这些语言用"类"来支持抽象数据类型的表示。

（2）从课程的角度来看。数据结构是计算机科学与技术专业的一门核心专业课程，其中将系统介绍线性表、栈、队列、串、数组与广义表、树和二叉树、图等基本类型的数据结构及其相应运算的实现算法并将讨论在程序设计中经常会遇到的查找和排序问题。这些知识和技术不仅是一般非数值计算程序设计的基础，也是设计和实现编译程序、操作系统、数据库管理系统等系统软件，以及大型应用程序的重要基础。

4.3.2　典型的数据结构

1. 线性表

（1）线性表的定义。线性表是一种非常简单且非常常用的数据结构。一个线性表是由 n 个数据元素组成的有限序列，每一个数据元素根据不同的情况可以是一个数、一个符号或者一个记录等信息。例如，英文字母表(A,B,C,…,Z)就是一个线性表，其中的数据元素是单个的英文字母。如表 4-2 所示的学生成绩表也是一个线性表。其中，数据元素是由一个学生的课程成绩组成的记录，记录由学号、姓名、专业及各科成绩等数据项组成，这些数据项又称为字段。

表 4-2　学生成绩表

学号	姓名	专业	计算机导论	数据结构	操作系统	计算机网络	计算机组成原理
13406101	王刚	软件工程	86	75	77	67	66
13406102	李健	软件工程	78	80	68	54	70
13406103	张明	网络工程	92	76	89	84	69
13406104	李强	网络工程	80	78	73	89	64
……	……	……	……	……	……	……	……

不同的线性表中的数据元素可以是各种各样的，如在上面两个例子中分别为单个的英文字母和记录。但是，在同一个线性表中的数据元素必须具有相同的特性。

（2）线性表的存储结构。在计算机中，线性表通常可采用顺序存储和链式存储两种存储结构。

① 顺序存储结构的线性表（顺序表）。顺序表使用一组地址连续的存储单元来依次存放线性表中的每个数据元素，如图 4-6 所示。采用这种存储结构实现对线性表的某些操作比较简单，如计算线性表的长度和访问第 i 个位置的元素。但是，如果要实现插入或删除表元素，则因为需要移动大量相关元素而需花费较多的时间。

图 4-6　顺序表结构示意

② 链式存储结构的线性表（链表）。链表使用不一定连续的存储单元来存放线性表中的每个数据元素。为了表示某一个元素与其后继元素的位置关系，每个存储单元除存放数据元素本身的数据信息，还需要存储一个指示其直接后继元素的指针。这样，线性表中每一个元素的存储区域包括数据域和指针域两部分，如图 4-7 所示。整个线性表的各个数据元素的存储区域通过指针连接成为一个链式结构，因此称其为链表，如图 4-8 所示。采用链式存储结构可以充分利用零星的存储单元来存放表元素，此外，还可以高效地实现元素的插入与删除等操作（因为只需改变指针域，无须移动元素）。但是，由于每一个数据元素都需要额外增加一个指针域，这将会增加存储空间的占用，对元素的访问效率也会大大降低（顺序表是直接访问，而链表是顺序访问）。

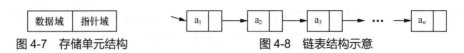

数据域	指针域

图 4-7　存储单元结构　　　　　　　　图 4-8　链表结构示意

（3）线性表的运算。设 L 为一个线性表，则可以对 L 进行以下一些基本运算。

① 求表的长度 Length(L)。该运算用来求线性表 L 的长度，即 L 中数据元素的个数，作为其函数值。

② 取表元素 Get(L,i)。该运算用来取得线性表 L 的第 i 个数据元素的值（或地址）作为其函数值。

③ 查找特定元素 Locate(L,x)。该运算用来在线性表 L 中查找指定的数据元素 x。如果线性表 L 中存在值为 x 的数据元素，则返回该数据元素的位置 i 作为其函数值，否则返回 0。

④ 插入新元素 Insert(L,i,x)。该运算的功能是将指定的新元素 x 插入线性表 L 的第 i 个位置（第 i 个元素的前面）。如果线性表 L 原有 n 个数据元素，则执行了该运算后其数据元素的个数变为 $n+1$。

⑤ 删除表元素 Delete(L,i)。该运算的功能是将线性表 L 的第 i 个数据元素删除。如果线性表 L 原有 n 个数据元素，则执行了该运算后其数据元素的个数变为 $n-1$。

2. 堆栈

（1）堆栈（Stack）的定义。堆栈简称栈，是一种操作受限制的特殊线性表，它只能够在表的一端（表尾）进行插入和删除操作，表尾称为栈顶（Top）。设栈 S=(a_1,a_2,$\cdots$,a_n)，a_1 是最先进栈的元素，a_n 是最后进栈的元素，则称 a_1 是栈底元素、a_n 是栈顶元素。进栈和出栈的操作遵循"先进后出"（First In Last Out，FILO）的原则，如图 4-9 所示。

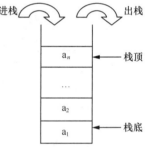

图 4-9　进栈和出栈操作示意

（2）堆栈的存储结构。与线性表类似，堆栈也可分为顺序存储结构的栈（顺序栈）和链式存储结构的栈（链栈）两种。但在实际应用中一般都采用顺序存储结构，即使用一个连续的存储区域来存放栈元素并设置一个指针 top 来指示栈顶的位置。图 4-10 分别表示了栈的初始状态（空栈），以及栈元素 A、B、C 依次进栈的过程。

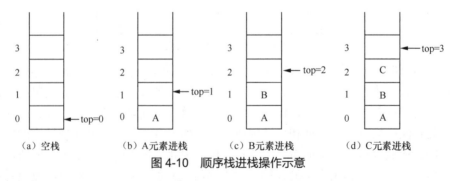

（a）空栈　　　（b）A元素进栈　　　（c）B元素进栈　　　（d）C元素进栈

图 4-10　顺序栈进栈操作示意

（3）堆栈的运算。设 S 为一个栈，则对 S 可以进行以下一些基本运算。

① 初始化空栈 InitStack(S)。该运算将栈 S 初始化为空栈。

② 进栈 Push(S，x)。该运算将新元素 x 压入栈 S，作为 S 的栈顶元素。

③ 出栈 POP(S)。该运算删除栈 S 的栈顶元素。

④ 取栈顶元素 Gettop(S)。该运算取得栈 S 的栈顶元素作为其函数值。

3. 队列

（1）队列（Queue）的定义。队列也是一种操作受限制的特殊线性表。与栈不同的是，队列中规定只能在表的一端（表尾）进行插入操作，而在表的另一端（表头）进行删除操作。允许插入元素的一端称为队尾（Rear），允许删除元素的一端称为队首（Front）。设队列 Q=(a₁,a₂,…,aₙ)，其中 a₁ 是最先入队列的元素，aₙ 是最后入队列的元素，则称 a₁ 是队首元素、aₙ 是队尾元素。入队列和出队列操作遵循"先进先出"（First In First Out，FIFO）的原则，如图 4-11 所示。

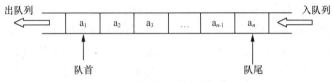

图 4-11 入队列和出队列操作示意

队列是在程序设计中经常用到的一种数据结构。例如，在操作系统中，对进程的组织和调度是按照队列来进行的；对设备的分配也要按照请求的先后次序排队，依次进行分配。

（2）队列的存储结构。队列的存储结构也可分为顺序存储结构的队列（顺序队列）和链式存储结构的队列（链队列）两种。如果队列中的数据元素要频繁变化，那么队列通常采用链式存储结构。用链表表示的队列即链队列，它需要设置两个指针，一个为队首指针（Front），另一个为队尾指针（Rear），分别指向队列的一头和一尾。链队列的结构如图 4-12 所示。

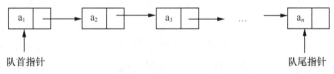

图 4-12 链队列结构示意

（3）队列的运算。设 Q 为一个队列，则可以对 Q 进行以下一些基本运算。

① 初始化空队列 InitQueue(Q)。该运算将队列 Q 初始化为空队列。

② 入队列 AddQueue(Q,x)。该运算是在队列 Q 的队尾插入一个新元素 x。

③ 出队列 DelQueue(Q)。该运算是删除队列 Q 的队首元素。

④ 取队首元素 Getfront(Q)。该运算是取得队列 Q 的队首元素作为其函数值。

小结

（1）当人们使用计算机解决具体问题时，一般需要经过以下 4 个步骤：数学建模、算法设计、程序设计和调试。

（2）算法（Algorithm）是对特定问题求解步骤的一种描述，是指令的有限序列。算法具有有穷性、确定性、可行性、输入和输出 5 个特性。常用的算法描述方法有自然语言、伪代码、流程图等。

（3）衡量一个算法优劣的标准主要有正确性、可读性、健壮性和高效性。

（4）程序设计语言是人与计算机交互的工具。随着计算机科学技术的发展，程序设计语言经历了机器语言、汇编语言和高级语言 3 个阶段。

（5）结构化程序设计具有的 3 种基本的控制结构是顺序结构、分支结构和循环结构。

（6）面向对象程序设计通过把客观世界中的实体抽象为问题域中的对象，对象通过消息传递相互通信，从而尽可能地模拟人类的思维方式，使得程序的设计方法和过程尽可能地接近人类认识世界、解决现实问题的方法和过程。

（7）良好的程序设计风格应遵循源程序文档化原则、数据说明原则、语句构造原则、输入/输出原则、追求效率原则等。

（8）数据是能输入计算机并能被计算机程序所处理的符号的总称；数据元素是数据集合中的每一个个体，它是数据的基本单位，又可称为结点或记录；数据结构是指带有结构的数据元素的集合，结构反映了数据元素相互之间存在的某种逻辑关系。

（9）数据的逻辑结构是指数据元素之间的逻辑关系，它与数据在计算机中的存储方式无关。数据的逻辑结构分为线性结构、树形结构和网状结构 3 类；数据的物理结构是指数据在计算机中是如何表示的，即数据的逻辑结构在计算机存储器上的实现。顺序存储结构和链式存储结构是最常用的两种存储方式。数据的每一种逻辑结构都有相应的基本运算或操作，主要的数据运算有建立、查找、插入、删除、修改、排序等。

（10）线性表是一种非常简单且非常常用的数据结构。一个线性表是由 n 个数据元素组成的有限序列。线性表通常可采用顺序存储和链式存储两种存储结构。线性表的基本运算包括计算表长、取表元素、查找特定元素、插入新元素和删除表元素等。

（11）堆栈（Stack）是一种操作受限制的特殊线性表，它只能够在表的一端（表尾）进行插入和删除操作，栈的操作遵循"先进后出"的原则。栈也可采用顺序存储和链式存储两种存储结构，但在实际应用中一般都采用顺序存储结构。栈的基本运算包括初始化空栈、进栈、出栈和取栈顶元素等。

（12）队列（Queue）也是一种操作受限制的特殊线性表，它只能在表的一端（表尾）进行插入操作，而在表的另一端（表头）进行删除操作。队列的操作遵循"先进先出"的原则。队列也可采用顺序存储和链式存储两种存储结构，如果队列中的数据元素要频繁变化，那么队列通常采用链式存储结构。队列的基本运算包括初始化空队列、入队列、出队列和取队首元素等。

习题 4

一、单项选择题

1. 计算机算法指的是（　　）。
   - A. 计算方法
   - B. 排序方法
   - C. 解决问题的有限运算序列
   - D. 调度方法
2. 算法分析的目的是（　　）。
   - A. 找出数据结构的合理性
   - B. 研究算法中的输入和输出的关系
   - C. 分析算法的效率以求改进
   - D. 分析算法的易懂性和文档性

3. 算法分析的两个主要方面是（   ）。

    A. 时间复杂度和空间复杂度　　　　　B. 正确性和简明性

    C. 可读性和文档性　　　　　　　　　D. 数据复杂度和程序复杂度

4. 能够把用高级语言编写的源程序翻译为目标程序的系统软件称为（   ）。

    A. 解释程序　　　　B. 编译程序　　　　C. 汇编程序　　　　D. 操作系统

5. 无须了解计算机内部构造的语言是（   ）。

    A. 汇编语言　　　　B. 机器语言　　　　C. 高级语言　　　　D. 操作系统

6. 以下结构中，（   ）不属于结构化程序设计的控制成分。

    A. 顺序结构　　　　B. GOTO 结构　　　C. 循环结构　　　　D. 分支结构

7. 具有线性结构的数据结构是（   ）。

    A. 图　　　　　　　B. 树　　　　　　　C. 二叉树　　　　　D. 栈

8. 以下数据结构中，（   ）是非线性数据结构。

    A. 图　　　　　　　B. 字符串　　　　　C. 数组　　　　　　D. 堆栈

9. 数据结构中，与所使用的计算机无关的是数据的（   ）结构。

    A. 存储　　　　　　B. 物理　　　　　　C. 逻辑　　　　　　D. 物理和存储

10. 线性表是（   ）。

    A. 一个有限序列，可以为空　　　　　B. 一个有限序列，不能为空

    C. 一个无限序列，可以为空　　　　　D. 一个无限序列，不能为空

11. 下面关于线性表的叙述中，错误的是（   ）。

    A. 线性表采用顺序存储，必须占用一片连续的存储单元

    B. 线性表采用顺序存储，便于进行插入和删除操作

    C. 线性表采用链式存储，可以占用一片连续的存储单元

    D. 线性表采用链式存储，便于插入和删除操作

12. 用行主顺序存放一维数组 A，若 A 的下限为 1，元素长度为 L，则 A 的第 i 个元素的存放地址 $\text{Loc}(A_i)$ 为（   ）。

    A. $\text{Loc}(A_1)+(i-1)\times L$　　　　　　B. $\text{Loc}(A_1)+i\times L$

    C. $\text{Loc}(A_1)+i\times L+1$　　　　　　D. $\text{Loc}(A_1)+(i+1)\times L$

13. 链表不具有的特点是（   ）。

    A. 插入、删除不需要移动元素　　　　B. 可随机访问任一元素

    C. 不必事先估计存储空间　　　　　　D. 所需空间与线性长度成正比

14. 栈和队列的共同点是（   ）。

    A. 都是先进先出　　　　　　　　　　B. 都是先进后出

    C. 只允许在端点处插入和删除元素　　D. 没有共同点

15. 如果一个栈的进栈序列是 a、b、c、d，则栈的不可能的出栈序列是（   ）。

    A. e、d、c、b、a　　　　　　　　　B. d、e、c、b、a

    C. d、c、e、a、b　　　　　　　　　D. a、b、c、d、e

二、填空题

1. 数据的逻辑结构是对数据之间关系的描述，主要有_____和_____两大类。

2. 线性结构中元素之间存在_____关系，树形结构中元素之间存在_____关系，网状结构中元素之间存在_____关系。

3. 程序设计是_____的选用和_____设计的组合。

4. 一个"好"的算法应考虑达到以下目标：_____、_____、_____、_____。

5. 数据元素在计算机中最常用的两种存储结构是_____和_____。

6. 顺序表中，逻辑上相邻的元素，其物理位置_____相邻。链表中，逻辑上相邻的元素，其物理位置_____相邻。

7. 在一个长为 n 的顺序表中，若要在第 i 个元素($1 \leq i \leq n$)之前插入一个元素，则需向后移动_____个元素；若要删除第 i 个元素($1 \leq i \leq n$)，则需要向前移动_____个元素。

8. 一个栈的输入序列为 123...n，若输出序列的第一个元素是 n，则输出的第 i 个元素($1 \leq i \leq n$)是_____。

9. 一个队列的入队序列是 a、b、c、d，则该队列的输出序列为_____。

10. 设栈 S 和队列 Q 的初始状态为空，元素 e_1、e_2、e_3、e_4、e_5 和 e_6 依次通过栈 S，一个元素出栈后即进入队列 Q，若 6 个元素出队的顺序是 e_2、e_4、e_3、e_6、e_5、e_1，则栈 S 的容量至少应是_____。

三、简答题

1. 简述人们使用计算机解决一个实际问题时需要经历的步骤。

2. 什么是算法？算法的主要特征有哪些？

3. 常用的算法描述方法有哪些？它们各自具有什么特点？

4. 简述衡量一个算法优劣的标准。

5. 简述程序设计时应遵循的基本原则。

6. 分别简述数据、数据元素和数据结构的基本定义。

7. 简述顺序存储结构和链式存储结构的区别，以及它们各自的优、缺点。

8. 什么是线性表？线性表常用的存储结构有哪些？线性表有哪些常用运算？

9. 什么是栈？栈常用的存储结构有哪些？栈有哪些常用运算？

10. 什么是队列？队列常用的存储结构有哪些？队列有哪些常用运算？

第 5 章 多媒体技术基础

多媒体技术是当前广受关注的热点技术之一。传统的计算机系统已成为多媒体计算机系统，各种多媒体应用也进入人类生活的各个领域，人们的生活由此变得更加丰富多彩。多媒体技术已发展成为独立的、与多领域交叉的信息技术。本章首先介绍多媒体的基本概念和基本类型、多媒体技术的应用领域，然后进一步探讨听觉媒体和视觉媒体的处理技术、压缩与解压缩技术并介绍一些常用的多媒体软件，最后介绍多媒体技术中的两个热门领域——虚拟现实（Virtual Reality，VR）技术和全息（Holography）幻影技术。

本章学习目标

- 掌握媒体、多媒体的相关概念。
- 理解多媒体的主要特征、关键技术及应用领域。
- 掌握视觉媒体和听觉媒体常用的处理方法和处理过程。
- 理解多媒体数据的压缩与解压缩过程及其常用的技术标准。
- 了解常用的一些多媒体软件及其功能。
- 了解虚拟现实技术的含义及应用。
- 了解全息幻影技术的含义及实现原理。

5.1 多媒体技术概述

5.1.1 多媒体技术的发展

多媒体的直接起源是计算机工业界、家用电器工业界和通信工业界对各自领域未来发展的预测。最早提出和研究多媒体系统的有计算机工业界代表 IBM、Intel、Apple 公司，家用电器公司代表 Philips、Sony 等。IBM 和 Intel 公司联合推出的数字视频交互（Digital Video Interactive，DVI）使计算机能够处理视频信息，微软等一大批软件开发商推出的各类多媒体软件和小型光碟（Compact Disc，CD）造就了一大批计算机的多媒体用户，而可视电话、视频会议、远程服务等是通信业务在多媒体技术上的新发展。

多媒体技术出现于 20 世纪 80 年代初并迅速成为计算机界最热门的话题之一。进入 90 年代以后，由于"信息高速公路"计划的执行和 Internet 的广泛应用，刺激了多媒体信息产业的发展，计算机、通信、家电和娱乐业的大规模联合造就了新一代的信息领域。

5.1.2 多媒体的基本概念

1. 媒体的定义和类型

媒体（Media）是指分布和表示信息的方法，如文本、图形、图像、声音等。国际电信联盟（International Telecommunication Union，ITU）定义了以下5种媒体。

（1）感觉媒体（Perception Media）。感觉媒体表示人对外界的感觉，如声音、图像、文字、动画等。

（2）表示媒体（Representation Media）。表示媒体说明交换信息的类型、定义信息的特征，一般以编码的形式描述，如声音编码、图像编码、文字编码等。

（3）存储媒体（Storage Media）。存储媒体即存储数据的物理设备，如磁盘、磁带、光盘、内存等。

（4）显示媒体（Presentation Media）。显示媒体即获取和显示信息的设备，如键盘、鼠标、摄像机等输入设备，显示器、打印机、音箱等输出设备。

（5）传输媒体（Transmission Media）。传输媒体即传输数据的物理设备，如光纤、无线电波、微波等。

2. 多媒体与多媒体技术

多媒体是指文本、图形、图像、声音、动画等多种媒体的有机集合体。人们常说的"多媒体"通常被归结为一种"技术"，因为正是由于通信技术、计算机技术、数据信息处理技术的发展才使如今的人们拥有了处理多媒体信息的能力，也使得"多媒体"成为一种现实。所以，所谓"多媒体"常常不是指多种媒体本身，更重要的是指处理和应用它的一整套技术，因此也常常被视为"多媒体技术"的同义词。此外，还应该注意到，多媒体技术往往与计算机联系在一起，这是由于计算机的数字化及交互式处理能力极大地推动了多媒体技术的发展。通常可以将多媒体视为先进的计算机技术与视频、音频和通信等技术融为一体而形成的新技术或新产品。人们利用多媒体计算机综合处理多种媒体信息，使文字、声音、图像、视频、动画等媒体建立逻辑连接，集成为一个系统并具有交互性。

5.1.3 多媒体技术的主要特征

相对于单一媒体技术，多媒体技术具有以下主要特征。

1. 集成性

集成性体现在以计算机为中心综合处理多种信息媒体，它包括信息媒体的集成和处理这些媒体的设备的集成。信息媒体的集成不仅指文字、图像、音频、视频等多个媒体的综合应用，而且包括对这些多媒体信息的处理技术。例如，Flash动画软件就集成了对文本、声音、图形、图像、动画及视频的处理。多媒体设备集成包括硬件和软件两个方面。其中，硬件是指高速CPU、大容量存储设备、I/O设备，以及电视机、音响设备、视频播放器等。软件包括多媒体操作系统、创作工具、应用软件等。总之，集成性能使多种不同形式的信息综合地表现某一内容，从而取得更好的效果。

2. 交互性

交互性是多媒体技术的特色之一，即用户可以与计算机的多种信息媒体进行交互操作。

用户不仅能使用信息，还能控制信息，这也正是多媒体和传统媒体最大的不同之处。这种改变除了可以让使用者按照自己的意愿来解决问题，还可使其借助交互沟通来帮助自己学习和思考，以达到扩充知识与解决问题的目的。多媒体处理过程的交互性使得人们更加注意和理解信息，更加具有主动性，增加了有效控制和使用信息的手段，使人们与计算机的交流变得更加亲切友好。

3. 实时性

多媒体技术中的声音与活动的视频图像是和时间密切相关的，这就决定了多媒体技术必须支持实时处理，如播放声音和视频图像时都不能出现停顿的现象。

4. 数字化

早期的媒体技术在处理音频和视频信息时，采用模拟方式进行信息的存储和播放，但由于衰减和噪声干扰较大且传播中存在逐步积累的误差等，模拟信号的质量较差。而多媒体技术以数字化方式加工和处理信息，精确度高、播放效果好。

5.1.4　多媒体关键技术

多媒体技术研究的内容可划分为 6 个领域：媒体处理与编码技术、多媒体系统技术、多媒体信息组织与管理技术、多媒体通信网络技术、多媒体人机接口与虚拟现实技术、多媒体应用技术。其中，关键技术主要集中在以下几个方面。

1. 多媒体数据压缩技术

数字化声音和图像包含大量的数据。例如，一分钟的声音信号用 22.05 kHz 的采样频率表示，每个采样用 8 bit 表示，所占的数据量约为 1.26 MB。又如，一幅 640 像素×480 像素的真彩色图像，每个像素用 24 位二进制表示，所占的数据量约为 900 KB。如果不经过数据压缩，巨大的数据量不但需要大容量的存储设备，而且实时处理数字化声音和图像信息所需要的传输率和计算速度都是计算机难以承担的。所以，为了使多媒体技术达到实用水平，除采用新技术手段增加存储空间和通信带宽，对数据进行有效压缩也是必须解决的关键难题。

压缩技术经过多年的研究和发展，已经产生了各种针对不同用途的压缩算法、压缩手段和实现这些算法的大规模集成电路或软件。只要选用合适的数据压缩技术，就有可能将字符数据量压缩到原来的 1/2 左右，将语音数据量压缩到原来的 1/10～1/2，将图像数据量压缩到原来的 1/60～1/2。由此，形成了压缩编码/解压缩编码的国际标准联合图像专家组（Joint Photographic Experts Group，JPEG）标准和运动图像专家组（Moving Picture Experts Group，MPEG）标准。

（1）JPEG 标准。JPEG 是最常用的图像文件格式，适于静态图像的压缩，文件扩展名为.jpg 或.jpeg。它是一种有损压缩格式，图像中重复或不重要的数据会被忽略，压缩比率通常在 10：1 到 40：1 之间。压缩比率越大，图像品质就越低；相反，压缩比率越小，图像品质就越高。JPEG 格式压缩的主要是高频信息，对色彩的信息保留较好，支持 24 位真彩色，适于互联网传输，可缩短图像的传输时间。

（2）MPEG 标准。MPEG 是专门制定多媒体领域内国际标准的一个组织。MPEG 标准包括 MPEG 视频、MPEG 音频和 MPEG 系统（音频、视频同步）3 个部分。MPEG 标准的视频压缩编码技术主要利用运动补偿的帧间压缩编码技术降低时间冗余度、利用离散余弦变换（Discrete Cosine Transform，DCT）技术降低空间冗余度、利用熵变码在信息表示方面降低统计冗余度。这几种技术的综合应用增强了压缩性能。其平均压缩比率可达 50：1，不仅压缩比率高，而且具有统一的格式、兼容性好。

2. 大容量的信息存储技术

数字化媒体信息虽然经过压缩处理，但仍然包含大量的数据。当大容量的 CD-ROM、DVD-ROM、MP3 等技术普及后，多媒体信息存储的空间不足问题基本得到了解决。例如，一张 5 英寸的只读光碟（Digital Versatile Disc-Read Only Memory，CD-ROM）上可存储650 MB 的数据，大约可存储 70 min 的全运动视频图像；一张同样大小的 DVD-ROM，最普通的容量也有 4.7 GB，双面双层的容量可达 17 GB；托福考试语言磁带 24 盘 20 h 的声音信息相当于约 500 MB 的 MP3 格式的音频文件。

此外，随着存储在 PC 服务器上的数据量越来越大，PC 服务器的硬盘容量需求也会快速增加。为了避免磁盘损坏而造成数据丢失，采用了相应的磁盘管理技术，磁盘阵列（Disk Array）就是在此时诞生的一种数据存储技术。它是由若干个容量较小、速度较慢、稳定性较高的磁盘组合成的一个大型磁盘组。Disk Array 存储数据时，将数据切割成许多区段，分别存放在各个硬盘上。这些大容量的存储设备为多媒体应用提供了便利条件。

3. 多媒体专用芯片技术

专用芯片是多媒体计算机硬件体系结构的关键。对需要进行大量、快速、实时的音视频数据的压缩和解压缩、图像处理（缩放、淡入/淡出等）、音频处理（滤波、去噪等）的多媒体计算机来说，专用芯片技术显得尤为重要。视频随机存储器（Video Random Access Memory，VRAM）、模/数转换（Analog-to-Digital Conversion，ADC）和数模转换（Digital-to-Analog Conversion，DAC）芯片、数字信号处理（Digital Signal Processing，DSP）芯片的出现不仅很好地解决了上述问题，也有利于产品标准化。

4. 多媒体通信技术

多媒体通信是指位于不同地理位置的用户之间进行交流时，通过局域网（Local Area Network，LAN）、广域网（Wide Area Network，WAN）、内联网（Intranet）、互联网或电话网来传输压缩的文本、声音、图像、视频等信息的新型通信方式。电话会议、视频会议、IP 电话、IP 传真等都是多媒体通信技术的具体应用。利用多媒体通信，相隔万里的用户不仅能声、像、图、文并茂地交流信息，而且分布在不同地点的多媒体信息还能协调一致地作为一个完整的信息形式呈现在用户面前，用户可以对通信全过程进行集中控制和管理。

5. 多媒体数据库技术

传统的数据库管理系统在处理除文字以外的多媒体数据和非结构化数据方面已经"力不从心"，对多媒体数据库的研究成为当今的一个热点问题。随着技术的发展，产生了许多可以对多媒体数据进行管理和使用的技术，如面向对象数据库、基于内容检索技术、超媒体技术等；同时，出现了声音数据库系统、图形数据库系统、图像数据库系统等专用数据库系统。

在此基础上，又出现了处理包括文字、数值、声音、图像等多种媒体信息的多媒体数据库管理系统（Multimedia Database Management System，MDBMS）的概念。多媒体数据库的关键技术主要有多媒体数据模型、用户接口方式，以及多媒体数据结构化查询语言等。

多媒体数据库的数据模型是很复杂的，不同的媒体有不同的要求，不同的结构有不同的建模方法。在传统的关系模型的基础上通过扩展来提高关系数据库处理多媒体数据的能力，如 Visual Foxpro 中的 General 字段、Informix 中的 BLOB 类型等，这样就可以在数据库中增加人员的照片、声音等。这种方法的局限很大且建模能力不够强。随着面向对象技术的兴起，面向对象的数据模型正好满足了多媒体数据库在建模方面的要求。另外，在多媒体数据库中使用超媒体数据模型能较好地建立多媒体数据之间的联系，因此它成为一种普遍使用的多媒体数据模型。

用户接口方式是多媒体数据库系统最关键的部分之一。多媒体数据库的用户接口包括两个方面的内容：如何将用户的请求转换为系统所能识别的形式并转换为系统的动作；如何按要求显示系统查询的结果。前者是输入，后者是输出。对于多媒体数据库系统是否能够提供友好的用户接口，最主要的影响因素是数据结构化查询语言的设计。

5.1.5　多媒体的应用领域

多媒体的应用领域十分广泛。多媒体与 CD-ROM 结合，造就了新型出版业；多媒体与网络结合，使人类跨越距离的限制进行交流；多媒体、光盘、网络的融合，改变了信息的存储、传输和使用方式。多媒体已经对人类的工作方式和生活方式产生了深刻的影响。

1. 多媒体教学和远程会诊

在教育中引入多媒体，正在改变传统的教学模式，变被动学习为主动学习。以计算机教学为例，面对白纸黑字的教科书，既没有声音又没有实际操作，难免会让人觉得乏味。如果给这样的教材配上声音、图解、操作、交互功能等，让学生身临其境，去感受、去体验并根据自己的实际情况去选择学习内容，学习效果就会大不一样。这样，以往以教师为中心的教学模式就会转变成以学生为中心的教学模式，增强学生的学习主动性，使学生自发地产生学习积极性。现在，我国已有很多家庭配置了计算机，而且借助通信网络，还可以建立远程学习系统，帮助学生参加其他学校的课程、讨论和考试。我国的远程教育早已开展实施。

1999 年 1 月 16 日，中华医学会远程医疗会诊中心正式宣布在北京成立。远程医疗会诊中心的网络系统将为解决我国偏远地区的医疗服务资源分布不均等问题起到积极的作用。

2. 电子出版

电子出版物的诞生、普及和应用正在为图书出版这个概念赋予全新的意义。一张光盘可以存储高达 650 MB 的信息，相当于 20 万页文本或者 1000 幅未压缩扫描图像的数据量。以 CD-ROM 为载体的电子图书是多媒体应用的一个重要方面，还可以以电子出版物的形式来发行软件游戏、电影、杂志、报纸等，用户通过多媒体计算机或其他多媒体终端设备就可进行阅读和使用。

3．家庭娱乐

多媒体进入家庭能改变人们业余生活的娱乐方式。借助多媒体技术，人们可以利用计算机观赏网络节目、玩多媒体电子游戏、作曲、唱卡拉 OK 等，还可以应用多媒体学习开车、浏览美丽风光等。

4．产品演示

由于激烈的市场竞争，产品种类变化得很快。图、文、声、像并茂的多媒体演示更能够打动顾客的心。多媒体改变了以往产品演示的方式，多媒体演示系统成了企业推销产品的最好手段。

5．咨询服务

公共场所和咨询机构可以用多媒体技术制作图、文、声、像并茂的多媒体咨询系统，让人们用触摸屏幕图表的选取方式选择感兴趣的内容，从而大大提高服务质量和效果。例如，在餐饮业，好的咨询服务会招揽更多的顾客。多媒体给经营者创造了新的商业机会。

6．多媒体电子邮件

用户利用多媒体提供的功能，可以在传统的电子邮件中嵌入语音和增加图像说明。例如，在文字编辑过程中，用户可以为某一段文字嵌入语音解说，用鼠标双击代表语音解说的图标时，便会听到相应的声音。同样，也可以把图片和视频等附加到文档中去。

7．通信领域

多媒体技术与通信技术相结合是必然的趋势。多媒体通信技术使计算机的交互性和真实性融为一体。多媒体通信技术的广泛应用将极大地提高人们的工作效率，减轻社会的交通运输负担，改变人们传统的教育和娱乐方式。可以认为，多媒体通信将成为 21 世纪人类通信的基本方式。与多媒体通信相关的产品有数字图像电话系统、多媒体网络数据库、可视电话、交互式电视等。

5.2 媒体处理技术

5.2.1 听觉媒体的处理

声音是物质振动所产生的一种物理现象。当物质振动时，它在其周围的大气中产生不断变化的压力，这种高低变化的压力通过大气以波的形式传播。当该声波到达人的耳朵时，人就能听到声音。

1．数字音频和模拟音频

在计算机内，所有的信息都是以 0、1 二进制形式表示的，声音信号也不例外，我们称之为数字音频。

模拟音频以模拟电压的幅度来表示声音的强弱，它在时间上是连续的；而数字音频是一个离散的数据序列。数字音频通过采样和量化，把模拟量表示的音频信号转换成由许多二进制数 0 和 1 组成的数字序列。

2. 模拟音频转换成数字音频的过程

将模拟音频转换成数字音频包括采样和量化两个过程，如图 5-1 所示。

（1）采样。采样是指对在时间上连续的波形模拟信号按特定的时间间隔进行取样，以得到一系列的离散点，如图 5-2 中的黑色方点。根据奈奎斯特采样定律，只要采样频率高于信号中最高频率的 2 倍，就可以从采样中完全恢复出原始信号波形。因为人耳所能听到的频率范围为 20 Hz～20 kHz，所以在实际的采样过程中，为了达到高保真的效果，通常采用 44.1 kHz 作为高质量声音采样频率，如果达不到那么高的频率，声音的恢复效果就要差一些，如电话质量、调幅广播质量、高保真质量等就是不同的质量等级。一般来说，频率越高，声音的质量越接近于原始声音的，当然所需的存储量也会越大。标准的采样频率有 3 个，即 44.1 kHz、22.05 kHz 和 11.025 kHz。

（2）量化。量化就是用数字表示采样得到的离散点的信号幅值，如图 5-2 所示。每个采样点的二进制位数用来描述采样点测量的精度，采样的信息量是通过将每个波形采样垂直等分而形成的，8 位采样指的是将采样幅度划分为 256（2^8）等份，16 位采样就将采样幅度可以划分为 65536（2^{16}）等份。显然，用来描述波形特征的垂直单位数量越多，波形就越接近于原始的模拟波形，但存储量也会越大。

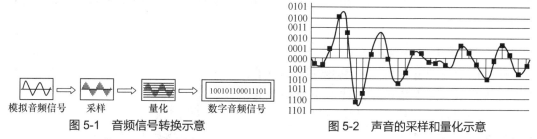

图 5-1　音频信号转换示意　　　　　图 5-2　声音的采样和量化示意

3. 声音的容量大小

通常，声音系统可能有多个通道，声音通道的个数表明声音记录是只产生一个波形（单声道）还是产生两个波形（立体声双声道）或者更多。立体声听起来要比单声道的声音丰满且有一定的空间感，但需要两倍的存储空间。质量越高，声音的数据量就越大。未经压缩的声音的数据量可用以下公式推算。

$$数据量 =(采样频率×采样位数×声道数×时间)/8$$

例如，1 min 的声音，单声道、8 位采样位数、采样频率为 11.025 kHz，数据量为

$$(11.025×1000×8×1×60)/(8×1024×1024)≈0.63(MB)$$

又如，若采样频率为 22.05 kHz，双声道、16 位采样位数，则每分钟的数据量为

$$(22.05×1000×16×2×60)/(8×1024×1024)≈5.05(MB)$$

4. 数字音频的文件格式

数字音频信息的主要文件格式有 WAV、AIF、CDA、MIDI、MP3、WMA 等。

（1）WAV 和 AIF。WAV 文件又称波形音频文件，其文件扩展名为.wav。WAV 是微软公司的音频文件格式，被 Windows 平台及其应用程序广泛支持。AIF 是 Apple 计算机的波形音频文件格式。这两种文件的数据均来源于直接对模拟声音波形的采样（44.1 kHz 的采样频率，16 位量化位数），因此文件所占存储空间很大，不便于交流和传播。

（2）CDA。CDA 文件即 CD 音乐格式的文件，其文件扩展名为.cda。跟 WAV 文件一样，其采样频率为 44.1 kHz，16 位量化位数，但 CD 存储采用了音轨的形式，又叫"红皮书"格式，记录的是波形流，因此音质极佳。但 CD 格式的文件容量也很大，而且不能进行编辑。

（3）MIDI。MIDI 即乐器数字接口（Music Instrument Digital Interface），其文件扩展名为.mid。MIDI 是一种将电子乐器与计算机相连接的标准，以便利用计算机控制和演奏电子乐器或利用程序记录电子乐器演奏的音乐，然后进行回放。与波形声音相比，MIDI 数据不是声音而是指令，所以它的数据量要比波形声音小得多。由于数据量小，所以可以在多媒体应用中与其他波形声音配合使用，形成伴乐的效果。另外，对 MIDI 文件的编辑也很灵活，用户可以自由地改变音调、音色等属性，使其达到自己想要的效果，而波形文件就很难做到这一点。

（4）MP3。MP3 即 MPEG 中的第 3 层音频编码格式，对信号进行 12∶1 的压缩。每分钟 MP3 文件约为 1 MB 大小。相同长度的音乐文件，用 MP3 格式来存储，一般只有 WAV 文件大小的 1/10，但它的音质要次于 CD 文件或 WAV 文件。MP3 已成为网络音频文件格式的主流。

（5）WMA。WMA 即微软音频格式（Windows Media Audio），它是微软力推的一种音频格式。WMA 以减少数据流量但保持音质的方法来得到更高的压缩比，其压缩比一般可达 18∶1。它生成的文件容量更小，大约只有 MP3 文件的一半。目前，WMA 音频文件在网络上已十分流行。

5．处理音频信息的设备——声卡

计算机中处理音频信息的重要设备是声卡，如图 5-3 所示。声卡是多媒体技术中最基本的组成部分，是实现模拟信号与数字信号相互转换的硬件电路。

声卡在多媒体系统中的主要功能可具体归纳为以下几点。

（1）录制（采集）数字声音文件。通过声卡及相应驱动程序的控制，采集来自话筒（麦克风）、收录机等声源的信号，压缩后存放于计算机的内存或硬盘中。

（2）播放数字声音文件。将硬盘或光盘压缩的数字声音文件还原，重建高质量的声音信号，放大后，通过扬声器输出。

图 5-3　声卡

（3）音频编辑处理。对数字声音文件进行编辑加工，以达到某一特定的效果。

（4）混音和控制。控制音源的音量，对各种音源进行混合。

（5）压缩和解压缩。采集数据时，对数字声音信号进行压缩，以便存储；播放时，对压缩的数字声音文件进行解压缩。

（6）提供 MIDI 功能。使计算机可以控制多台具有 MIDI 的电子乐器。同时，在驱动程序的控制下，声卡将以 MIDI 格式存放的文件输出到相应的电子乐器中，发出相应的声音。

5.2.2　视觉媒体的处理

视觉类媒体主要有图形（Graphics）、图像（Image）、视频（Video）、动画（Animation）等。

1.　图形和图像

（1）图形。图形是由计算机绘制的直线、圆、矩形、曲线、图表等，它是由外部轮廓构成的矢量图。对图形的描述是一组描述点、线、面等几何图形的大小、形状及位置、维数的指令集合。在图形文件中只记录生成图的算法和图上的某些特征点。通常用绘图程序编辑和产生矢量图形，可对矢量图形及图元进行移动、缩放、旋转和扭曲等变换。由于图形只保存算法和特征点，所以它占用的存储空间也较小。但由于每次屏幕显示时都需要重新计算，因此显示速度相对较慢。

矢量图形常见的格式有 SVG、WMF、EMF、DXF 等。

① SVG 格式。它是基于可扩展标记语言（Extensible Markup Language，XML）的矢量图格式，是由万维网联盟（World Wide Web Consortium，W3C）为浏览器定义的标准。用户可以用任何文字处理工具打开 SVG 图像，通过改变部分代码来使图像具有交互功能，也可以随时插入超文本标记语言（Hypertext Markup Language，HTML）中，通过浏览器来观看。

② WMF 格式。它是 Windows 图元文件格式，是系统存储矢量图和光栅图的格式。它具有文件短小、图案造型化的特点，整个图形常由各个独立的组成部分拼接而成，但其图形比较粗糙，并且只能在 Microsoft Office 中调用编辑。

③ EMF 格式。它是微软公司开发的一种 Windows 32 位扩展图元文件格式，其目标是弥补 WMF 的不足，使得图元文件更加易于使用。

④ DXF 格式。它是 AutoCAD 中的矢量文件格式，以 ASCII 的方式存储图形，在表现图形的大小方面十分精确，而且可被 CorelDraw、3ds Max 等大型软件调用编辑。

（2）图像。计算机中，图像是由像素（Pixel）构成的位图，每个像素的亮度通过一个整型量来表示。如果图像只有两种亮度值，即黑白图像，则可由 0 或 1 表示。而对于具有灰度或彩色的图像，每个像素就需要由多位二进制表示。例如，当使用 8 位二进制表示一个像素时，该图像从黑到白具有 $256(2^8)$ 种不同的灰度或 256 种不同的颜色。

① 图像的重要技术参数如下。

● 分辨率。分辨率有以下 3 种。

➢ 屏幕分辨率。这是指在某种显示方式下，计算机屏幕上最大的显示区域，以水平和垂直的像素来表示。例如，某种显示方式具有 640×480 的屏幕分辨率，说明在这种显示方式下，屏幕在水平方向上最多可显示 640 个像素，在垂直方向上最多可显示 480 个像素。需要说明的是，大部分计算机显示系统支持多种显示方式，不同的显示方式具有不同的屏幕分辨率。

➢ 图像分辨率。这是指数字化图像的大小，以水平和垂直的像素点表示。声明一幅图像的大小时，往往采用"一幅 600×400 的图像"之类的说法。当需要确定图像在显示器上显示的物理尺寸时，就需要用到屏幕分辨率。例如，一幅 640×480 的图像在屏幕分辨率为 640×480 的屏幕上显示的时候，图像充满整个屏幕；若屏幕分辨率为 1020×768，则该幅图像只占据屏幕的一部分；若屏幕分辨率为 320×240，则只能显示图像的一部分，需要添加滚动浏览机制才能看到图像的全貌。

> 像素分辨率。这是指一个像素的宽和长的比例。不同的像素分辨率可能导致图像变形。

● 图像深度。图像深度是对一幅图像最多能拥有多少种颜色的说明。若图像深度为 4，则最多可以使用 2^4=16 种颜色；若图像深度为 8，则最多可以使用 2^8=256 种颜色；依次类推，具有 24 位深度的位图，最多可以拥有 2^{24}=16777216 种颜色，即平常所说的"真彩色"。

在多媒体项目中，最常用的是真彩色图像，用来表示人物或自然风景。而具有 4 位深度的 16 色图像常用来表示控制图标、按钮和卡通形象。

图像深度越大，可以使用的颜色数就越多，图像的数据量也就越大。

● 调色板。在生成一幅位图时，要对图像中的不同色调进行采样，随之就产生了包含此幅图像中各种颜色的颜色表。该颜色表被称为调色板。调色板中的每种颜色可以用红、绿、蓝（R、G、B）3 种颜色的组合来定义，位图中每一个像素的颜色值就来源于调色板。调色板中的颜色数取决于图像深度，当图像中的像素颜色在调色板中不存在时，一般会用相近的颜色来代替。所以，在两幅图像同时显示时，如果它们的调色板不同，就会出现颜色失真现象。对于这种情况，需要采用一定的方法使两幅图像具有相同的调色板才能一起显示。

● 数据量。无论是存储、传输还是显示，都与图像的数据量有关。而图像的数据量与分辨率、图像深度有关。设图像的水平方向分辨率为 w 像素、垂直方向分辨率为 h 像素、图像深度为 c 位，则该图像所需数据空间大小 U 为

$$U=(w×h×c)/8(B)$$

例如，一幅二值图像，图像分辨率为 640×480，则 $U=(640×480×1)/8=38400(B)$。

又如，一幅同样大小的图像，可显示 256 色（图像深度为 8 位），则 $U=(640×480×8)/8=307200(B)$。

② 图像的文件格式。图像文件在计算机中的存储格式常见的有 BMP、JPEG、GIF、TIFF 等。

● BMP 格式。BMP 格式即位图文件格式，是 Windows 操作系统中的标准图像文件格式，在 Windows 环境中运行的图形图像软件都支持 BMP 图像格式。它采用位映射存储格式，除图像深度可选，不采用其他任何压缩，因此，BMP 文件所占用的空间很大。

● JPEG 格式。它是使用 JPEG 方法对图像数据进行压缩之后得到的，其特点是文件非常小，但它是一种有损压缩的静态图像存储格式，支持灰度图像、RGB 真彩色图像和真彩色图像。

● GIF 格式。其原义是"图像交换格式"，是由 CompuServe 公司开发的图像文件格式。它使用串表压缩算法（Lempel-Ziv-Welch Encoding，LZW），压缩比较高，文件长度较小，最多支持 256 种色彩。一个 GIF 文件中可以存放多幅彩色图像，如果把存放于一个文件中的多幅图像数据逐幅读出并显示在屏幕上，就可构成一种最简单的动画。

● TIFF 格式。其原义是"标签图像文件格式"，是由 Aldus 公司与微软公司为扫描仪和桌面出版系统而研制开发的较为通用的图像文件格式。TIFF 格式在业界得到了广泛的支持，它的出现使得图像数据交换变得简单，但它不受 Web 浏览器的支持。

③ 常用的图像处理方法。图像可通过专门的绘图软件来创建，通过扫描仪来扫描等。

但采集的原始图像一般不能直接使用，要经过图像预处理。对于图像的预处理，不仅要根据实际的需要选择处理的方法，还需要考虑图像的实际效果和算法的优化，以缩短处理的时间。

* 图像的编辑。图像的编辑包括图像的裁减、旋转、缩放、修改、叠加等。通过图像的编辑可以将图像中的不足之处去掉，也可以将几幅图像综合成一幅，还可以把图形和文字等增加到图像中。

* 图像的压缩。由于原始图像的数据量很大，因此一般要经过压缩后才能进行存储和传输。

* 图像的优化。采集的原始图像可能效果不太好、清晰度不够。图像的优化就是对图像进行增强、噪声过滤、亮度调整、色度调整等，使图像满足表现的需要。但是，图像的优化只能是一种补救措施，获得一幅好的图像在很大程度上取决于原始图像的效果。

* 图像格式的转换。图像格式的转换存在于应用与应用、软件与软件和网络上各用户之间。

2．视频和动画

（1）视频。视频可以看成配有相应声音效果的图像的快速更替，是由一幅幅单独的画面——帧（Frame）序列组成的。这些画面以一定的速率（f/s）连续地投射在屏幕上，使观察者具有图像在连续运动的感觉。电影就是一系列的帧一张接一张地播放而形成的运动图像，从而可以使人们以为看到的是连续的动作。所以，如果知道如何将图像存储在计算机中，也就知道了如何存储视频，即将每一幅图像（帧）转化成一系列位模式并存储，这些图像组合起来就形成了视频。视频通常是被压缩存储的。

数字视频用二进制位来存储每个视频帧的颜色和亮度。这个过程类似于存储一系列位图的数据，其中每个像素的颜色都由二进制数字来表示。用于数字视频的连续镜头可以由数字来源或模拟来源提供，不过模拟视频需要经过转换。用户一般可采用微型摄像机、Web摄像头、手机摄像头或数码相机来采集数字视频和拍摄视频短片。

视频文件的存储格式主要有 AVI、MPEG、RMVB、ASF、WMV 等。

① AVI 格式。该格式将视频和音频混合交错地存储在一起。采用 Intel 公司的 Indeo 视频有损压缩技术，可较好地解决视频信息与音频信息同步的问题，但文件占用的空间很大。

② MPEG 格式。严格来说，MPEG 不是一种简单的文件格式，而是编码方案，以满足用户对不同数字影像质量的要求。MPEG 有 MPEG-1、MPEG-2、MPEG-4 这 3 个版本。首先，由于在一开始它就是被作为一个国际化标准来研究制定的，所以 MPEG 具有很好的兼容性。其次，MPEG 能够比其他算法提供更好的压缩比，最高可达 200∶1。更重要的是，MPEG 在提供高压缩比的同时，数据的损失也很小。

③ RMVB 格式。RMVB 格式是由 RM 视频格式升级而延伸出的新型视频格式，在保证平均压缩比的基础上更加合理地利用比特率资源，从而大幅提高运动图像的画面质量并在图像质量和文件大小之间达到平衡。例如，一部大小为 700 MB 左右的 DVD 影片，如转换成同样品质的 RMVB 格式影片，则大小仅为 400 MB 左右。另外，RMVB 视频格式还具有内置字幕和无须外挂插件支持等优点。

④ ASF 格式。ASF 格式即高级流格式，也称为流媒体格式。它是微软推出的一种可以直接在网上观看视频节目的文件压缩格式，由于它使用了 MPEG-4 的压缩算法，所以压

缩率和图像的质量都较为理想。

⑤ WMV 格式。它也是微软推出的一种采用独立编码方式并且可以直接在网上实时观看视频节目的文件压缩格式。其主要优点有支持本地或网络回放、支持多种媒体类型、支持多语言、丰富的流间关系，以及良好的可扩展性等。

（2）动画。动画是活动的画面，实际上是一幅幅静态图像的连续播放。动画的连续播放既是指时间上的连续，也是指图像内容上的连续。动画与视频的主要区别在于：视频是基于真实对象的电影胶片，而动画通常是艺术家在计算机的帮助下"全新"制作的。动画有两种：一种是帧动画，另一种是造型动画。帧动画是由一幅幅位图组成的连续画面，就如视频画面一样要设计每一个屏幕要显示的画面。造型动画是对每一个运动的物体分别进行设计，赋予每个动作单元一些特征，然后用这些动作单元构成完整的帧画面。动画制作的辅助工具有 Flash、3ds Max、Maya 等。

动画文件的主要格式有 SWF 和 FLIC 等。

① SWF。SWF 格式是一种基于矢量的 Flash 动画格式。它采用曲线方程描述动画内容，不是由点阵组成内容，因此这种格式的动画在缩放时不会失真，非常适合描述由几何图形组成的动画，如教学演示等。另外，此类文件所占用的存储空间较小，还可以与 HTML 文件充分结合，并能添加 MP3 音乐，因此被广泛地应用于网页上。

② FLIC。FLIC 格式是 Autodesk 公司在其出品的动画制作软件 Autodesk Animator 等中采用的动画文件格式。FLIC 是 FLI 和 FLC 的统称。其中，FLI 是最初的基于 320 像素×200 像素的动画文件格式，而 FLC 则是 FLI 的扩展格式，采用了更高效的数据压缩技术，其分辨率也不再局限于 320 像素×200 像素。FLIC 格式具有相当高的数据压缩率，被广泛用于动画图形中的动画序列、计算机辅助设计和计算机游戏等。

5.2.3 压缩与解压缩

多媒体计算机处理的音频和视频数字信息涉及的数据量非常大，巨大的数据量对设备的存储容量提出了很高的要求且影响数据的传输、运行和处理。为了对多媒体数据进行实时处理，必须采用数据压缩技术降低多媒体的数据量。数据压缩技术是多媒体计算机技术的重要内容。

多媒体数据中存在着大量的数据冗余，尤其是图像和语音数据，这是多媒体数据能够压缩的原因。多媒体数据一般存在 5 种数据冗余：统计冗余、信息熵冗余、结构冗余、知识冗余、视觉冗余。例如，一幅图像中相对规则有序的物体或背景的表面物理特征具有相关性或相似性，在数字图像中表现为数据的重复，这就是统计冗余的一种。另外，动态图像序列的相邻帧之间的信息只有部分信息变化，这就是时间冗余。

数据压缩包括两个过程：一个是数据编码，即对原始数据进行编码，以减少数据量；另一个是数据解码，把压缩的数据还原成原始表示形式。解码后的数据与原始数据完全一致的解码方法叫无失真编码；解码后的数据与原始数据有一定的偏差或失真但视觉效果基本相同的编码方法叫失真编码。数据编码的方法有多种，各种不同的数据在压缩时有自己的数据压缩标准。

随着数字通信技术和计算机技术的发展，数据压缩技术也日趋成熟。常用的音频压缩标准有国际电话电报咨询委员会（Consultative Committee for International Telegraph and

Telephone，CCITT）音频压缩标准 G.711、G.721、G.722、G.729、MPEG 等。G.711 标准于 1972 年制定，是适合电话质量语音信号的压缩标准；G.721 于 1978 年制定，广泛应用于电话语音信号、调幅广播的音频信号、交换式激光唱盘的音频信号等的压缩；G.722 于 1988 年制定，适合视频会议、视听多媒体等领域；G.729 于 1995 年正式通过，它是当前较新的一种音频压缩标准，广泛应用于网络电话、无线通信、数字卫星系统和数字专用线路等领域。MPEG 音频标准是当前的高保真音频信号压缩标准。

常用的音频视频数据压缩标准包括 MPEG 制定的 MPEG 标准，以及 ISO 和 CCITT 制定的 ISO H.26x 标准。目前 H.26x 标准中最新的是 H.265，主要用以改善码流、编码质量、延时和算法复杂度之间的关系，旨在在有限带宽下传输更高质量的网络视频，同时支持 4K 和 8K 的超高清视频。

压缩和解压缩的过程既可以由硬件实现，也可以由软件实现。硬件实现速度快、效率高，但成本较高。随着计算机性能的提高，现在基本上都采用软件实现的方式，以降低硬件投资。

5.3　多媒体软件

5.3.1　多媒体软件的划分

多媒体软件可以划分为不同的层次或类别，这种划分是在发展过程中形成的，并没有绝对的标准。多媒体软件一般可分为多媒体核心软件、多媒体工具软件和多媒体应用软件。

1. 多媒体核心软件

多媒体核心软件包括多媒体驱动软件和多媒体操作系统。

多媒体驱动软件是直接和硬件"打交道"的，完成设备的初始化，以及设备的各种操作。这类软件一般由硬件生产厂商提供，如随声卡销售的声卡驱动程序等。

多媒体操作系统是多媒体软件的核心，它负责提供多媒体的各种基本操作和管理，多媒体环境下多任务的调度，保证音频、视频同步控制，以及信息处理的实时性。微软的 Windows 操作系统是目前多媒体软件常用的开发环境。

2. 多媒体工具软件

多媒体工具软件是指多媒体开发人员用于获取、编辑、处理多媒体数据，编制多媒体软件、处理多媒体应用系统的一系列程序。它包括多媒体数据处理软件、多媒体创作工具和多媒体编辑软件等。

多媒体数据处理软件是指用于采集多媒体数据的应用软件，如声音录制、编辑软件，图像扫描及预处理软件，全动态视频采集软件，动画生成编辑软件等。从层次角度来看，多媒体数据处理软件不能单独算为一层，它实际上是创作软件的一个工具类部分。

多媒体创作工具是指多媒体开发人员用于开发多媒体应用软件的软件。它包括程序设计语言、多媒体硬件开发工具或函数库和多媒体编辑软件。在 Windows 环境下的程序设计语言有很多，如 C、C++、VB、VC++、Java 等。多媒体硬件开发工具或函数库一般是由硬件厂商或多媒体操作系统厂商提供的。使用程序设计语言和硬件开发工具或函数库开发多媒体应用程序对开发人员的水平要求较高，一般选择计算机工程师，而且工序复杂、开发周期长。

多媒体编辑软件是利用程序设计语言调用多媒体硬件开发工具或者函数库而实现的，能被普通计算机操作人员用来方便地编写程序、组合各种媒体并生成多媒体应用程序的工具。多媒体编辑软件综合了程序设计语言和多媒体硬件开发工具或函数库的功能并大大简化了其使用方式，能直观、简单地编写程序、调度需要的媒体、设计用户界面等。

多媒体编辑软件适用于内容丰富的应用程序，其特点是包含大量的文字、图像、声音乃至视频片段，这些工具一般都可以以"所见即所得"的方式生成用户界面，可以简单、有效地控制各种媒体效果的呈现，但不如程序设计语言灵活有效。

3. 多媒体应用软件

多媒体应用软件是在多媒体硬件平台上设计开发的面向应用的软件系统，由于与应用密不可分，有时也包括那些用软件工具开发出来的应用软件。目前，多媒体应用软件的种类已经十分繁多，既有可以广泛使用的公共型应用支持软件，也有不需要二次开发的应用软件。这些软件广泛应用于教育、培训、电子出版、视频特技、动画制作、电视会议、咨询服务、演示系统等各个方面，也可以支持各种信息系统，如 I/O、数据管理等各种系统。

5.3.2　图片的制作与处理软件

图像处理是一个非常复杂的问题，现在已经有了许多优秀的图像处理软件，如 Photoshop 等，通过简洁的界面来制作各种成品。用户可以应用 Photoshop 创作高质量的数字图像，能够将空白的计算机屏幕变成一幅幅艺术佳品的展台。Photoshop 图像编辑软件可以处理来自扫描仪、幻灯片、数码照相机、摄像机等的图像，可以对这些图像进行修改、着色、校正颜色、提高清晰度等操作。Photoshop 功能强大，它集绘图编辑、色彩修正、产生特殊效果等功能于一身。

5.3.3　动画的制作与处理软件

计算机动画是将人类的艺术创作以科技手法呈现出来的效果。一般媒体所展现出的视觉效果已无法满足人们追求丰富视觉感官的要求，在多媒体计算机中，计算机动画扮演着非常重要的角色，它已被广泛地应用到了各行各业，如工业设计、建筑设计、卡通与电影、辅助教学，以及广告设计等。

近年来，三维动画的发展非常迅速。三维动画中，最重要的两点是三维造型和动画制作。目前，各种广告、电影和电视几乎都应用到了三维动画技术。现在比较流行的动画制作软件是 Autodesk 公司开发的 3ds Max 系列，这个软件自面世以来，功能日益完善，受到了广大用户的好评。

3ds Max 具有友好的用户界面和强大的制作功能，并且简单易学、容易操作，是广大动画制作人员和动画制作爱好者的极佳选择。3ds Max 主要有以下特色。

1. 先进的体系结构

（1）基于 Windows NT 架构设计。3ds Max 是完全地面向对象和多线程的。对所有部件来说，常见的 Windows 接口使用可扩展的动态链接库（Dynamic Linked Library，DLL）体系结构。

（2）完全面向对象。场景中的所有操作都是对象并且遵守同样的操作规则，这使得 3ds Max 非常易学。选定灵敏的命令、智能的光标、统一的方法和类引用都得益于这种体系结构。

（3）所有东西都是可以运动的。只要单击总是可用的 Animate 按钮，再改变 3ds Max 中几乎任何一个参数，就可以创建关键帧。从创建参数到立体光照（Volumetric Lighting）的所有内容都可以通过这个方法来实现，并且每一个可以用图形表示的操作都由交互的功能曲线控制。

（4）所有东西都是可以编辑的。建模中的修改过程被保存在一个可以编辑的栈中，该过程可以根据需要与对象一起保存到任何时候。

（5）所有东西都是可以扩展的。插入式（Plug-In）部件可有效地支持第三方应用开发商和用户增加的新功能。插入式部件知道相互之间怎样协调工作，就像核心功能模块一样。

（6）真正的引用结构超出了简单的对象引用。允许引用和从基本对象衍生，并且在由自己建模操作的情况下还可共享引用历史。

2. 良好的交互性

3ds Max 具有统一的用户环境，快速、交互的纹理着色视窗，自适应的显示级别调整。同时，它没有模式的概念，在操作时，用户不需要考虑模式问题，可以自由地交替使用不同命令和方法。

3. 强大的渲染特性

渲染器内部使用 64 位的超级真彩色，而且可扩展的渲染系统支持第三方开发商提供的渲染算法和效果，因此有效地为用户提供了渲染速度和质量的最优组合。

另外，3ds Max 还具有强大的建模能力、出色的动画能力，以及强大的材质编辑能力等。

5.3.4 多媒体集成软件

Authorware 是美国 Macromedia 公司的产品，该软件采用面向对象的设计思想，不但大大提高了多媒体系统的开发质量和速度，而且使非专业程序员开发多媒体作品成为可能。Authorware 是目前世界上应用最多的多媒体创作平台，广泛应用于交换式教学系统、军事指挥及模拟系统、多媒体交互式数据库、多媒体咨询系统等各个领域。美国波音 777 飞机的操作培训模拟系统全部都是用 Authorware 制作的，美国国家航空航天局（National Aeronautics and Space Administration，NASA）也使用 Authorware 作为计算机模拟训练的标准并将其用于空间站计划和航天飞机计划。

Authorware 主要有以下特点。

1. 面向对象的创作

Authorware 提供了直观的图标（Icon）控制界面，利用各种图标的逻辑结构布局来实现整个系统的制作，从而取代了复杂的编程语言，使编程更加简便和快捷。

2. 丰富的图形、文本管理

Authorware 支持多种图像文件格式，如 BMP、DIB、PCX、TIFF、PICT、RLE、EPS、PICS、UMF 等，同时可设定图形的层次，实施多种叠加、透明处理、效果和视觉上的多种切换方式，支持 16 色、256 色及 24 位真彩色方式。文字处理方面，Authorware 支持标准的 Windows True Type 字体，具有加黑、斜体、下画线等多种文字处理效果，可以通过设定滚动条窗口来显示较长的文本，还具有超文本（Hypertext）功能，为知识的无缝链接提供了可靠的保证。

3. 丰富而便捷的动画管理和数字影像集成功能

Authorware 可移动图标来设定物体的运动轨迹，有多种不同的运动方式，可结合不同的对象制作出多种运动效果。Authorware 的数字影像图标是专门用来播放已生成的动画文件和电影文件的，支持 FLC、MOV、AVI、MOE、DIR 等格式的动画文件并可控制其播放的时间和速度，而且可以利用函数和变量直接控制和播放动画。

4. 灵活多样的交互方式

Authorware 提供了 10 余种交互方式给开发者选择，这对交换式教学多媒体系统的制作尤为重要。除此之外，Authorware 丰富的函数和变量也提供了对数据进行采集、存储和分析的手段。

5. 提供逻辑结构管理、模块及数据库功能

Authorware 虽没有完整的编程语言，但同其他语言一样，它提供了控制程序运行的逻辑结构（条件、分支、循环等）。实现应用程序流程，主要使用基于图标控制的流程式方式并辅以函数和变量，完成所需的控制。Authorware 提供了 200 余种变量和函数，这些变量和函数使整个应用程序的开发具有更大的灵活性。同时，Authorware 还提供了标准的程序接口，在 Windows 下支持 UCD 和 DLL 格式的外部动态链接库且支持程序员自定义函数功能，因此该软件的功能得以大大扩充。

模块功能的引入使 Authorware 应用软件的开发和运行得以优化，通过模块功能，可以最大限度地重复利用已有的 Authorware 代码，避免了不必要的重复开发。Authorware 的后期版本还提供了在窗口环境下的开放数据库互联（Open Database Connectivity，ODC），使用户可以在 Authorware 环境中直接连接到目前使用的数据库软件中，如 Access、SQL Server、Oracle 等；还可以使用结构查询语言（Structure Query Language，SQL）下达指令给数据库软件，然后接收由数据库软件传回的信息。

6. 支持多种声源和声卡

Authorware 支持多种声卡，如 Sound Blaster Pro 等；支持声音的 3 ∶ 1 和 6 ∶ 1 压缩，支持 PCM、WAV、MIDI 及 CD 等多种声源。

7. 模拟视频管理

Authorware 的视频图标用来在应用程序中播放影碟机中的视频，它直接支持多种视频卡，如 True Vision Bravado、M-Motion、Video Blaster 等并支持 Pioneer LDV4200、6000、8000 和 SONY Lop 系列等多种影碟机，可通过 DLL 支持其他类型的设备。

8. 支持高级开发

Authorware 支持用户自定义代码和动态链接，具有对象链接与嵌入（Object Linking and Embedding，OLE）功能，提供媒体控制接口（Media Control Interface，MCI）和动态数据

交换（Dynamic Data Exchange，DDE），并支持网络操作。

5.4 虚拟现实技术

虚拟现实（VR）又称为虚拟环境，即利用以计算机为核心的众多现代高新技术手段制作出来的虚拟环境，但人感觉和真实环境一样，从而产生身临其境的感受和体验。VR技术最早是由美国军方开发的一项计算机技术，但现在已被广泛地应用在社会中的各个领域。

5.4.1 虚拟现实的含义

VR 通常包含 3 层含义：首先，VR 是用计算机生成一个逼真的实体，即要达到三维视觉、听觉和触觉等效果；其次，用户可以通过人的自然技能（五官和四肢）与这个环境进行交互；最后，VR 往往还要借助一些三维传感技术为用户提供一个逼真的操作环境。由此可见，VR 是多媒体发展的更高境界，具有更高层次的集成性和交互性，它是多媒体技术研究中十分热门的一个领域。

作为一项与多媒体技术密切相关的技术，VR 通过综合应用计算机图像、模拟与仿真、传感器、显示系统等技术和设备，给用户提供一个真实反映操作对象变化与交互作用的三维图像环境所构成的虚拟世界并通过特殊设备给用户提供一个与该虚拟世界相互作用的三维交互式用户界面。VR 系统的硬件设备主要有数据手套、头盔、轨迹追踪装置、语音识别装置及摄像机等，如图 5-4 所示。VR 软件一般涉及数据输入、仿真和显示、交互媒体的设备及控制等功能。

图 5-4　VR 系统硬件设备

5.4.2　VRML

目前，几乎所有的网页都是由超文本标记语言（HTML）或以其他程序语言嵌套在HTML 中编写的。HTML 具有平台无关性，是目前网页编辑的主流语言，受 HTML 的限制，网页具有平面结构的信息表达手段，就算 JavaScript 能够为网页增色不少，但也仅仅停留在平面设计阶段，而且实现环境与浏览者的动态交互也是非常烦琐的。为了创造人们梦寐以求的、生动逼真的、既能进入又能参与的三维虚拟世界，VRML 应运而生。

1. VRML 的含义

虚拟现实建模语言（Virtual Reality Modeling Language，VRML）是目前 Internet 上基于 WWW 的三维互动网站制作的主流语言，它同样具有平台无关性，其本质上是一种三维造型和渲染的图形描述性语言，是继 HTML 之后的第二代 Web 语言。

第二代 Web 把 VRML 与 HTML、Java、流媒体等技术有机地结合在一起，形成了一种新的三维超媒体 Web，具有与设备无关、可扩展，以及能在低带宽网络中工作等特点，真正实现了动态页面并加强了交互功能，达到了虚拟现实的效果。

VRML 的基本单元称为结点，结点的集合可以构成复杂的景物。结点可以通过实例得到复用，对结点赋予名字并进行定义后，即可建立动态的虚拟世界。VRML 改变了 WWW 上单调、交互性差的弱点，将人的行为作为浏览的主题，所有的表现都随操作者行为的改变而改变。

2. VRML 的诞生及发展

1994 年 10 月在美国芝加哥召开的第二届 WWW 大会上公布了 VRML 1.0 的规范草案。

1996 年 8 月在美国新奥尔良召开的优秀三维图形技术会议上公布了 VRML 2.0 标准。

1997 年 12 月，VRML 97 作为国际标准正式发布，后于 1998 年 1 月正式获得国际标准化组织 ISO 的批准。

1999 年年底，VRML 的又一种编码方案 X3D 草案发布。X3D 整合了 XML、Java、流媒体等先进技术，包括了更强大、更高效的三维计算能力、渲染质量和传输速度。

2000 年 6 月，世界 Web3D 协会发布了 VRML 2000 国际标准（草案），2000 年 9 月又发布了 VRML 2000 国际标准。

2002 年 7 月 23 日，Web3D 联盟发布了可扩展三维（X3D）标准草案。这项技术是 VRML 的后续产品。

5.4.3 虚拟现实技术的应用

VR 技术广泛应用于各个领域，列举如下。

1. 在游戏领域中的应用

VR 是利用计算机产生的三维虚拟空间，而三维游戏恰好是建立在此技术之上的。三维游戏几乎包含 VR 中的全部技术，如三维动画、音效、传感器触发、事件输入和输出、行为控制、支持多重使用者等，在保持游戏实时性和交互性的同时，也大幅度地提升了游戏的真实感。

2. 在教育领域中的应用

VR 技术已经成为促进教育发展的一种新型教育手段，利用 VR 技术可以帮助学生打造生动、逼真的学习环境，能使学生通过真实感受来理解和记忆相关知识，相较于被动性灌输，利用 VR 技术来进行自主学习更容易让学生接受，更容易激发学生的学习兴趣。

3. 在设计领域中的应用

VR 技术在设计领域已经小有成就。以室内装潢设计为例，人们可以利用 VR 技术把房屋外形和内部结构表现出来，使之变成看得见的物体和环境。同时，在设计初期，设计师可以将自己的设计理念和想法通过 VR 技术模拟出来，让用户在虚拟环境中预览实际效果，这样既节省了时间，又降低了成本。

4. 在医学领域的应用

医学专家可以利用计算机在虚拟空间中模拟出人体组织和器官，让学生进行模拟操作，感受到手术刀切入人体肌肉组织、触碰骨骼的感觉，使学生更快地掌握手术要领。另外，借助 VR 技术主刀医生可以在手术前建立一个病人身体的虚拟模型，在虚拟空间中进行一次手术预演，这样也能大大提高手术的成功率。

5. 在军事领域的应用

由于 VR 技术的立体感和真实感，人们可以利用计算机处理山川地貌、海洋湖泊等的数据，利用 VR 技术将原来的平面地图变成三维立体地图，再通过全息技术将其投影出来，这样更有助于进行军事训练和军事演习，从而大大提高我国的军事作战水平。

5.5　全息幻影技术

全息幻影技术也称全息投影技术，该技术把屏幕中的画面立体投射到透明介质上，从而产生三维立体感，使呈现出来的场景绘声绘色、美轮美奂、直观形象。全息幻影技术在为人们提供更好服务的同时，也进一步满足了人们的感官享受需求。

5.5.1　全息幻影的含义

全息特指一种技术，可以让从物体发射的衍射光能够被重现，从不同的位置观测此物体，其显示的影像也会变化，因此这种技术拍下来的照片是三维的。

全息幻影技术属于三维技术的一种，是在一般幻影成像技术的基础上融入全息技术，并利用干涉和衍射原理记录并再现真实物体的三维图像技术。全息幻影技术所投射出来的虚拟影像，整体上色彩艳丽、有空间感和透视感、效果奇特、真假难辨。人们在不需要佩戴任何偏光眼镜、没有任何束缚的环境下，就可以观看三维幻影立体显示特效，给人以视觉上的强烈冲击。如果再配上触摸屏，还可以实现与观众的互动，做到真人和虚幻人同台表演。

5.5.2　全息幻影成像系统的组成

全息幻影成像系统实际上是一种将三维画面悬浮在柜体实景中的半空中成像系统，通过对产品实拍构建三维模型的特殊处理，把拍摄的产品影像或产品三维模型影像叠加进场景中，构成的动静结合的展示系统。它由主体模型场景、造型灯光系统、光学成像系统、计算机多媒体系统、音响系统、控制系统等部分组成。下面对这些部分进行简要介绍。

（1）主体模型场景。为光学成像创造环境空间，通常为了配合剧情设计，可设置 4～6 个不同的场景，场景根据剧情需要在可编程控制器的控制下自动切换。

（2）造型灯光系统。根据场景造型的要求和剧情的需要，配合音乐、图像在场景上产生气氛光以达到烘托展示气氛、增强展示效果的目的。

（3）光学成像系统。使立体影像与周围的人造景观背景"真实"地结合在一起。

（4）计算机多媒体系统。利用先进的多媒体技术和计算机控制技术实现大型场景的展示，如复杂的生产流水线、大型产品的展示。

（5）音响系统。完成旁白和音乐的播放。

（6）控制系统。完成多机同步控制、活动模型控制、灯光控制、电源控制、播放控制等。

小结

（1）媒体是指分布和表示信息的方法。媒体可分为感觉媒体、表示媒体、存储媒体、显示媒体和传输媒体 5 类。

（2）多媒体是指文本、图形、图像、声音、动画等多种媒体的有机集合体。多媒体技术是通信技术、计算机技术、数据信息处理技术等多种技术的发展相结合的产物，其主要特征有集成性、交互性、实时性和数字化。

（3）多媒体中的关键技术主要包括多媒体压缩技术、大容量的信息存储技术、多媒体专用芯片技术、多媒体通信技术、多媒体数据库技术等。

（4）模拟音频以模拟电压的幅度表示声音强弱，它在时间上是连续的。数字音频是一个离散的、由 0 和 1 组成的二进制数据序列。将模拟音频转换成数字音频包括采样和量化两个过程。

（5）采样是指对在时间上连续的波形模拟信号按特定的时间间隔进行取样，以得到一系列的离散点。量化就是用数字表示采样得到的离散点的信号幅值。采样频率越高，量化的位数越大，声音的质量就越好，但容量也越大。数字音频文件的主要格式有 WAV、AIF、CDA、MIDI、MP3、WMA 等。

（6）计算机中处理音频信息的重要设备是声卡，其主要功能有录制和播放数字声音文件、音频编辑处理、混音和控制、压缩和解压缩、提供 MIDI 功能等。

（7）图形是指由计算机绘制的直线、圆、矩形、曲线、图表等，它是由外部轮廓构成的矢量图。矢量图形常见的格式有 SVG、WMF、EMF、DXF 等。图像是指由像素点阵构成的位图，其主要技术参数有分辨率、图像深度、调色板、数据量等。图像文件常见的格式有 BMP、JPEG、GIF、TIFF 等。

（8）视频可以看成配有相应声音效果的图像的快速更替，它是由一幅幅单独的画面——帧序列组成的。视频文件的常见格式有 AVI、MPEG、RMVB、ASF、WMV 等。动画是指一幅幅静态图像的连续播放，这既是指时间上的连续，也是指图像内容上的连续。动画有两种：一种是帧动画，另一种是造型动画。动画文件的主要格式有 SWF、FLIC 等。

（9）多媒体数据中的音频和视频信息的数据量十分大，因此为了实时处理，必须采用数据压缩技术以降低数据量。数据压缩包括两个过程：一个是数据编码，另一个是数据解码。常用的音频压缩标准有 G.711、G.721、G.722、MPEG 等。常用的音频视频数据压缩标准有 MPEG 标准和 ISO H.261 标准等。

（10）多媒体软件一般可分为多媒体核心软件、多媒体工具软件和多媒体应用软件。

（11）虚拟现实（VR）是利用以计算机为核心的众多现代高新技术手段，在特定范围内生成逼真的视觉、听觉、味觉和触觉一体化的虚拟环境。VR 已广泛应用在游戏、教育、设计、医学、军事等诸多领域。

（12）虚拟现实建模语言（VRML）是目前 Internet 上基于 WWW 的三维互动网站制作的主流语言，是继 HTML 之后的第二代 Web 语言。

（13）全息幻影技术是在一般幻影成像技术的基础上融入全息技术并利用干涉和衍射原理记录并再现真实物体的三维图像技术，所呈现出来的虚拟影像绘声绘色、效果奇特、直观形象。全息幻影成像系统一般由主体模型场景、造型灯光系统、光学成像系统、计算机多媒体系统、音响系统、控制系统等部分组成。

习题 5

一、单项选择题

1. 多媒体计算机系统中，内存和光盘属于（　　　）。
   A. 感觉媒体　　　B. 传输媒体　　　C. 表现媒体　　　　　D. 存储媒体
2. 多媒体的特征主要包括信息载体的数字化、交互性和（　　　）。
   A. 活动性　　　　B. 可视性　　　　C. 规范化　　　　　D. 集成性
3. （　　　）不是多媒体中的关键技术。
   A. 大容量信息存储技术　　　　　　B. 多媒体通信技术
   C. 多媒体数据压缩技术　　　　　　D. 声音信息处理技术
4. 将模拟声音信号转变为数字音频信号的声音数字化过程是（　　　）。
   A. 采样→编码→量化　　　　　　　B. 量化→编码→采样
   C. 编码→采样→量化　　　　　　　D. 采样→量化→编码
5. 以下文件格式中，（　　　）不是数字图形、图像的常用文件格式。
   A. BMP　　　　　B. TXT　　　　　C. GIF　　　　　　D. JPEG
6. 目前，多媒体计算机中对动态图像数据压缩常采用（　　　）格式。
   A. JPEG　　　　　B. GIF　　　　　C. MPEG　　　　　D. BMP
7. 同样一块大小的光盘，存储信息量最大的是（　　　）。
   A. LV　　　　　　B. VCD　　　　　C. DVD　　　　　　D. CD-DA
8. 通用的音频采样频率有 3 个，（　　　）是无效的。
   A. 11.025 kHz　　B. 22.05 kHz　　C. 44.1 kHz　　　　D. 88.2 kHz
9. 数字音频采样和量化过程所用的主要硬件是（　　　）。
   A. 数字编码器　　　　　　　　　　B. 数字解码器
   C. 模拟到数字的转换器　　　　　　D. 数字到模拟的转换器
10. 数字音频文件数据量最小的文件格式是（　　　）。
   A. MID　　　　　B. MP3　　　　　C. WAV　　　　　D. WMA
11. 一分钟双声道、8 位量化位数、22.05 kHz 采样频率的声音数据量是（　　　）。
   A. 2.523 MB　　　B. 2.646 MB　　　C. 5.047 MB　　　D. 5.292 MB
12. 矢量图与位图相比，以下结论不正确的是（　　　）。

A. 在缩放时矢量图不会失真，而位图会失真

B. 矢量图占有的存储空间较大，而位图则较小

C. 矢量图适合于表现变化曲线，而位图适合于表现自然景物

D. 矢量图侧重于绘制和艺术性，而位图侧重于获取和技巧性

13. 一幅 320×240 的真彩色图像，未压缩的图像数据量是（　　　　）。

A. 225 KB   B. 230.4 KB   C. 900 KB   D. 921.6 KB

14. 在数字摄像头中，200 万像素相当于分辨率（　　　　）。

A. 640×480   B. 800×600   C. 1024×768   D. 1600×1200

15. 以下（　　　）不是衡量数据压缩技术性能的重要指标。

A. 压缩化   B. 算法复杂度   C. 恢复效果   D. 标准化

16. 下列不属于虚拟现实应用的是（　　　）。

A. 虚拟物理实验室   B. 计算机博弈

C. 三维虚拟社区   D. 飞行仿真系统

二、填空题

1. 在计算机中，多媒体信息都是以_____形式存储的。

2. 构成位图的最基本的单位是_____。

3. 灰度模式是采用_____位表示一个像素；16 位增强色能表示_____种颜色；真彩色的图像深度为_____位。

4. 李明的 U 盘有 64 MB，他想从同学的电脑里复制一批 1024×768 的真彩色照片，他大约能复制_____张。

5. 数字化声音的数据量是由_____、_____、_____，以及声音持续时间所决定的。

6. _____是 Flash 导出影片的默认格式。

7. 动画有两种，即_____和_____，后者属于矢量动画。

8. 高保真立体声的音频压缩标准是_____。

9. MPEG 是一个完整的多媒体压缩编码方案，编码标准包括_____、_____和_____这 3 部分；ASF 声音格式使用的是_____压缩技术。

10. 多媒体软件可分为_____、_____、_____。

11. _____是一种用于建立真实世界的场景模型或人们虚构的三维世界的场景建模语言，也具有平台无关性。

三、简答题

1. 什么是媒体？它是如何分类的？

2. 什么是多媒体？多媒体技术有哪些主要特征？

3. 简述多媒体中的关键技术及其主要应用领域。

4. 什么是图形和图像？两者有何区别？

5. 什么是图像分辨率？单位是什么？

6. 用同一幅图片来试验，试比较 BMP 格式文件与其他格式文件的数据量大小，以及图片质量。

7. 什么是 MPEG 和 JPEG 标准？两者有什么区别？

8. 请计算对于双声道立体声、采样频率为 44.1 kHz、采样位数为 16 位的激光唱盘（CD），用一个 650 MB 的 CD-ROM 可存放多长时间的音乐？

9. 请分别列举出几个计算机中常用的音频和视频文件格式并做简要说明。

10. 简述音频压缩编码的分类及常用算法和标准。

11. 列举一至两种你所熟悉的多媒体制作软件并说明怎么使用你所列举的软件创建多媒体演示。

12. 什么是 VR 技术？VR 系统的典型硬件设备有哪些？

13. 简述 HTML 和 VRML 的区别。

14. 简述全息幻影技术的含义，以及成像的特点。

第 ⑥ 章 数据库技术基础

数据库技术是计算机科学的重要分支，主要研究数据的存储、使用和管理，是现代信息管理技术的核心。在信息技术高速发展的今天，数据库技术的应用已深入各个领域，几乎所有的应用系统都以数据库方式存储数据。

本章学习目标

- 理解数据库技术的发展历程、数据库系统与文件系统的区别。
- 掌握数据库系统的组成及各部分的功能。
- 掌握 3 种数据模型及其各自的特点。
- 了解常用的数据库管理系统开发平台。

6.1 数据库技术概述

6.1.1 数据库技术的发展

数据库技术是随着计算机应用的发展而产生的。其发展过程大致分为 3 个阶段，即人工管理阶段、文件系统阶段和数据库系统阶段。

1. 人工管理阶段

计算机诞生后的前 10 年，它主要用于科学计算，数据处理都是批处理，数据由应用程序自己管理，运算得到的结果也不保存，所用的存储设备也只有磁带、纸带和卡片。

2. 文件系统阶段

20 世纪 50 年代后期，计算机开始用于信息管理。此时，硬件方面出现了磁盘、磁鼓等高速的直接存取设备，软件方面出现了操作系统和高级语言。数据可以长期保存在磁盘上，由操作系统的文件系统负责数据和程序之间的接口。文件系统把数据组织成数据文件，可以按文件名访问。但文件仍然是面向应用的，一个文件基本上对应一个应用程序，难以共享、独立性差。

3. 数据库系统阶段

20 世纪 60 年代后期，计算机大规模用于信息管理，这对计算机数据管理提出了更高的要求。首先，要求数据作为公共资源而被集中管理控制，为许可的各种用户所普遍共享，从而大量地消除数据冗余、节省存储空间。其次，当数据变更时，能节省对多个数据副本的多次变更操作，从而大大缩短计算机的运算时间，更为重要的是不会因遗漏某些副本的变更而使系统给出一些不一致的数据。再次，要求数据具有更高的独立性，不但具有物理独立性，而且具有逻辑独立性，即当数据逻辑结构改变时，不影响那些不要求这种改变的用户的应用程序，从而减少应用程序开发和维护的代价。所有这些，用文件系统的数据管理方法都不能满足，数据库技术便应运而生。此时，出现了统一管理数据的专门软件系统——数据库管理系统，其标志是 IBM 于 20 世纪 60 年代末成功研制的第一个层次模型的数据库管理系统——信息管理系统（Information Management System，IMS）。

数据库技术从产生、发展到今天，已经走过了 50 多年的历程，它又可分为 3 个阶段。

（1）第一代数据库系统的代表是 1968 年 IBM 研制的层次模型数据库管理系统——IMS 和 20 世纪 70 年代美国数据库系统语言协会（Conference On Data System Language，CODASYL）下属数据库任务组（Datebase Task Group，DBTG）提议的网状模型。这两种数据库奠定了现代数据库发展的基础。

（2）第二代数据库技术产生于 20 世纪 70 年代末，其主要特征是支持关系数据模型。

（3）第三代数据库技术产生于 20 世纪 80 年代，其主要特征如下。

① 支持多种数据模型（如关系模型和面向对象模型）、支持标准数据库语言（如 SQL）、支持标准网络协议（如 TCP/IP）。

② 与诸多新技术相结合，如分布式处理技术、并行计算技术、人工智能技术、多媒体技术、模糊技术等。

③ 应用领域广泛，如商业管理、计划统计、地理信息系统（Geographical Information System，GIS）等。

④ 对其他系统开放，具有良好的可移植性、可连接性、可扩展性和互操作性。

6.1.2　数据库系统与文件系统的区别

数据库系统与文件系统相比，在许多方面有了长足的进步。

（1）文件系统中，各个文件之间的数据是非结构化的，即不同文件之间的数据没有任何联系；而数据库中的数据是结构化的。

（2）文件系统是面向应用的，存在大量的冗余数据；而数据库系统是面向系统的，减少了数据冗余，实现了数据共享。

（3）文件系统中，数据只能用文件读/写操作存取；而数据库系统中，用户可以用 SQL 对数据库中的数据进行操作，不但更加方便，而且拓宽了数据库的应用范围。

6.1.3　数据库的优点

数据库的优点主要体现在以下几个方面。

1. 数据集成

数据集成是数据库管理系统的主要目的。通过数据集成来统一计划与协调遍及各相关应用领域的信息字，可使数据得到最大限度的共享且冗余最少。例如，在一个企业中，公司的职工工资文件、人事文件、业务文件、劳资文件等都将被人事部门、管理部门等多个部门所共享，因此在这个蜘蛛网式的错综复杂的系统中，数据冗余量是很大的，而且修改或扩充系统的任何一部分都极其困难，花费的代价也极大，其原因在于存储数据的高度重叠或冗余，以及一个应用到另一个应用存在复杂的转换。

因此，可通过建立共享的数据库来解决共享数据的集成性。因为在数据库中通过相关联的数据间定义的逻辑联系，数据被组织成统一的逻辑结构（这些工作由数据库管理软件实现），与数据的物理组织与定位分离，而应用的修改与增加只与数据的逻辑结构发生关系。

2. 数据共享

数据共享是指在数据库中一个数据可以被多个不同的用户共同使用，即各个用户可以为了不同的目的来存取相同的数据。这种共享实际上是数据库集成的产物。例如，在一个企业的人事工资管理系统中，关于职工记录中的"姓名""性别""部门""工资"等数据可以为人事部门、劳资部门、工资发放部门，以及业务档案管理部门的各个用户所共享。由数据库集成而产生的另一个结果是，任何给定的用户通常只与整个数据库的某一子集相关，而且不同用户的相关子集在许多方面可以重叠。换句话说，不同的用户可以从各种不同的角度来看待数据库，即一个数据库有多种不同的用户视图。这些用户视图简化了数据的共享，因为它们可给每一个用户提供执行其业务职能所要求的数据的准确视图，使用户无须知道数据库的全部复杂组成。

共享不只是指同一数据可以被多个不同的用户所存取，还包含并发共享，存在多个不同用户同时存取同一数据的可能性。此外，不仅为现有的应用（用户）所共享，还可开发新的应用来针对数据库中同样的数据进行操作。换句话说，现有数据库中的数据可能满足将来新应用的需要而无须重新建立任何新的数据文件。当前大多数数据库系统允许多个用户并发地共享一个数据库，尽管可能会有某些限制。

3. 数据冗余少

在非数据库系统中，每个应用拥有各自的数据文件，这常常带来大量的数据冗余。例如，企业人事工资管理系统中的工资发放应用、人事应用、劳资应用和业务档案应用中都可能拥有一个包含职工信息（如职工号、姓名、性别、职称、工资等）的文件。对于数据方法，如前所述，这些分立而有冗余的数据文件都被集成为单一的逻辑结构，而且每个数据值可以仅存储一次。

并不是所有的冗余都可以或应该消除，有时，由于应用业务或技术上的原因，如数据合法性检验、数据存取效率等方面的需要，同一数据可能在数据库中保留多个副本。但是，在数据库系统中，冗余是受控的，在系统中保留必要的冗余也是系统预定的。

4. 数据的一致性

通过消除或控制数据冗余，可以在一定范围内避免数据的不一致性。例如，在工资管理系统中，某一员工王强的工资额"2500 元"这个数据存储在数据库的两个不同记录中，那么当王强的工资变动而要更新他的工资额时，若无控制且只更新一个记录，则会引起同一数据的两个副本的不一致性。

显然，引起不一致性的根源是数据冗余。若一个数据在数据库中只存储一次，则一般不会发生不一致。然而，冗余在数据库中是难免的，但它又是受控的，所以当发生更新时，数据库系统本身可以通过更新所有其他副本自动保证数据的一致性。

5. 实施统一标准

数据库对数据实行集中管理控制，但数据库必须由人实现和进行维护管理，所以一个数据库系统必须包括一个称为数据库管理的组织机构。其在管理上负责制定并实施进行数据管理的统一标准和控制过程。统一标准的数据有利于共享与彼此交换，有利于数据定义的重叠或冲突问题的解决，以及今后的变更。

6. 统一安全、保密和完整性控制

数据库管理员（Database Administrator，DBA）机构对数据库有完全的管辖权且负责建立对数据的加入、检索、修改、删除权限及有效性的检验过程，可以对数据库中各种数据的每一种类型的操作建立不同的检验过程。这种集中控制和标准过程较之分散数据文件的系统加强了对数据库的保护，使数据的定义或结构与数据的使用发生冲突的可能性最小。在检验控制方面，数据库系统比传统的文件系统危险性更大，因为它牵涉的用户更多。

7. 数据独立

数据说明与使用数据的程序分离称为数据独立。换句话说，就是数据或应用程序的修改不会引起对方的修改（在适当的范围内）。数据库系统提供了两层数据独立。其一，不同的应用程序（用户）对同样的数据可以使用不同的视图，这意味着应用程序在一定范围内修改时，可以只修改数据库视图而不修改数据本身的说明；反之，数据说明的修改，在一定范围内不引起应用程序的修改。这种独立称为数据的逻辑独立。其二，可改变数据的存储结构或存取方法以满足变化的需求，而无须修改现有的应用程序，这称为数据的物理独立。这些在传统的文件系统中都是不可能的。因为数据的说明和存取，这些数据的逻辑都建立在每个应用程序内，对数据文件的任何变动都要求修改或重写那些应用程序。

8. 减少应用程序开发与维护的代价

数据库方法表现在应用方面的一个主要优点是，使得在数据库上开发新的事物所花的代价和时间大大减少了。由于数据库中的数据具有共享性、独立性及统一标准等，使程序设计员不再承担主文件（基本数据文件）的设计、建造与维护的繁重负担，所以开发新应用软件的代价和为用户提供服务所需要的时间期限等都可大大减少。

由于应用环境、用户需求发生变化等种种原因，数据必须频繁地变动。例如，改变输出报表的内容或格式、增加新的数据类型、增加或改变数据类型之间的联系、改变数据的结构与格式、采用新存储设备或存取方法等。在数据文件环境下，这些变化必然导致相关应用程序修改或重写。但在数据库环境下，由于数据的独立性，在一定范围内，数据或相关应用程序中任何一方的改变都不必引起对方的改变。因此，程序维护量可以大量减少。这里所谓的"维护"，是指修改或重写原来的程序使之适应新的数据结构、存取方法等。

9. 终端用户受益

终端用户（End User）是指使用数据库系统来完成自身业务工作的各级人员。通过提供多种处理方式和对每一数据采用多种存取路径，数据库系统给终端用户以很大的数据存储与检索的灵活性。除通过设计好的例行程序进行常规的数据处理，数据库系统还允许终端用户对数据库执行某些功能而根本不需要编写任何程序。

6.1.4　数据库系统的组成

数据库系统是指引进数据库技术后的计算机系统。数据库系统一般由数据库、数据库

管理系统、数据库管理员、数据库应用程序，以及用户 5 个部分组成。

1．数据库

人们收集并抽取出一个应用所需要的大量数据之后，应将其保存起来以供进一步加工处理和进一步抽取有用的信息。在科学技术飞速发展的今天，人们的视野越来越广，数据量也急剧增加。过去人们把数据存放在文件柜里，现在人们借助计算机和数据库技术科学地保存和管理大量的复杂数据，以便能方便而充分地利用这些宝贵的信息资源。

数据库（DB）即存放数据的仓库，它是长期储存在计算机内、有组织的、可共享的数据集合。数据库中的数据按一定的数据模型组织、描述和储存，具有较小的冗余度、较高的数据独立性和易扩展性并可为各种用户所共享。

2．数据库管理系统

数据库管理系统（DBMS）是数据库系统中对数据库进行管理的软件系统，其主要目标是使数据成为一种可管理的资源以便处理。对数据库的一切操作，包括数据定义、查询、更新，以及各种控制，都是通过 DBMS 来进行的。DBMS 的工作方式如图 6-1 所示。

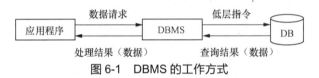

图 6-1　DBMS 的工作方式

3．数据库管理员

在数据库系统环境下，有两类共享资源：一类是数据库，另一类是数据库管理系统软件。因此，需要有专门的管理机构来监督和管理数据库系统。数据库管理员则是这个机构的一个（组）人员，负责全面管理和控制数据库系统。具体职责包括决定数据库中的信息内容和结构、决定数据库的存储结构和存取策略、定义数据的安全性要求和完整性约束条件、监控数据库的使用和运行、数据库的改进和重组重构等。

4．数据库应用程序

数据库应用程序是使用数据库语言开发的、能够满足数据处理需求的应用程序。

5．用户

用户是指终端用户，终端用户通过应用系统的用户接口使用数据库。常用的接口方式有浏览器、菜单驱动、表格操作、图形显示、报表书写等，给用户提供简明、直观的数据表示。

终端用户通常又可分为以下 3 类。

（1）偶然用户。这类用户不经常访问数据库，但每次访问数据库时往往需要不同的数据库信息，这类用户一般是企业或组织机构的高、中级管理人员。

（2）简单用户。数据库的大多数用户都是简单用户。其主要工作是查询和修改数据库，一般都是通过应用程序员精心设计并具有友好界面的应用程序存取数据库。银行的职员、航空公司的机票预订工作人员、旅馆总台服务员等都属于这类用户。

（3）复杂用户。复杂用户包括工程师、科学家、经济学家、科学技术工作者等具有较高科学技术背景的人员。这类用户一般比较熟悉数据库管理系统的各种功能，能够直接使用数据库语言访问数据库，甚至能够基于数据库管理系统的应用程序接口（Application Program Interface，API）编制自己的应用程序。

数据库系统的 5 个部分及其相互关系如图 6-2 所示。

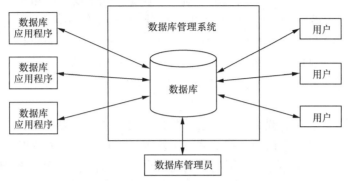

图 6-2 数据库系统的 5 个部分及其相互关系

6.2 数据模型

数据模型是对数据库系统的抽象模拟，它用来表明数据库系统中信息如何表示，以及如何操作。一个数据模型通常由 3 部分组成，即对象类型的集合、操作集合和完整性规则集合。

对象类型是数据模型最基本的部分，它确定任何符合模型的数据库的逻辑结构，即信息如何组织。操作提供操纵数据库的手段，利用这些操作（或它们的组合）可得到数据库中的部分内容，还可借助语言的处理功能对数据进行进一步处理。完整性规则为对数据库的有效状态的约束。

现有的数据库系统有数百种，但根据它们的数据模型来看，可总结为层次模型、网状模型和关系模型 3 类。

6.2.1 层次数据模型

用树形结构或"森林"来表示实体与实体间联系的模型称为层次数据模型。实体用树中的结点表示，实体间的联系用树中的连线表示。基于层次模型的数据库管理系统 IMS 是 IBM 于 1968 年推出的世界上第一个数据库管理系统。

图 6-3 给出了层次数据模型的示例，其中大学实体为树根，各层父子结点之间均为一对多的关系。从此例可以看出，层次数据模型很容易模拟现实世界中诸如学校机构、行政结构等一些具有天然层次结构的系统。

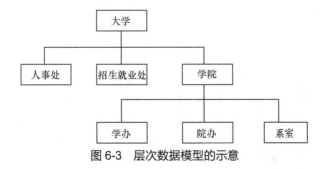

图 6-3 层次数据模型的示意

6.2.2 网状数据模型

网状数据模型是一种较早出现的数据模型，其典型代表是 DBTG 数据模型，其中贡献最大的是公认的"网状数据库之父"查尔斯·巴赫曼。他不仅主持和开发了最早的网状数据库管理系统——IDS，而且积极地推动和促成了数据库标准的制定，以及美国 CODASYL 下属的 DBTG 提出的网状数据库模型和数据定义语言（Date Description Language，DDL）和数据操纵语言（Date Manipulation Language，DML）的规范说明，成为数据库发展历史上具有里程碑意义的文献。由于查尔斯·巴赫曼对数据库发展的重要贡献工作，他于 1973 年获得了"图灵奖"。

与层次模型相比，网状模型具有较强的数据建模能力；与关系模型相比，网状模型缺乏形式化基础和操作的代数性质。在某些应用领域，如 CAD/CAM 图形数据库系统中，由于网状数据模型提供了描述三维图形信息的更为自然的结构形式，因此得到了广泛的应用。

我们把用记录类型为结点的网状结构来表示实体与实体间联系的模型称为网状数据模型。在网状数据模型中，用结点表示实体集（记录类型），用带箭头的连线表示实体与实体之间一对一、一对多、多对多的联系关系。图 6-4 给出了一个简单的网状数据模型示意。

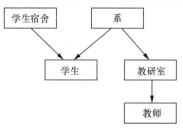

图 6-4　网状数据模型示意

6.2.3 关系数据模型

1970 年，美国 IBM 的研究员埃德加·弗兰克·科德首次提出了数据库系统的关系模型，开创了数据库的关系方法和关系数据理论的研究，为数据库技术奠定了理论基础。由于埃德加·弗兰克·科德的杰出工作，他于 1981 年获得了"图灵奖"。

关系模型及其操作是完全建立在数据的关系理论基础之上的，它是三大经典模型中最晚发展的一种，相对来说也是建模能力最强的一种。目前应用的绝大多数数据库管理系统都是基于关系模型的。

1．关系模型中的一些基本术语

关系模型是通过满足一定条件的二维表来表示数据及数据间关系的一种模型。下面我们从用户的观点来介绍关系模型的一些基本术语。

（1）关系。一个关系，即一张二维表。一张表由若干行和列构成。任意调整表中各行或各列的位置，均不会影响表中所存放的内容。

（2）元组。表中的一行称为一个元组（又称记录）。每个表由一组同类的元组组成。

（3）属性。表中的一列称为一个属性（又称字段）。每个表都有若干个属性，每个属性有其唯一的属性名称。

（4）域。属性中数据的取值范围称为域，同一属性中所有数据必须属于同一数据类型。

（5）关键字（Key）。在一张表中有这样一个或几个字段，它（们）的值可以唯一地标识一条记录，我们称之为关键字。例如，在学生关系中，"学号"就是关键字。

（6）关系模式。关系模式是对关系的描述，包括关系名、组成该关系的属性名。记为

$$关系名(属性名\,1,属性名\,2,\cdots,属性名\,n)$$

例如，下面是"学校教务管理系统"的关系模型。

学生(学号,学生姓名,专业,年级)
课程(课程编号,课程名,学分)
成绩(学号,课程编号,分数)

其中，学生表包含 4 个属性，课程表和成绩表各包含 3 个属性。学生表和课程表描述了现实世界中的实体，而学生与课程之间的联系通过成绩表建立。利用"学生表中的学号=成绩表中的学号"，可以将学生与其成绩对应起来；而通过"成绩表中的课程编号=课程表中的课程编号"，又可将学生与课程连接起来。这样，学生表、课程表和成绩表的所有属性就都可以得到了。

学生表如图 6-5 所示。表中第一行（表头）确定了表的结构，下面 n 行是表的具体数据，一条记录描述了一个学生的基本信息。

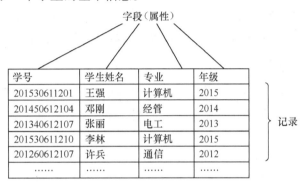

图 6-5　学生表

2. 关系运算

关系数据库中数据操作的特点是集合操作，查询、插入、删除或修改都是面向集合的，即以一个或多个关系作为操作对象，而操作的结果是新的关系。

常用的关系运算分为两类：传统的集合运算和专门的关系运算。

传统的集合运算，如交、并、差、广义笛卡儿积等。这类运算将关系看成元组的集合，其操作是从"行"的角度进行的。有关传统的集合运算这里不再详述。

专门的关系运算，如选择（Selection）、投影（Projection）、连接（Join）等。这类运算是从"行"和"列"两个方向进行的，不仅涉及元组，而且涉及属性。下面分别进行介绍。

（1）选择。选择是指在关系中选择满足某些条件的元组。例如，在"学生表"中找出专业为"计算机"的学生即关系运算。

（2）投影。投影是指在关系中选择某些属性。例如，在"学生表"中找出所有学生的"姓名"和"专业"即投影运算。

（3）连接。连接是指从两个关系的广义笛卡儿积中选取属性间满足一定条件的元组。例如，对"学生表"和"成绩表"做连接运算，连接条件如下。

学生表.学号=成绩表.学号

这里，学号称为连接属性，两个关系中的连接属性应具有相同的数据类型。上例中，连接运算的结果是体现出每个学生成绩情况的新关系。

6.3　数据库语言

每一个数据库管理系统都提供了数据库语言，用户可以由此定义和操纵数据库。数据库语言包括 DDL 和 DML 两部分。在很多数据库管理系统中，DDL 和 DML 是统一的，如关系数据库标准语言 SQL。数据库语言和数据模型密切相关，不同数据模型的数据库系统，其数据库语言也不同。

6.3.1　数据定义语言

数据定义语言（DDL）用来定义数据库的数据模型。它包括数据库模型定义、数据库存储结构和存取方法定义两个方面。DDL 的处理程序也分为两部分：一部分是数据库模型定义处理程序，另一部分是存储结构和存取方法定义处理程序。数据库模型定义处理程序接受用 DDL 描述的数据库模型，将其转换为内部表现形式，称为数据字典。存储结构和存取方法定义处理程序接受用 DDL 描述的数据库存储结构和存取方法定义，在存储设备上创建相关的数据库文件，建立物理数据库。DDL 还包括数据库模型的删除和修改功能。

6.3.2　数据操纵语言

数据操纵语言（DML）用来表达用户对数据库的操作请求。一般来说，DML 能够表示的数据库操作有查询数据库中的信息、向数据库插入新的信息、从数据库中删除信息、修改数据库中的信息等。

DML 分为两类：过程性语言和非过程性语言。过程性语言要求用户给出查找的目标和路径；非过程性语言只要求用户说明查找的目标，不需要说明如何搜索这些数据。非过程性语言易学、易用，但查询效率没有过程性语言高，因此在使用时需要进行查询优化。

6.3.3　SQL

SQL（Structured Query Language）于 1974 年由博伊斯和钱伯林提出，于 1986 年成为美国关系数据库的标准数据库语言，于 1987 年被 ISO 批准为国际标准，目前几乎所有流行的关系数据库管理系统，如 Access、Microsoft SQL Server、Oracle、DB2、MySQL 等都采用 SQL 标准。

SQL 是一个通用的、功能强大的关系数据库语言，其功能包括 4 部分：数据定义、数据查询、数据更新和视图定义。它既可以作为交互式数据库语言使用，也可以作为程序设计语言的子语言使用。

1.　数据定义语句

数据库的定义由 CREATE TABLE（定义关系模式）、ALTER TABLE（修改关系模式）和 DROP TABLE（删除关系模式）3 种语句构成。

【例 6-1】　由下面的语句创建学生表、课程表和成绩表。

学生表表名是 student，语句如下。

```
CREATE  TABLE  student(
s_id  varchar(10)  NOT NULL,    /*varchar 表示可变长度的字符串，NOT NULL 是
                                       完整性约束条件，说明不能为空值*/

s_name  varchar(10)  NOTNULL,
specialty  varchar(20)  NULL,   /*NULL 说明可以为空值*/
grade  varchar(4)  NULL,
)
```

课程表表名是 course，语句如下。

```
CREATE  TABLE  course(
c_id varchar(8)  NOT NULL,
c_name varchar(20)  NOT NULL,
credit varchar(2)  NULL,
)
```

成绩表表名是 score，语句如下。

```
CREATE  TABLE  score(
s_id varchar(10)  NOTNULL,
c_id varchar(8)  NOTNULL,
score  int(3)  NULL,
)
```

2. 数据查询语句

数据库查询是数据库的核心操作。SQL 提供了 SELECT 语句进行数据库查询，其作用是从数据库表中取出符合条件的记录并允许从一个或多个表中选择记录。

【例 6-2】 列出全部学生的所有信息。

```
SELECT  *  FROM  student
```

【例 6-3】 找出所有计算机专业的学生信息。

```
SELECT  *  FROM  student  WHERE  specialty="计算机",
```

若只显示所有同学的学号和姓名，则可用下面的语句。

```
SELECT  s_id, s_name FROM  student  WHERE  specialty="计算机"
```

【例 6-4】 找出"王强"所学课程和他的成绩。

该查询条件为"学生姓名"，查询结果为"课程名"和"分数"，属性涉及 3 个表，需要进行 3 表的连接查询。其查询语句如下。

```
SELECT  c_name, score  FROM  student, course, score  WHERE  s_name="王强"
```

3. 数据更新语句

数据更新语句的作用是在当前表中添加、删除和修改记录，包括 INSERT、DELETE 和 UPDATE 3 种语句。

【例 6-5】 下面的语句将学生"李林"的信息添加到学生表中，在该语句中指定了要插入的学生的"学号、姓名、性别及年龄"。

```
INSERT  INTO  student(s_id, s_name, specialty, s_grade)
VALUES ("1520640101", "李林", "计算机", 2015)
```

【例 6-6】 将计算机导论课程的学分改为 3 分。

```
UPDATE  score  SET  credit=3  WHERE  c_name="计算机导论"
```

【例 6-7】 将所有年级为"2014"的学生从学生表中删除。

```
DELETE  FROM  student  WHERE  grade="2014"
```

4. 视图定义语句

视图实际上是指从一个特定的角度查看数据库中数据后得到的结果。从数据库系统内部来看，视图由一张或多张表中的数据组成，其作用类似于筛选。视图的筛选条件可以来自当前或其他数据库的一张或多张表，甚至可以来自其他视图。SQL 语言提供的视图定义语句是：create view <视图名称> as <查询语句>。

【例 6-8】 定义一个计算机专业学生的视图。

```
create view computerstudent as SELECT * FROM student WHERE  specialty= "计算机"
```

6.4 数据库设计基础

数据库设计是指对于一个给定的应用环境，构造最优的数据库模式，建立数据库及其应用系统，使之能够有效地存储数据，满足各种用户的应用需求。其中，数据库结构设计是整个设计过程的核心和基础，它关系到整个数据库系统的成败。

6.4.1 数据库设计的基本步骤

数据库设计的基本步骤大致可分为需求分析、数据库结构（概念结构、逻辑结构、物理结构）设计、应用程序设计、系统运行与维护等，如图 6-6 所示。

1. 需求分析

需求分析是整个数据库设计过程中最重要的步骤之一，它是后续各阶段的基础。它的主要任务是调查、收集和分析用户对数据库的需求。需求分析阶段的结果是给出用户需求说明书。内容包括反映数据及其处理过程的数据流图、描述数据及其联系的数据字典等。

2. 概念结构设计

将用户的数据需求抽象为概念模型，这种模型是对现实世界的抽象，它与计算机和具体的数据库系统无关，是数据库设计人员为了方便与用户交流而采用的一种描述工具。

在关系数据库设计中，通常采用实体—联系图（Entity-Relationship Diagram，E-R 图）来描述概念模型。其中，方框代表实体，菱形框代表关系，椭圆框代表属性。图 6-7 所示为学校教务管理系统的 E-R 图。

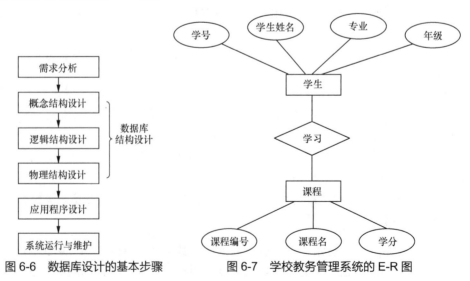

图 6-6　数据库设计的基本步骤　　　　图 6-7　学校教务管理系统的 E-R 图

132

3．逻辑结构设计

逻辑结构设计的任务是把概念结构设计阶段设计好的概念模型 E-R 图，按照一定的方法转换为某个数据库管理系统能支持的数据库逻辑结构（数据模型），如关系模型，并对数据模型进行优化。

将图 6-7 中的 E-R 图转换为关系模型即

学生(学号,学生姓名,专业,年级)

课程(课程编号,课程名,学分)

成绩(学号,课程编号,分数)

对关系数据模型的优化主要根据关系的规范化理论进行，目标是消除冗余和操作异常、保持数据的完整性等。

4．物理结构设计

物理结构设计是在逻辑结构设计的基础上，为每个关系模型选择合适的存储结构和存取方法。每个数据库管理系统都提供了很多存储结构和存取方法供设计者选用。例如，为加快查找速度，我们可以为关系模型创建各种索引或采用 Hash 方法进行存取。

5．应用程序设计

对数据库的操作，除通过查询语言以交互方式进行，更多是将数据库嵌入应用程序使用。一般由专业人员针对用户需求为其开发数据库应用的交互环境，以更加友好的界面和操作方式实现对数据库的操作，而不是直接使用数据库语言操纵数据库。这就要求设计的各种操作界面既接近手动工作的各种表格、单据，又要尽量简单。该阶段的主要任务是对系统功能及数据操作进行分析，按照模块化、结构化程序设计方法对系统的应用功能进行规划并设计实现。

该阶段通常又可分为系统总体设计、系统详细设计、编码实现和系统测试 4 个部分。

6．系统运行与维护

从数据库系统移交给用户使用开始，就进入了系统运行与维护阶段。在这个阶段，系统还有可能出现运行错误或由于使用不当造成系统瘫痪，对所有可能出现的问题，开发人员和使用人员要共同分析原因并及时加以改正。同时，由于时间的变迁，使用者的需求也会发生变化，开发人员应充分考虑使用者的需求，逐渐加以完善和升级。

6.4.2 常用的数据库开发平台

1．Access

Access 是 Windows Office 桌面关系数据库管理系统，它结合了 Microsoft Jet Database Engine 和图形用户界面两项特点，是 Microsoft Office 的成员之一。它提供表、查询、窗体、报表、页、宏和模块 7 种数据库系统对象并提供多种向导、生成器、模板，使数据存储、数据查询、界面设计、报表生成等操作规范化。它为建立功能完善的数据库系统提供了方便，也使得普通用户无须编写代码就可以完成大量的数据管理任务。Access 被广泛运用于日常办公领域，其主要优点是存储方式单一、面向对象、界面友好、易操作、处理多种数据信息、支持开放数据库互联（Open Database Connectivity，ODBC）。但是，Access 是小型数据库，当数据量过大、网站访问频繁或记录数过多时，数据库性能就会有所下降。

2. Visual FoxPro

Visual FoxPro 是 Windows 下的可视化关系数据库开发环境，界面友好、使用简便。其应用程序的开发具有快速、有效、灵活的特点，不过安全性较差，一般可用于小型数据库系统的开发，现在已很少商用。

3. SQL Server

SQL Server 是一个关系数据库管理系统，最初是由微软、Sybase 和 Ashton-Tate 3 家公司共同开发而成的，于 1988 年推出了第一个 OS/2 版本。在 Windows NT 推出后，微软与 Sybase 在 SQL Server 的开发上就分道扬镳了，微软将 SQL Server 移植到 Windows NT 系统上，专注于开发推广 SQL Server 的 Windows NT 版本，而 Sybase 则专注于 SQL Server 在 UNIX 操作系统上的应用。

SQL Server 是一个全面集成的、端到端的数据库解决方案，为企业用户提供安全、可靠和高效的数据库管理平台，多用于企业数据管理和商业智能应用。微软公司之后推出的 SQL Server 2014 数据库，相对于以前的版本（如 SQL Server 2008），SQL Server 2014 对大数据的处理要优越很多，更迎合商业智能（Business Intelligence，BI）。

4. Oracle

Oracle Database 又名 Oracle RDBMS，简称 Oracle，是 Oracle 公司的一款关系数据库管理系统，也是世界上第一个支持 SQL 的数据库，包括 Oracle 数据库服务器和客户端两个部分。Oracle 作为全球最大的数据库厂商之一，其数据库产品在实用性、可扩展性、数据安全性和稳定性方面都表现得十分优秀，因此在大型商用系统，如金融、保险等领域都得到了广泛的应用。

5. DB2

DB2 是美国 IBM 开发的一套关系数据库管理系统，它主要应用于大型应用系统，具有较好的可伸缩性，可支持从大型计算机到单用户环境，应用于几乎所有常见的服务器操作系统平台下，如 UNIX、Linux 及 Windows 服务器的各个版本等。DB2 提供了高层次的数据完整性、安全性、可恢复性，以及从小规模到大规模应用程序的执行能力，具有与平台无关的基本功能和 SQL 命令。

6. MySQL

MySQL 是一种开放源代码的关系数据库管理系统，由瑞典 MySQL AB 公司开发，目前该公司隶属于 Oracle。

MySQL 数据库系统使用最常用的 SQL 命令进行数据库管理，并且由于其体积小、速度快、总体成本低，尤其是开放源代码这一特点，一般中、小型网站的开发都首选 MySQL 作为网站数据库。

小结

（1）数据库技术的发展过程大致分为 3 个阶段，即人工管理阶段、文件系统阶段和数据库系统阶段。

（2）数据库的主要优点包括数据集成，数据共享，数据冗余少，数据的一致性，实施统一标准，统一安全、保密和完整性控制，数据独立，减少应用程序开发与维护的代价，终端用户受益等。

（3）数据库系统（DBS）是指引进数据库技术后的计算机系统。数据库系统一般由数据库（DB）、数据库管理系统（DBMS）、数据库管理员、数据库应用程序，以及用户 5 个部分组成。

（4）一个数据模型通常由 3 部分组成，即对象类型的集合、操作集合和完整性规则集合。数据模型通常可划分为层次模型、网状模型和关系模型 3 类。目前最常用的数据模型是关系模型。

（5）关系模型中的一些基本术语包括关系、元组、属性、域、关键字、关系模式等。常用的关系运算分为两类：传统的集合运算和专门的关系运算。本章要重点理解和掌握的 3 种专门的关系运算是选择（Selection）、投影（Projection）和连接（Join）。

（6）数据库语言包括 DDL 和 DML 两部分。DDL 用来定义数据库的数据模型，它包括数据库模型定义、数据库存储结构和存取方法定义两个方面。DML 用来表达用户对数据库的操作请求，它通常用于实现数据库的查询、添加、删除和修改等操作。在很多数据库管理系统中，DDL 和 DML 是统一的，如关系数据库标准语言 SQL。

（7）SQL 是关系数据库的标准数据库语言，目前几乎所有流行的关系数据库管理系统都采用 SQL 标准。SQL 的功能包括：数据定义、数据查询、数据更新和视图定义 4 部分。它既可以作为交互式数据库语言使用，也可以作为程序设计语言的子语言使用。

（8）数据库设计的基本步骤大致可分为需求分析、数据库结构（概念结构、逻辑结构、物理结构）设计、应用程序设计、系统运行与维护等。其中，数据库结构设计是核心和基础，它关系到整个数据库系统的成败。

（9）目前流行的数据库开发平台包括 Access、Visual FoxPro、SQL Server、Oracle、DB2、MySQL 等。

习题 6

一、单项选择题

1. 最常用的一种基本数据模型是关系数据模型，它的表示采用（　　）。

    A．树　　　　　　　B．网络　　　　　　C．图　　　　　　　　D．二维表

2. 下列有关数据库系统的描述中，正确的是（　　）。

    A．数据库系统避免了一切冗余

    B．数据库系统减少了数据冗余

    C．数据库系统与文件系统相比能管理更多的数据

    D．数据的一致性是指数据类型的一致

3. DB、DBS 和 DBMS 之间的关系是（　　）。

    A．DB 包括 DBS 和 DBMS　　　　　　B．DBS 包括 DB 和 DBMS

    C．DBMS 包括 DB 和 DBS　　　　　　D．三者之间没有必然的联系

4. 数据库管理系统中能实现对数据库中的数据进行查询、插入、修改和删除，这类功能称为（　　）。

  A. 数据定义功能　　　　　　　　B. 数据管理功能

  C. 数据操纵功能　　　　　　　　D. 数据控制功能

5. 对数据库而言，能支持它的各种操作的软件系统称为（　　）。

  A. 命令系统　　　B. 数据库系统　　　C. 操作系统　　　D. 数据管理系统

6. 数据库设计的根本目标是要解决（　　）。

  A. 数据共享问题　　　　　　　　B. 数据安全问题

  C. 大量数据存储问题　　　　　　D. 简化数据维护

7. Microsoft SQL Server 是一种（　　）。

  A. 数据库　　　B. 操作系统　　　C. 数据库系统　　　D. 数据库管理系统

8. 在数据库设计中，在概念设计阶段可以用 E-R 方法设计的图称为（　　）。

  A. 实物图　　　B. 数据流图　　　C. 实体-联系图　　　D. 实体表示图

9. 公司中有多个部门和多名职员，每个职员只能属于一个部门，一个部门可以有多名职员，从职员到部门的联系类型是（　　）。

  A. 一对一　　　B. 一对多　　　C. 多对一　　　D. 多对多

10. 数据库中，数据的物理独立是指（　　）。

  A. 数据库与数据库管理系统的相互独立

  B. 应用程序与 DBMS 的相互独立

  C. 用户的应用程序与存储在磁盘上数据库中的数据是相互独立的

  D. 应用程序与数据库中数据的逻辑结构相互独立

11. 下列有关数据库的描述中，正确的是（　　）。

  A. 数据处理是将信息转化为数据的过程

  B. 数据的物理独立是指当数据的逻辑结构改变时，数据的存储结构不变

  C. 关系中的每一列称为元组，一个元组就是一个字段

  D. DBS 包括 DB 和 DBMS

12. 关系表中的每一横行称为（　　）。

  A. 元组　　　B. 字段　　　C. 属性　　　D. 码

13. 关系数据库管理系统能实现的专门关系运算包括（　　）。

  A. 排序、索引、统计　　　　　　B. 关联、更新、排序

  C. 选择、投影、连接　　　　　　D. 显示、打印、制表

14. 数据库的特点之一是数据的共享，严格来说，数据共享是指（　　）。

  A. 同一个应用中多个程序共享一个数据集合

  B. 多个用户共用同一种语言共享一个数据集合

  C. 多个用户共享一个数据文件

  D. 多种应用、多种语言、多个用户相互覆盖地使用数据集合

15. 关系数据模型可以表示（　　）。

  A. 实体间 $1:1$ 的联系　　　　　B. 实体间 $1:m$ 的联系

  C. 实体间 $n:m$ 的联系　　　　　D. 以上都可以

二、填空题

1. 由计算机、操作系统、DBMS、数据库、应用程序及用户等组成的一个整体称为_____。

2. 数据库技术经历了_____、_____和_____3 个阶段。

3. 数据库技术的奠基人之一埃德加·弗兰克·科德在 1970 年发表过多篇论文，主要叙述的是_____数据模型。

4. 数据的存储结构是指_____。

5. 数据库系统中，数据模型有_____、_____和_____3 种。

6. 在数据库设计中，最常用的数据模型是_____。

7. 图书馆中，一类书有多本，借书的同学有多个，每个同学可以借多本书，一本书也可以被多个同学借，此类型是_____关系。

8. "商品"与"顾客"两个实体之间的联系一般是_____。

9. 关系数据模型上的关系运算分为_____、_____和_____。

10. 如果对一个关系实施了一种关系运算后得到了一个新的关系，而且新的关系中属性个数少于原来关系中的属性个数，则说明所实施的运算关系是_____。

三、简答题

1. 简述数据库技术的发展阶段，以及各阶段的主要特点。

2. 简述数据库的基本概念及其与文件的区别。

3. 什么是数据库系统？它包括哪些组成部分？各部分的功能是什么？

4. 数据模型有哪几种？它们各自有哪些优、缺点？

5. 什么是 SQL？语言具有哪些特点和功能？

6. 数据库系统的开发分为哪几个阶段？各个阶段的主要任务是什么？

第 7 章 软件工程基础

随着人们对软件的依赖逐步增强，对软件的质量提出了更高的要求。几十年来，科学家们致力于探索如何采用更快、更便宜、更规范的技术和工具去开发软件，因为开发高质量的软件不仅是为用户提供产品，更重要的是为用户提供他们所需要的服务。软件工程的作用就是告诉开发人员如何开发有用的软件，以及如何正确地开发软件。所谓有用的软件，即用户所需要的软件；而正确地开发软件，它包括一个过程、一组方法和一系列工具。

本章学习目标

- 理解软件危机、软件工程，以及软件生命周期的基本概念。
- 理解软件开发模型的含义、几种常用开发模型（瀑布、增量、螺旋、喷泉）的基本思想及优、缺点。
- 理解和掌握结构化方法和面向对象方法的基本思想和基本特点。
- 理解和掌握 UML 的相关概念、发展历史及基本组成结构。
- 掌握 UML 9 种模型图的含义和功能。

7.1 软件工程的概念

1968 年，在北大西洋公约组织召开的学术会议上首次提出了软件工程（Software Engineering）的概念并进行了讨论，这在软件技术发展史上是一件划时代的大事。其后的几十年里，有关软件工程的思想、方法和概念不断被提出，软件工程逐步发展成为一门独立的学科，被称为"软件工程方法学"或"软件工程学"。通过半个世纪的实践证明，软件作为人类智慧的产物有其自身独特的性质，软件工程的概念、方法和目标等都在随着的时间的推移而不断发展。因此，认识软件技术过去的发展演变、熟练掌握软件开发的核心技术对进一步发展软件工程是有积极意义的。

本节简要介绍软件工程产生的背景、软件工程的基本概念，以及软件生命周期等内容。

7.1.1 软件工程产生的背景

1. 软件危机的含义

随着计算机应用的日益普及和深入，软件在计算机系统中所占比重不断增加。在美国，20 世纪 50 年代，软件成本大约占计算机系统总成本的 20%，到了 80 年代，软件成本已超过了 80%。软件的规模在不断增大、复杂程度也在不断地提高，包含数百万行代码、耗资几十亿美元、花费数千人员才能开发出来的大型软件,在 20 世纪 70 年代已经不是什么新鲜事了,如 70 年代末期美国的"穿梭号"宇宙飞船的软件规模已达到 4000 万行代码。

20 世纪 50 年代计算机发展初期个人编写小程序的传统方法已不再适合现代大型软件的开发,用传统方法开发出来的许多大型软件甚至根本无法投入使用,结果造成了大量人力、物力和财力的浪费。人们通常将大型软件开发和维护过程中遇到的一系列严重问题称为"软件危机"(Software Crisis)。

2. 软件危机的具体表现

软件危机主要表现在以下几个方面。

(1)软件开发进度难以预测。

(2)软件开发成本难以控制。

(3)用户对产品功能难以满意。

(4)软件产品质量无法保证。

(5)软件产品难以维护。

(6)软件缺少适当的文档资料。

软件危机的出现表明必须寻找新的技术和方法来指导大型软件的开发。人们首先想到的是能不能像传统工程那样,把复杂的软件开发过程划分为一系列活动或步骤,然后去组织或控制这些活动或步骤,再进一步把每个活动或步骤里的任务划分好、组织好,把一个复杂的问题简单化,即用工程化方法来管理软件开发过程。这种思想导致了软件工程学科的产生。

7.1.2 软件工程的基本概念

根据 IEEE 给出的定义,软件工程的基本概念如下。

(1)将系统化、严格约束的、可量化的方法应用于软件的开发、运行和维护,即将工程化应用于软件。

(2)将工程化应用于软件的方法的研究。

需要注意的是,软件工程实际上是从两个层面来定义的。

首先,软件工程是工程领域的一个分支,因此系统工程中的一些概念、原理和方法也同样适用于软件工程。例如,软件工程所针对的实体是计算机软件,软件有生产过程,而过程由一系列有序活动组成,软件生产过程也应该有生产过程模型等。

其次,软件工程是一门学科,它研究如何将软件开发工程化的方法和技术,目标是使软件生产工程化,即像工业生产那样生产计算机软件产品。

7.1.3 软件生命周期

在一般工程中,各种有形产品都存在生命周期。同样地,为了用工程化方式有效地管理软件产品,就逐步形成了"软件生命周期"的概念,即它是一个从用户需求开始,经过开发、交付使用,在使用中不断地修订、升级,直至让位于新的软件的全过程。

简而言之,软件生命周期就是软件产品从考虑其概念开始,到该软件产品消亡为止的整个时期。一般包含概念阶段、需求分析阶段、设计阶段、实现阶段、测试阶段、交付使用阶段,以及维护阶段。从经济学的意义上讲,考虑到软件的维护费用要远高于软件开发的费用，因而开发软件不能只考虑开发期间的费用，而应考虑整个软件生命周期的全部费用。因此，软件生命周期的概念就显得尤为重要。

7.2　软件开发模型

软件开发模型可定义为"软件开发全部过程、活动和任务的结构框架"。软件开发模型能清晰、直观地表达软件开发的全过程，它明确规定了要完成的主要活动和任务，是软件项目开发工作的基础。几十年来，软件开发模型有了很大的发展，提出了一系列模型以满足软件开发的需要。对于不同的软件系统，可能会采用不同的开发方法、使用不同的程序设计语言、采取不同的管理方法和手段等，它还应允许采用不同的软件工具和不同的软件工程环境。

本节简要介绍软件开发的几种常用模型。

7.2.1　瀑布模型

瀑布模型（Waterfall Model）是1970年由温斯顿·罗伊斯提出的软件开发模型，也是最早出现的软件开发模型。它将软件开发过程中的各项活动规定为依固定顺序连接的若干阶段工作，最终得到软件系统或软件产品。瀑布模型将软件开发过程划分成若干个相互区别而又彼此联系的阶段，通常把瀑布模型的全过程归结为3个阶段（即定义阶段、开发阶段、维护阶段）、6个活动（即软件计划、需求分析、软件设计、程序编码、软件测试和运行维护），如图7-1所示。

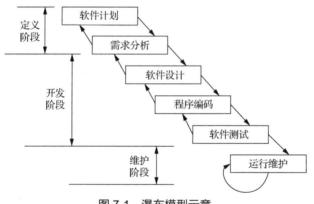

图 7-1　瀑布模型示意

瀑布模型中每个阶段的工作都以上一个阶段工作的结果为依据，同时又为下一个阶段的工作提供了前提。它们自上而下、逐级下落、相互衔接，如同瀑布流水。然而，瀑布模型在实践中也逐渐暴露出了它的不足和问题，如各项活动实际并非完全是自上而下呈线性变化的，由于是固定的顺序，前期阶段工作中所造成的差错越拖到后期阶段，则造成的损失和影响也越大，为了纠正差错而花费的代价也越大。

7.2.2　增量模型

增量模型（Incremental Model）是把待开发的软件系统模块化，将每个模块作为一个增量组件，从而分批次地分析、设计、编码和测试这些增量组件。运用增量模型的软件开发过程是递增式过程。采用增量模型进行开发，开发人员不需要一次性地把整个软件产品交付给用户，而是可以分批次进行交付，如图 7-2 所示。

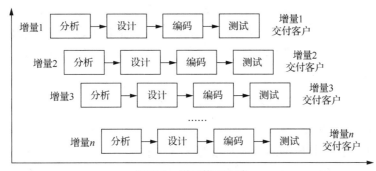

图 7-2 增量模型示意

增量模型在面向市场的产品开发中是很有用的，因为很多新技术、新需求都是不完善的，不能等到它们完善以后才着手进行产品开发，否则市场可能已经被其他公司占领了。所以为了抢占市场，必须尽快开发出产品来，而此时采用增量模型开发，就可以很好地解决上述矛盾。在增量开发初期，人力、物力等投资成本都可适当进行控制，后期随着市场需求的不断获取、新技术的逐步完善，以及新产品投放市场后，再加大投入。因此，增量模型可以有效地管理和控制软件开发的风险。

7.2.3 螺旋模型

螺旋模型可以看作瀑布模型和增量模型的结合。之所以称为螺旋模型，是因为它像螺旋一样不断迭代，又像螺旋一样不断前进，即每次迭代都不是在原有水平上进行的，如图 7-3 所示。

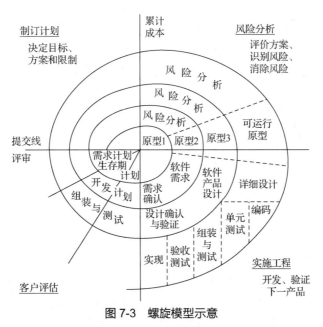

图 7-3 螺旋模型示意

与增量模型相似，螺旋模型也要对系统目标进行分解，规定每一次螺旋周期（每个版本）的目标。在每一次螺旋周期的开发中采用简化的瀑布模型并且加入风险分析和原型化的方法，然后用一次次螺旋上升的迭代实现最终目标。它的每次迭代都用版本的升级来实现，新的版本既弥补了旧版本中的缺陷，又加入了新的产品特性，从而进一步完善了产品。

螺旋模型很好地将瀑布模型和增量模型的优点结合了起来，以应对系统需求、技术和环境不断变化的情况，同时能很好地管理软件开发的过程，它更适合大型软件的开发。但是这种循环迭代的风险也较大，因此风险识别与防范是关键。

7.2.4 喷泉模型

喷泉模型（Fountain Model）主要用于采用面向对象技术的软件开发项目，是典型的面向对象的生命周期模型，如图 7-4 所示。"喷泉"这个词体现了面向对象软件开发过程中"迭代"和"无间隙"的特性。

"迭代"是指重复反馈过程的活动，是面向对象软件开发过程中普遍存在的一种内在属性，主要就是为了逼近所需目标或结果，这在软件开发过程的各个阶段之间或一个阶段内各个工作步骤之间十分常见。"无间隙"是指在各项活动之间无明显边界，如分析和设计等活动之间就没有明显的界限。由于对象概念的引入，表达分析、设计、实现等活动只用对象、类和关系，从而可以较为容易地实现活动的迭代和无间隙。

喷泉模型不像瀑布模型那样，需要分析活动结束后才开始设计活动、设计活动结束后才开始编码活动。该模型的各个阶段没有明显的界限，开发人员可以同步进

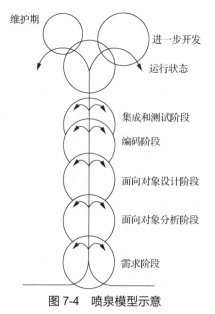

图 7-4 喷泉模型示意

行开发，这样可以提高软件项目开发效率、节省开发时间。但由于喷泉模型各个开发阶段是重叠的，因此在开发过程中需要大量的开发人员，不利于项目的管理。此外，这种模型要求严格管理文档，使得审核的难度加大，尤其是面对可能随时加入各种信息、需求与资料的情况。

7.3 软件开发方法

由于软件和程序是两个不同的概念，因此软件开发方法与程序设计方法亦是不同的概念。软件开发是一项复杂的系统工程，几十年来，不少专家、学者和实际开发人员提出了不少的方法，其中结构化方法和面向对象方法得到了较为广泛的应用并取得了较好的效果。本节简要介绍这两种方法。

7.3.1 结构化方法

软件是 20 世纪 60 年代中后期才诞生的新的产物，但是发展得十分迅速。由于人们缺乏开发大规模软件的经验，软件发展初期曾呈现出较为混乱的状态，也一度出现了软件危机。软件生命周期的概念被提出后，软件的开发开始有章可循。基于软件生命周期的结构化方法的出现更是为成功开发大型软件奠定了基础。

前面已经提到，软件生命周期强调将整个软件的开发过程分解为若干个阶段并对每个阶段的目标、任务、方法做出规定，使整个软件的开发过程具有合理的组织和科学的秩序。结构化方法是指运用一系列标准、规范、方法和技术来完成软件开发中的各阶段的工作，从而完成一个或多个任务。结构化方法主要包括系统分析阶段的结构化分析（Structured Analysis，SA）、系统设计阶段的结构化设计（Structured Design，SD）、系统实现阶段的结构化程序设计（Structured Programming，SP）。

SA 一般利用图形表达用户需求，使用的手段主要有数据流图、数据字典、结构化语言、判定表，以及判定树等。

SD 通常与 SA 结合起来使用，它以数据流图为基础来得到软件的模块结构。SD 尤其适用于变换型结构和事务型结构的目标系统，在设计过程中利用模块结构图来表述程序模块之间的关系。

SP 是按照模块划分原则，以提高程序可读性和易维护性、可调试性和可扩充性为目标的一种程序设计方法。在 SP 中只允许 3 种基本的程序结构，即顺序结构、分支结构和循环结构，仅由这 3 种基本结构组成的程序称为结构化程序。SP 一般适用于程序规模较大的情况。

7.3.2　面向对象方法

结构化方法要么是面向数据的，要么是面向行为（数据操作）的，这种把数据和操作分离的方式导致结构化方法难免具有一定的缺点。从本质上讲，一个软件系统就是一个数据处理系统，离开了操作便无法处理数据，同样地，离开了数据的操作也是毫无意义的。在这种背景下，面向对象方法应运而生。

面向对象方法（Object-Oriented Method，OO Method）是一种围绕对象进行系统分析和系统设计、用面向对象的工具建立系统的方法。所谓"面向对象"，就是以对象为中心、以类和继承为构造机制来认识、理解和描述客观世界并设计、构造出相应的软件系统。用面向对象方法开发的软件与传统的软件相比，软件本身的内容结构发生了质的变化，其复用性和易扩展性都得到了很大的提高，而且还能适应需求的变化。面向对象方法起源于 20世纪 60 年代的面向对象的编程语言，到了 20 世纪 80 年代后期至 90 年代，面向对象方法的重点已经从语言转移到了设计方法学方面，其中具有代表性的成果有：面向对象分析（Object-Oriented Analysis，OOA）、面向对象设计（Object-Oriented Design，OOD）、面向对象程序设计（OOP）。

OOA 从问题陈述入手，理解系统待开发的功能需求并描绘出这些需求，建立起问题的分析模型。

OOD 对 OOA 的结果做进一步的规范化整理，将 OOA 创建的分析模型转化为设计模型，以便被 OOP 直接接受。值得注意的是，与传统的软件开发方法不同，OOA 和 OOD 之间并没有明确的分界线，它们往往反复迭代地进行。在 OOA 时主要考虑系统"做什么"，而不关心系统如何实现，在 OOD 时主要解决系统"如何做"。

OOP 的本质是一种编程思想，它以对象为核心，认为程序由一系列对象组成，通过把客观世界中的实体抽象为问题域中的对象并让对象之间通过消息传递来相互通信，从而模拟现实世界中不同实体间的联系。该方法最大的优点就是尽可能地模拟人类的思维方式，使得软件的开发方法与过程尽可能地接近人类认识世界、解决现实问题的方法和过程，即使得描述问题的问题空间与问题的解决方案空间在结构上尽可能一致。

7.4 统一建模语言

随着面向对象方法的出现和种类的不断增多，使用何种开发方法往往成为困扰软件设计人员的一大难题，这也妨碍了不同项目开发组之间的交流。因此，一种标准统一的、综合了各种开发方法长处的建模语言——统一建模语言（Unified Modeling Language，UML）应运而生。本节主要介绍 UML 的基本概念、发展历史、主要功能，以及基本组成结构等内容。

7.4.1 UML 的基本概念

UML 是一种通用的、用于对实际问题建立一个易于实现的、以图形化为主的、关于模型的标准建模语言，也是一种富有表达力的、绘制软件蓝图的标准语言。简单地说，UML 能让系统构造者用标准的、易于理解的方式建立起能够表达出他们想象力的系统蓝图，同时提供一种机制，以便于不同的人之间有效地共享和交流设计结果。UML 是由信息系统和面向对象领域的 3 位著名的专家格雷迪·布奇、詹姆斯·朗博和伊瓦尔·雅各布森共同提出的，目前已经得到了广泛的支持和应用并且已被 ISO 发布为国际标准。

UML 并不是一种程序设计语言，而是一种可视化建模语言。之所以称它为语言，是因为 UML 提供了一整套用于交流的词汇及规则，从而方便不同用户与同一软件进行无障碍的交流，使不同的用户对于同一事物产生相同的认识。

UML 是独立于过程的，它适用于各种软件开发方法、软件生命周期的各个阶段和各种应用领域。UML 并没有定义一种标准的开发过程，但它更适用于迭代式开发过程，它是为支持当今大部分面向对象的开发过程而设计的。

7.4.2 UML 的产生和发展

公认的面向对象建模语言出现于 20 世纪 70 年代中期，到了 80 年代末发展得极为迅速。据统计，从 1989 年到 1994 年，面向对象建模语言的数量从不到 10 种增加到了 50 多种。各类语言的创造者都极力推崇自己的语言并不断地加以发展和完善。90 年代中，一批新的软件工程方法出现了，其中最引人注目的是格雷迪·布奇的 Booch 方法、詹姆斯·朗博的对象建模技术（Object Modeling Technique，OMT）方法，以及伊瓦尔·雅各布森的面向对象的软件工程（Object-Oriented Software Engineering，OOSE）方法。

格雷迪·布奇是面向对象方法最早的倡导者之一，他提出的 Booch 方法是一种主要面向设计的方法。Booch 方法特别注重对系统内对象之间相互行为的描述，注重可交流性和图示表达，并且把几类不同的图表（如类图、状态图、对象图、交互图、模块图和进程图）有机地结合在一起，贯穿于从逻辑设计到物理实现的整个开发过程，以反映系统的各个部分是如何相互联系、相互影响的。因此，Booch 方法非常适合系统的设计和构造。

IBM 面向对象建模工具的首席专家詹姆斯·朗博于 1991 年提出了 OMT 方法。该方法包含一整套面向对象的概念和独立于语言的图示符号，可用于分析问题需求和设计问题的解法。OMT 方法使用用例（Use Case）模型、对象模型、动态模型、功能模型等共同完成对整个系统的建模，所定义的概念和符号也可用于软件系统开发全过程，因此特别适合分析和描述以数据为中心的信息系统。

瑞典计算机科学家伊瓦尔·雅各布森于 1994 年提出了 OOSE 方法，其最大特点是面向用例并在用例的描述中引入了外部角色的概念。因此，OOSE 比较适合支持商业工程和需求分析。

总地来说，面对众多各有千秋的建模语言，用户很难区分不同语言之间的差别，也并不知道使用哪种建模语言最好。此外，虽然不同的建模语言大多类同，但仍存在某些细微的差别，从而妨碍了用户之间的沟通和交流。因此在客观上，极有必要在精心比较不同建模语言的优、缺点及总结面向对象技术应用实践经验的基础上，组织联合设计小组，根据应用需求，取其精华、求同存异，对建模语言进行统一。

1994 年 10 月，布奇和朗博开始致力于这一统一工作。1995 年 10 月，布奇和朗博联合推出了 Unified Method 0.8 版本，即 UM 0.8，但这个方法仅仅是 OMT 方法和 Booch 方法的统一。1995 年秋，OOSE 的创始人雅各布森加入了布奇和朗博所在的 Rational 软件公司，经过三人的共同努力，于 1996 年 6 月和 10 月分别发布了两个新的版本，即 UML 0.9 和 UML 0.91 并将 UM 重新命名为 UML；1997 年 1 月和 9 月又陆续推出了 UML 1.0 和 UML 1.1 两个版本。1997 年 11 月 17 日，对象管理组织（Object Management Group，OMG）宣布接受 UML，认定其为标准的建模语言。目前 UML 仍在不断地发展和完善。

7.4.3　UML 的主要功能

概括来讲，UML 主要具有以下 3 个主要功能。

1. 为软件系统建立可视化模型

模型是系统的蓝图，它可以帮助开发人员规划要创建的系统。有了正确的模型才可以实现正确的系统设计，从而保证用户的各种需求得到满足。对于一个软件系统，模型就是开发人员为系统设计的一组视图，这组视图不仅描述了用户需要的功能，还描述了怎样去实现这些功能。UML 恰恰就是基于可视化模型来为系统建模的，使系统结构直观、易于理解并且不会产生歧义。使用 UML 进行软件建模，不仅有利于系统开发人员和系统用户的交流，从长远来看还有利于系统的维护。

2. 为软件系统建立组件

UML 不是面向对象的编程语言，但它的模型可以直接对应各种各样的编程语言。例如，它可以使用代码生成器工具将 UML 模型转换为多种程序设计语言的源代码，如可生成 C++、XML、Java、Delphi 等语言的代码，也可以使用逆向生成器工具将程序源代码转换为 UML 的模型图，甚至还可以生成关系数据库中的表。

3. 为软件系统建立文档

UML 可以为系统的体系架构及其所有细节建立文档，不同的 UML 模型图可以作为项目不同阶段的软件开发文档。

7.4.4　UML 的组成

UML 主要由构造块（Building Block）、规则、通用机制 3 部分组成，如图 7-5 所示。

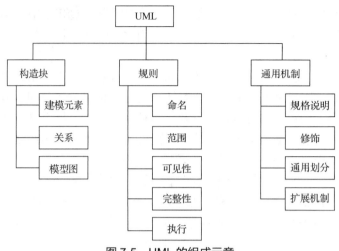

图 7-5　UML 的组成示意

1. 构造块

UML 构造块又由建模元素（Thing）、关系（Relationship）和模型图（Diagram）组成。

（1）建模元素。建模元素是对模型中最具有代表性的成分的抽象。一般情况下，将建模元素分为结构元素、行为元素、分组元素，以及注释元素。

① 结构元素。结构元素是模型的基本物理元素，它有 7 种类型，分别是类、对象、组件（Component）、接口（Interface）、用例、结点（Node）和协作（Collaboration）。在 UML 中，这 7 种元素都有自己的图形符号，用于组成各种图，描述系统功能。

② 行为元素。行为元素是 UML 中的动词，它是模型中的动态部分。交互和状态机是 UML 中基本的动态行为元素，它们通常与其他结构元素连接在一起。

③ 分组元素。分组元素是 UML 中的容器，主要用来组织模型，使模型更具结构性。最常用的分组元素是包（Packet）。

④ 注释元素。注释元素是 UML 中的解释部分，与代码中的注释语句一样，是用来描述模型的。

（2）关系。建模元素之间包含着多种关系，UML 中将关系分为 4 种：依赖关系、关联关系、泛化关系和实现关系。

（3）模型图。最初，UML 1.0 定义了 9 种模型图，即用例图（Use Case Diagram）、类图（Class Diagram）、对象图（Object Diagram）、状态图（State Diagram）、活动图（Activity Diagram）、时序图（Sequence Diagram）、协作图（Collaboration Diagram）、组件图（Component Diagram）和部署图（Deployment Diagram）。后来，UML 2.0 又增加了组合结构图、定时图和交互概览图等，下面只简要介绍 9 种最基本模型图的含义。

① 用例图。用例图主要用于描述角色（Actor），以及角色与用例之间的连接关系，说明的是谁要使用系统，以及他们使用该系统可以做些什么。一个用例图包含多个建模元素，如系统、参与者和用例，同时显示了这些元素之间的各种关系，如包含、扩展等，如图 7-6 所示。

② 类图。类图是描述系统中的类，以及各个类之间关系的静态视图，如图 7-7、图 7-8 所示。类图属于一种静态模型，能够让用户在编写代码之前对系统有一个全面的、客观的认识。

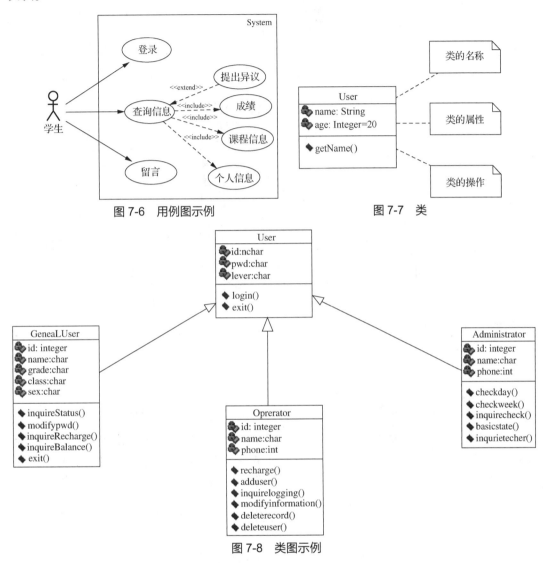

图 7-6 用例图示例   图 7-7 类

图 7-8 类图示例

③ 对象图。对象图可被看作类图的实例，如图 7-9 所示，显示系统中的各个对象在某一时刻的状态及它们之间的关系。对象图描述的不是类之间的关系，而是对象之间的关系。

④ 状态图。状态图是对类图的补充，它描述类的对象在其生命周期内所有可能的状态，以及事件发生时状态的转移条件，如图 7-10 所示。一个事件可以是另一个对象向它发送的一条消息或者是满足了某些条件。状态的改变称为迁移，一个状态迁移还可以有与之相关的动作，该动作指出状态迁移时应做什么。

⑤ 活动图。活动图对于系统的建模功能十分重要，其本质上是一种流程图。活动图着重描述了满足用例要求所要进行的一系列活动，以及活动间的约束关系，同时有利于识别哪些活动是并行活动，如图 7-11 所示。

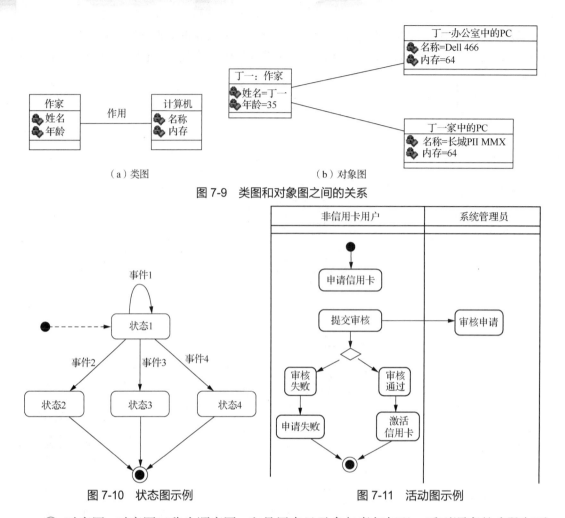

（a）类图　　　　　　　　　　　（b）对象图

图 7-9　类图和对象图之间的关系

图 7-10　状态图示例　　　　　　　图 7-11　活动图示例

⑥ 时序图。时序图又称为顺序图，它是用来显示参与者如何以一系列顺序的步骤与系统的对象进行交互的模型，如图 7-12 所示。时序图也可以用来显示对象之间是如何进行交互的，其显示的重点放在消息序列上，即强调消息是如何在对象之间被发送和被接收的。

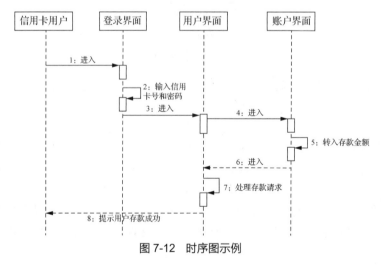

图 7-12　时序图示例

⑦ 协作图。与时序图类似，协作图也显示对象间的动态协作关系，它除说明消息的相互作用，还显示对象间的关系，如图 7-13 所示，我们通常将这两种图统称为交互图。值得一提的是，软件建模中，时序图和协作图只选择其中之一即可，如果强调时间和顺序，则使用时序图；如果强调上下级关系，则选择协作图。

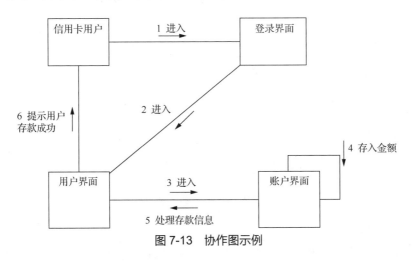

图 7-13 协作图示例

⑧ 组件图。组件图又称为构件图，主要用于描述代码组件的物理结构，以及各种组件之间的依赖关系。在组件图中，组件是软件系统设计和实现时的一个模块化部分，它既可以是一个文件，也可以是一个可运行的程序，还可以是一个脚本等，如图 7-14 所示。

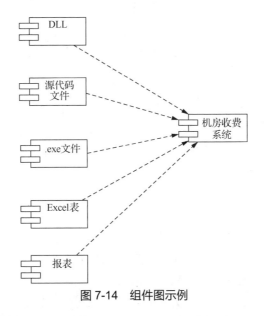

图 7-14 组件图示例

⑨ 部署图。部署图又称为配置图，主要用于描述系统中硬件和软件的物理结构，如计算机和设备，以及它们之间是如何连接的，如图 7-15 所示。部署图的使用者可以是开发人员、系统集成人员和测试人员。值得注意的是，组件图和部署图都是用来对系统的物理方

面进行建模的，但组件图更关注系统的物理组织结构，而部署图则侧重于系统安装、部署的拓扑（Topology）结构。

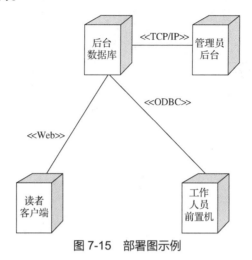

图 7-15　部署图示例

2. 规则

UML 的各种构造块不能随机地摆放在一起，结构良好的模型应该在语义上保持一致并且与所有的相关模型协调一致。UML 有自己的语法和语义规则，主要体现在以下几个方面。

（1）命名——任何一个 UML 成员都必须包含一个名字。

（2）范围——UML 成员所定义的内容起作用的上下文环境。

（3）可见性——UML 成员能被其他成员引用的方式。

（4）完整性——UML 成员之间互相连接的合法性和一致性。

（5）执行——UML 成员在运行时的特性。

3. 通用机制

UML 提供了 4 种通用机制，它们一直被运用到模型中，描述了要达到面向对象建模目的的 4 种策略并在 UML 的不同语境下被反复运用，使得 UML 更易于使用。这 4 种机制分别是规格说明（Specification）、修饰（Adornments）、通用划分（Common Divisions）和扩展机制（Extensibility Mechanisms）。

小结

（1）人们通常将大型软件开发和维护过程中遇到的一系列严重问题称为"软件危机"。软件危机的具体表现：软件开发进度难以预测、软件开发成本难以控制、用户对产品功能难以满意、软件产品质量无法保证、软件产品难以维护、软件缺少适当的文档资料等。

（2）软件工程包含两层含义：一方面软件工程是工程领域的一个分支，因此系统工程中的一些概念、原理和方法也同样适用于软件工程；另一方面软件工程是一门学科，是研究如何将软件开发工程化的方法和技术，目标是软件生产工程化。

（3）软件生命周期就是软件产品从考虑其概念开始，到该软件产品消亡为止的整个时期。一般包含概念阶段、需求分析阶段、设计阶段、实现阶段、测试阶段、交付使用阶段，以及维护阶段。

（4）软件开发模型可定义为"软件开发全部过程、活动和任务的结构框架"。软件开发模型主要有瀑布模型、增量模型、螺旋模型和喷泉模型等。

（5）结构化方法是指应用一系列标准、规范、方法和技术来完成软件开发中的各阶段的工作，从而完成一个或多个任务。结构化方法主要包括结构化分析（SA）、结构化设计（SD）、结构化程序设计（SP）。

（6）面向对象法是一种围绕对象进行系统分析和系统设计、用面向对象的工具建立系统的方法。面向对象方法最具代表性的成果包括：面向对象分析（OOA）、面向对象设计（OOD）、面向对象程序设计（OOP）。

（7）UML 是一种通用的、用于对实际问题建立一个易于实现的、以图形化为主的、关于模型的标准建模语言，也是一种富有表达力的、绘制软件蓝图的标准语言。

（8）UML 主要具有 3 个主动功能：为软件系统建立可视化模型、为软件系统建立组件、为软件系统建立文档。

（9）UML 主要由构造块、规则、通用机制 3 部分组成。

习题 7

一、单项选择题

1. 软件危机产生的主要原因是（　　）。
   A. 软件工具落后　　　　　　　　B. 软件生产能力不足
   C. 对软件认识不够　　　　　　　D. 软件本身的特点及开发方法

2. 下列不属于软件工程目标的是（　　）。
   A. 提高软件产品的质量　　　　　B. 提高软件产品的可靠性
   C. 减少软件产品的需求　　　　　D. 控制软件产品的开发成本

3. 人们公认的第一门面向对象的编程语言是（　　）。
   A. Simula　　　　B. Smalltalk　　　C. C++　　　　　　D. Java

4. 下列选项中，（　　）不是面向对象方法的相关原则。
   A. 封装　　　　　B. 继承　　　　　C. 多态　　　　　　D. 结构

5. 下列选项中，不属于面向对象方法的优势的是（　　）。
   A. 复用性强　　　　　　　　　　B. 改善了软件结构
   C. 软件执行效率更高　　　　　　D. 抽象更符合人类的思维习惯

6. 下列关于瀑布模型正确的是（　　）。
   A. 瀑布模型的核心是按照软件开发的时间顺序将问题简化
   B. 瀑布模型具有良好的灵活性
   C. 瀑布模型采用结构化的分析与设计方法，将逻辑实现与物理实现分开
   D. 利用瀑布模型，如果发现问题，修改的代价很小

7. 当没有足够的人员在开发期限内开发完整的产品或者由于不可克服的客观原因而把交付期限规定得太短时，应选用（　　）。

A. 瀑布模型　　　　B. 增量模型　　　　C. 螺旋模型　　　　D. 快速原型模型

8. 下列关于模型的表述，不正确的是（　　　）。

A. 系统描绘的系统蓝图既可以包括详细的计划，也可以包括系统的总体计划

B. 模型可以帮助开发组生成有用的工作产品

C. 建模语言只能是用图形表示的

D. 好的模型总是与现实世界联系密切

9. UML 主要应用于（　　　）。

A. 基于螺旋模型的结构化开发方法　　B. 基于需求动态定义的原型化方法

C. 基于数据的数据流开发方法　　　　D. 基于对象的面向对象方法

10. 下列面向对象方法中不是 UML 所融合的方法是（　　　）。

A. Booch　　　　B. OOSE　　　　C. OMT　　　　D. Coad/Yourdon

11. 下列表述中不属于 UML 目标的是（　　　）。

A. 为建模者提供可用的、富有表达力的、可视化的建模语言

B. 支持独立于编程语言和开发过程的规范

C. 成为一门独立的编程语言

D. 推动面向对象建模工具市场的成长

12. 下列不属于构成用例图的要素的是（　　　）。

A. 包含　　　　B. 参与者　　　　C. 用例　　　　D. 关系

13. 下列关于类和对象的关系的描述中，错误的是（　　　）。

A. 每个对象都是某个类的实例

B. 每个类某一时刻必定存在对象实体

C. 类是静态的描述

D. 类之间可能存在关联关系，对象之间也可能存在

14. 时序图中的消息是以（　　　）顺序排列的。

A. 时间　　　　B. 调用　　　　C. 发送者　　　　D. 接收者

15. 下列 UML 图中与协作图建模的内容相同的是（　　　）。

A. 类图　　　　B. 用例图　　　　C. 时序图　　　　D. 状态图

16. 下列建模需求中，适合使用活动图来实现的是（　　　）。

A. 对体系结构建模　　　　　　　　B. 对消息流程建模

C. 对业务流程建模　　　　　　　　D. 对数据库建模

17. 关于部署图，下列说法错误的是（　　　）。

A. 部署图又叫配置图

B. 描述系统中硬件和软件的物理配置情况和系统体系结构

C. 用结点表示实际的物理配置

D. 部署图是动态图

二、填空题

1. 软件生存周期一般可分为＿＿＿＿＿、＿＿＿＿＿、＿＿＿＿＿、＿＿＿＿＿、＿＿＿＿＿、交付使用阶段和维护阶段。

2. _____模型由需求分析、风险分析、实施开发和计划评审 4 个部分组成，主要用于大型软件开发；而_____模型是一种以需求分析为动力、以对象为驱动的模型。

3. 结构化方法由_____、_____、_____构成，它是一种面向数据流的开发方法。

4. UML 的全称是_____，它主要由_____方法、_____方法和_____方法融合而成。

5. UML 包括_____、_____和_____3 个部分。

6. 用例图两个最核心的元素是_____和_____。

7. 在 UML 的图形表示中，类是由_____、_____和_____3 个部分组成的。

8. UML 模型图中通常将_____图和_____图统称为交互图。

9. 描述一个对象生命周期的模型图是_____。

10. UML 中将关系分为 4 种，分别是_____关系、_____关系、_____关系和_____关系。

11. UML 分析和设计模型由用例模型、静态模型和动态模型 3 类模型表示，其中静态模型由_____图、_____图、_____图和_____图组成；动态模型由_____图、_____图、_____图和_____图组成。

三、简答题

1. 什么是软件危机？软件危机主要表现在哪些方面？

2. 什么是软件工程？什么是软件生命周期？软件生命周期主要分为哪几个阶段？

3. 简述结构化方法和面向对象方法的主要区别。

4. 面向对象方法有哪些特点？

5. 什么是模型？为什么为软件建模非常重要？

6. 什么是 UML？了解 UML 的发展历程，并简述 UML 出现的意义。

7. 什么是用例图？用例图有什么作用？

8. 什么是类图？简述类图的组成部分。

9. 简述时序图和协作图的异同。

10. 简述组件图和部署图的异同。

第 **8** 章 计算机网络技术基础

计算机网络是当今较热门的研究方向之一，在过去的几十年里也取得了长足的发展。近十几年，互联网日益深入千家万户，网络已经成为一种社会范围的、快速且经济的存取信息的必要手段。因此，网络技术对未来的信息产业乃至整个社会都将产生深远的影响。

本章学习目标

- 了解计算机网络产生的历史背景及发展的 4 个阶段。
- 理解和掌握计算机网络的功能、分类和拓扑结构。
- 理解和掌握网络体系结构和网络协议的概念。
- 掌握 OSI 参考模型的层次结构和各层的功能。
- 掌握 OSI 参考模型与 TCP/IP 参考模型的层次对应关系。
- 理解局域网的基本概念、特点及基本组成。
- 理解局域网体系结构及 IEEE 802 标准。
- 理解 Internet 产生和发展的历史背景及主要服务。
- 掌握 IP 地址的含义、表示方法和分类。
- 掌握无线网络、蓝牙和 Wi-Fi 的含义及主要特点。

8.1 计算机网络的产生与发展

计算机网络是现代通信技术与计算机技术相结合的产物。网络技术的进步正在对当前信息产业的发展产生重要的影响。纵观计算机网络的发展历史可以发现，它和其他事物的发展一样，也经历了从简单到复杂、从低级到高级、从单机到多机的过程。在这一过程中，计算机技术和通信技术紧密结合，相互促进、共同发展，最终产生了计算机网络。计算机网络的发展大体上可以分为 4 个阶段：面向终端的通信网络阶段、计算机与计算机互联阶段、计算机网络互联阶段、Internet 与高速网络阶段。

1. 面向终端的通信网络阶段

1946 年，世界上第一台通用电子数字计算机 ENIAC 的问世是人类历史上具有划时代意义的里程碑，但最初的计算机数量稀少且非常昂贵。当时的计算机大都采用批处理方式，用户使用计算机首先要将程序和数据制成纸带或卡片，再发送给中心计算机进行处理。1954年，出现了一种被称为收发器（Transceiver）的功能，人们使用这种终端首次实现了将穿孔卡片上的数据通过电话线路发送给远地的计算机。此后，电传打字机也作为远程终端和计算机相连，用户可以在远地电传打字机上输入自己的程序，而计算机计算出来的结果也可以传送到远地电传打字机上并打印出来，计算机网络的基本原型就这样诞生了。

由于当初的计算机是为批处理而设计的，因此当计算机和远程终端相连时，必须在计算机上增加一个被称为线路控制器（Line Controller）的接口。随着远程终端数量的增加，为了避免一台计算机使用多个线路控制器，在 20 世纪 60 年代初期，出现了多重线路控制器（Multiple Line Controller），它可以和多个远程终端相连接，这样就构成了面向终端的第一代计算机网络。

在第一代计算机网络中，一台计算机与多台用户终端相连接，用户通过终端命令以交互的方式使用计算机系统，从而将单一计算机系统的各种资源分散到多个用户手中，极大地提高了资源的利用率，同时极大地刺激了用户使用计算机的热情，在一段时间内，计算机用户的数量迅速增加。但这种网络系统也存在着两个缺点：一是其主机系统的负荷较重，既要承担数据处理任务，又要承担通信任务，这样就导致了系统响应时间过长；二是对远程终端来说，一条通信线路只能与一个终端相连，通信线路的利用率较低。由此，又出现了多机联机系统，这种系统的主要特点是在主机和通信线路之间设置前端处理机（Front End Processor，FEP），如图 8-1（a）所示。它承担所有的通信任务，这样就减轻了主机的负荷，大大提高了主机处理数据的效率。另外，在远程终端较密集处，增加了一个被称为集中器（Concentrator）的设备。集中器的一端用低速线路与多个终端相连，另一端则用一条较高速的线路与主机相连，如图 8-1（b）所示，这样就实现了多台终端共享一条通信线路，提高了通信线路的利用率。

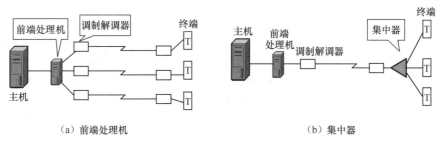

（a）前端处理机　　　　　　　　　　　　　　　（b）集中器

图 8-1　面向终端的通信网络系统示意

多机联机系统的典型代表为 1963 年在美国投入使用的航空订票系统——SABRAI，其中心是设在纽约的一台中央计算机，2000 个售票终端遍布美国全国，使用通信线路与中央计算机相连。

2. 计算机与计算机互联阶段

随着计算机应用的发展，以及计算机的普及和价格的降低，出现了多台计算机互联的需求。这种需求主要来自军事、科学研究、地区与国家经济信息分析决策、大型企业经营管理等领域。人们希望将分布在不同地点且具有独立功能的计算机通过通信线路互联起来，彼此交换数据、传递信息，如图 8-2 所示。网络用户可以通过计算机使用本地计算机的软件、硬件与数据资源，也可以使用联网的

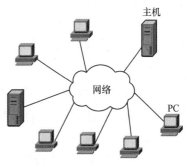

图 8-2　计算机与计算机互联示意

其他地方的计算机软件、硬件与数据资源，以达到计算机资源共享的目的。

这一阶段研究的典型代表是美国国防部高级研究计划局（Advanced Research Projects Agency，ARPA）的 ARPANET（通常称为 ARPA 网）。ARPANET 是世界上第一个实现以资源共享为目的的计算机网络，所以人们往往将 ARPANET 作为现代计算机网络诞生的标志，现在计算机网络的很多概念都来自它。

ARPANET 的研究成果对推动计算机网络发展的意义十分深远。在它的基础之上，20 世纪七八十年代，计算机网络发展得十分迅速，出现了大量的计算机网络，仅美国国防部就资助建立了多个计算机网络，同时出现了一些研究试验性网络、公共服务网络、校园网，如美国加利福尼亚大学劳伦斯原子能研究所的 OCTOPUS 网、法国信息与自动化研究所的 CYCLADES 网、国际气象监测网（World Weather Watch Network，WWWN）、欧洲情报网（European Information Network，EIN）等。

在这一阶段中，公用数据网（Public Data Network，PDN）与局部网络（Local Network，LN）技术也得到了迅速的发展。总而言之，计算机网络发展的第二阶段所取得的成果对推动网络技术的成熟和应用极其重要，它研究的网络体系结构与网络协议的理论成果为之后网络理论的发展奠定了坚实的基础，很多网络系统经过适当修改与充实后至今仍在广泛使用。目前，国际上应用广泛的 Internet 就是在 ARPANET 的基础上发展起来的。但是，20 世纪 70 年代后期，人们已经看到了计算机网络发展中出现的危机，那就是网络体系结构与协议标准的不统一限制了计算机网络自身的发展和应用。网络体系结构与网络协议标准必须走国际标准化的道路。

3. 计算机网络互联阶段

计算机网络发展的第 3 个阶段——计算机网络互联阶段是加速体系结构与协议国际标准化的研究与应用的时期。1984 年，经过多年卓有成效的工作，ISO 正式制定和颁布了"开放系统互联参考模型"（Open Systems Interconnection Reference Model，OSI-RM）标准。OSI-RM 标准已被国际社会所公认，成为研究和制定新一代计算机网络标准的基础。它使各种不同的网络互联、互相通信变为现实，实现了更大范围内的计算机资源共享。我国也于 1989 年在《国家经济信息系统设计与应用标准化规范》中明确规定选定 OSI-RM 标准作为我国网络建设标准。1990 年 6 月，ARPANET 停止运行，完成了它的历史使命。随之发展起来的国际互联网，其覆盖范围已遍及全球。全球各种各样的计算机和网络都可以通过网络互联设备连入国际互联网，实现全球范围内的数据通信和资源共享。

OSI-RM 标准及协议标准的制定和完善正在推动计算机网络朝着健康的方向发展。很多大的计算机厂商相继宣布支持 OSI-RM 标准并积极研究和开发符合 OSI-RM 标准的产品。各种符合 OSI-RM 标准与协议标准的远程计算机网络、局部计算机网络与城市地区计算机网络已开始广泛应用。随着研究的深入，OSI-RM 标准将日趋完善。

4. Internet 与高速网络阶段

这一阶段，计算机网络发展的特点是互联、高速、智能与更为广泛的应用。Internet 是覆盖全球的信息基础设施之一。对用户来说，它像一个庞大的远程计算机网络，用户可以利用 Internet 实现全球范围的信息传输、信息查询、电子邮件收发、语音与图像通信服务等功能。实际上，Internet 是一个用网络互联设备实现多个远程网和局域网互联的国际网。

在 Internet 发展的同时，随着网络规模的增大与网络服务功能的增多，高速网络与智能网络（Intelligent Network，IN）的发展也引起人们越来越多的关注和兴趣。高速网络技术的发展表现在宽带综合业务数字网（Broad Integrated Service Digital Network，BISDN）、帧中继、异步传输模式（Asynchronous Transfer Mode，ATM）、高速局域网、交换式局域网与虚拟网络上。

8.2 计算机网络的基本概念

8.2.1 计算机网络的含义

所谓计算机网络，就是把分布在不同地理区域的计算机与专门的外部设备用通信线路互联成一个规模大、功能强的网络系统，从而使众多的计算机可以方便地互相传递信息，共享硬件、软件、数据信息等资源。

计算机网络主要包括连接对象、连接介质、连接控制机制和连接方式 4 个方面。连接对象主要是指各种类型的计算机（如大型计算机，微型计算机、工作站等）或其他数据终端设备；连接介质是指通信线路（如双绞线、同轴电缆、光纤、微波等）和通信设备（如网桥、网关、中继器、路由器等）；控制机制主要是指网络协议和各种网络软件；连接方式主要是指网络所采用的拓扑结构，如星形（Star）、环形（Ring）、总线（Bus）和网状等。

8.2.2 通信子网和资源子网

从功能上分，计算机网络系统可以分为通信子网和资源子网两大部分，计算机网络的结构如图 8-3 所示。通信子网提供数据通信的能力，资源子网提供网络上的资源，以及访问能力。

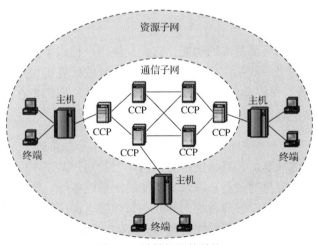

图 8-3　计算机网络结构

1．通信子网

通信子网由通信控制处理机（Communication Control Processor，CCP）、通信线路和其他网络通信设备组成，主要承担全网的数据传输、转发、加工、转换等通信处理工作。

CCP 在网络拓扑结构中通常被称为网络结点。其主要功能，一是作为主机和网络的接口，负责管理和收发主机和网络所交换的信息；二是作为发送信息、接收信息、交换信息和转发信息的通信设备，负责接收其他网络结点送来的信息并选择一条合适的通信线路发送出去，完成信息的交换和转发功能。

通信线路是网络结点间信息传输的通道，通信线路的传输媒体主要有双绞线、同轴电缆、光纤、无线电和微波等。

2. 资源子网

资源子网主要负责全网的数据处理业务，向全网用户提供所需的网络资源和网络服务。它主要由主机（Host）、终端（Terminal）、联网外部设备，以及软件资源和信息资源等组成。

主机是资源子网的重要组成单元，它既可以是大型计算机、中型计算机、小型计算机，也可以是局域网中的微型计算机。主机是软件资源和信息资源的拥有者，一般通过高速线路将它们和通信子网中的结点相连。

终端是直接面向用户的交互设备。终端的种类很多，如交互终端、显示终端、智能终端、图形终端等。

联网外部设备主要是指网络中的一些共享设备，如高速打印机、绘图仪和大容量硬盘等。

8.3 计算机网络的功能

社会及科学技术的发展为计算机网络的发展提供了更加有利的条件。计算机网络与通信网的结合使众多的 PC 不仅能够同时处理文字、数据、图像、声音等信息，而且可以使这些信息"四通八达"，及时地与全国乃至全世界的信息进行交换。计算机网络的功能归纳起来主要有以下几个。

1. 数据通信

数据通信是计算机网络最基本的功能，它为网络用户提供了强有力的通信手段。计算机网络建设的主要目的之一就是使分布在不同物理位置的计算机用户相互通信和传送信息（如声音、图形、图像等多媒体信息）。计算机网络的其他功能都是在数据通信功能基础之上实现的，如发送电子邮件、远程登录、联机会议、WWW 等。

2. 资源共享

（1）硬件和软件的共享。计算机网络允许网络上的用户共享不同类型的硬件设备，通常有打印机、光驱、大容量的磁盘，以及高精度的图形设备等。软件共享通常是指某一系统软件或应用软件（如数据库管理系统）的共享，如果它占用的空间较大，则可将其安装到一台配置较高的服务器上并将其属性设置为"共享"，这样网络上的其他计算机就可以直接利用它，大大节省计算机的硬盘空间。

（2）信息共享。信息也是一种宝贵的资源，Internet 就像一个浩瀚的海洋，有取之不尽、用之不竭的信息与数据。每一个连入 Internet 的用户都可以共享这些信息资源，如各类电子出版物、网上新闻、网上图书馆和网上超市等。

3．均衡负荷与分布式处理

当网络中某台计算机的任务负荷太重时，可将任务分散到网络中的各台计算机上进行或由网络中比较空闲的计算机分担负荷。这样既可以处理大型任务，使得其中一台计算机不会负担过重，又提高了计算机的可用性，起到均衡负荷与分布式处理的作用。

4．提高计算机系统的可靠性

这也是计算机网络的一个重要功能。在计算机网络中，每一台计算机都可以通过网络为另一台计算机做备份来提高计算机系统的可靠性。这样，一旦网络中的某台计算机发生了故障，另一台计算机可代替故障计算机完成所承担的任务，整个网络可以正常运转。

8.4 计算机网络的分类与拓扑结构

8.4.1 计算机网络的分类

用于计算机网络分类的标准有很多，如按拓扑结构、应用协议、传输介质、数据交换方式等来分类，但是这些标准只能反映网络某方面的特征，不能反映网络技术的本质。最能反映网络技术本质特征的分类标准是网络的覆盖范围，按网络的覆盖范围可以将网络分为局域网（LAN）、广域网（WAN）、城域网（Metropolitan Area Network，MAN）和国际互联网（Internet），如表 8-1 所示。

表 8-1　不同类型网络之间的比较

网络种类	覆盖范围	分布距离
局域网	房间	10 m
	建筑物	100 m
	校园	数 km
广域网	国家（地区）	数百 km～数千 km
城域网	城市	数 km～数十 km 以上
国际互联网	洲或洲际	数千 km 以上

1．局域网

局域网的地理分布范围在几千米以内，一般局域网建立在某个机构所属的一个建筑群内或一个学校的校园内部，甚至几台计算机也能构成一个小型局域网。由于局域网的覆盖范围有限、数据的传输距离短，因此局域网内的数据传输速率都比较高，一般在 10～1000 Mbit/s，现在高速的局域网传输速率甚至可达到 10000 Mbit/s。

2．广域网

广域网也称为远程网，它是远距离、大范围的计算机网络。这类网络的作用是实现远距离计算机之间的数据传输和信息共享。广域网可以是跨地区、跨城市、跨国家的计算机网络，它的覆盖范围一般是几百到几千千米的广阔地理区域，通信线路大多借用公用通信网络，如公用交换电话网（Public Switched Telephone Network，PSTN）。由于广域网管辖的范围很大、联网的计算机众多，因此广域网上的信息量非常大，共享的信息资源极为丰富。

但是，广域网的数据传输速率比较低，一般在 64 kbit/s～2 Mbit/s。

3. 城域网

城域网的覆盖范围在局域网和广域网之间，一般为几千米到几十千米，实际上城域网的覆盖范围通常在一个城市内。

4. 国际互联网

国际互联网并不是一种具体的网络技术，它是将同类和不同类的物理网络（局域网、广域网和城域网）通过某种协议互联起来的一种高层技术。

8.4.2 计算机网络的拓扑结构

拓扑是从图论演变而来的，是一种研究与大小、形状无关的点、线、面特点的方法。网络拓扑结构是指用传输介质互联各种设备的物理布局，通俗地讲，就是某个网络看起来是一种什么形式。它把工作站、服务器等网络单元抽象为点，把网络中的传输介质抽象为线，这样从拓扑学的观点来看计算机和网络系统，就形成了点和线组成的几何图形，从而抽象出了网络系统的具体结构。网络拓扑结构并不涉及网络中信号的实际流动，而只是关心介质的物理连接形态。网络拓扑结构对整个网络的设计、功能、可靠性和成本等方面有着重要的影响。

常见的计算机网络的拓扑结构有星形、环形、总线型、树形和网状。

1. 星形拓扑网络

在星形拓扑网络结构中，各结点通过点到点的链路与中央结点连接，如图 8-4 所示。中央结点可以是转接中心，起到连通的作用；也可以是一台主机，此时就具有数据处理和转接的功能。星形拓扑网络的优点是很容易在网络中增加和移动结点，容易保障数据的安全性、实现数据的优先级控制；缺点是属于集中控制，对中央结点的依赖性大，一旦中心结点有故障，就会引起整个网络的瘫痪。

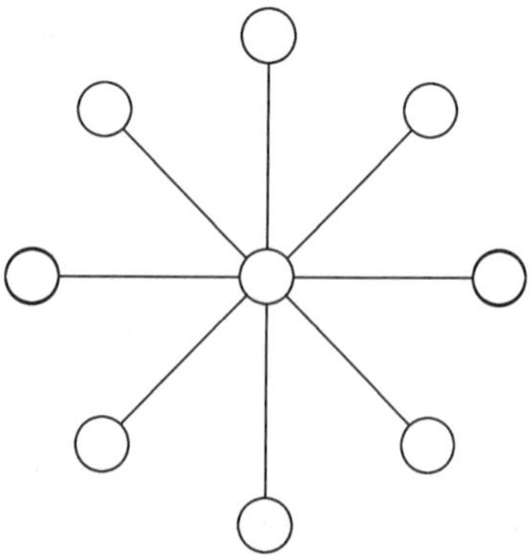

图 8-4　星形拓扑结构

2. 环形拓扑网络

在环形拓扑网络中，结点通过点到点通信线路连接成闭合环路，如图 8-5 所示。环中数据将沿一个方向逐站传送。环形拓扑网络结构简单、传输延时确定，但是环中每个结点与连接结点之间的通信线路都会成为网络可靠性的屏障，环中某一个结点出现故障就会造成网络瘫痪。另外，对于环形网络，网络结点的增加和移动，以及环路的维护和管理都比较复杂。

3. 总线型拓扑网络

在总线型拓扑网络中，所有结点共享一条数据通道，如图 8-6 所示。一个结点发出的信息可以被网络上的每个结点所接收。由于多个结点连接到一条公用信道上，所以必须采取某种方法分配信道，以决定哪个结点可以优先发送数据。

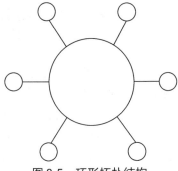

图8-5　环形拓扑结构

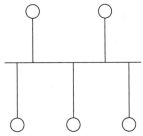

图8-6　总线型拓扑结构

总线型拓扑网络结构简单、安装方便，需要铺设的线缆最短，成本低且某个站点自身的故障一般不会影响整个网络，因此是最普遍使用的网络之一。其缺点是实时性较差，总线上的故障会导致全网瘫痪。

4. 树形拓扑网络

在树形拓扑结构中，网络的各结点形成了一个层次化结构，如图8-7所示。

树中的各个结点通常都为主机，树中低层主机的功能和应用有关，一般都具有明确定义的功能，如数据采集、变换等。而高层主机具备通用的功能，以便协调系统的工作，如数据处理、命令执行等。一般来说，树形拓扑网络的层次数量不宜过多，以免转接开销过大，使高层结点的负荷过重。若树形拓扑结构只有两层，就变成了星形结构，因此，可将树形拓扑结构视为星形拓扑结构的扩展结构。

5. 网状拓扑网络

在网状拓扑网络中，结点之间的连接是任意的、没有规律的，如图8-8所示。其主要优点是可靠性高，但结构复杂，必须采用路由选择算法和流量控制方法。广域网基本上都采用网状拓扑结构。

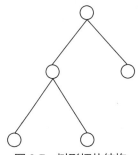

图8-7　树形拓扑结构

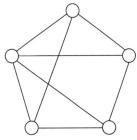

图8-8　网状拓扑结构

8.5　计算机网络体系结构与协议

8.5.1　网络体系结构的概念

体系结构（Architecture）是研究系统各部分组成及相互关系的技术科学。计算机网络体系结构是指整个网络系统的逻辑组成和功能分配，它定义和描述了一组用于计算机及通信设施之间互联的标准和规范的集合。研究计算机网络体系结构的目的在于定义计算机网络各个组成部分的功能，以便在统一的原则指导下进行计算机网络的设计、建造、使用和发展。

8.5.2 网络协议的概念

从最根本的角度上讲，协议就是规则。例如，在公共交通公路上行驶的各种交通工具需要遵守交通规则，这样才能缓解交通堵塞，有效地避免交通事故的发生。又如，不同国家的人使用的是不同的语言，如果他们事先不约定好使用同一种语言，那么是无法进行沟通的。

同样，在计算机网络的通信过程中，数据从一台计算机传输到另一台计算机，我们称之为数据通信或数据交换。网络中的数据通信也需要遵守一定的规则，以减少网络阻塞、提高网络的利用率。网络协议就是针对网络中的数据交换而建立的规则、标准或约定。联网的计算机，以及网络设备之间要进行数据与控制信息（一种用于控制设备如何工作的数据）的成功传递就必须共同遵守网络协议。

网络协议主要由以下 3 个要素组成。

（1）语法（Syntax）。语法规定了通信双方"如何讲"，即确定用户数据与控制信息的结构与格式。

（2）语义（Semantics）。语义规定了通信的双方准备"讲什么"，即需要发出何种控制信息、完成何种动作，以及做出何种应答。

（3）时序（Timing）。时序又可称为"同步"，它规定了双方"何时进行通信"，即事件实现顺序的详细说明。

下面以两个打电话的人为例来说明网络协议的概念。

甲要打电话给乙。首先甲拨通乙的电话号码，对方电话振铃，乙拿起电话，然后甲、乙开始通话，通话完毕后，双方挂断电话。在这个过程中，甲、乙双方都遵守了打电话的协议。其中，电话号码是"语法"的一个例子，一般电话号码由 8 位阿拉伯数字组成，如果是长途就要加区号，国际长途还有国家代码等；甲拨通乙的电话后，乙的电话会振铃，振铃是一个信号，表示有电话打进，乙选择接电话，这一系列动作包括控制信号、相应动作等，就是"语义"的例子；"时序"的概念更好理解，因为甲拨通了电话，乙的电话才会响，乙听到铃声后才会考虑要不要接，这一系列事件的因果关系十分明确，不可能没有人拨乙的电话而乙的电话会响，也不可能在电话铃没响的情况下，乙拿起电话，话筒里却传出甲的声音。

8.5.3 网络协议的分层

计算机网络是一个非常复杂的系统，因此网络通信也比较复杂。网络通信的涉及面极广，不仅涉及网络硬件设备（如物理线路、通信设备、计算机等），还涉及各种各样的软件，所以用于网络的通信协议必然很多。实践证明，结构化设计方法是解决复杂问题的一种有效手段，其核心思想就是将系统模块化并按层次组织各模块。因此，在研究计算机网络的结构时，通常也按层次进行分析。

计算机网络中采用分层体系结构主要有以下一些好处。

1. 各层之间可相互独立

高层并不需要知道低层是采用何种技术来实现功能的，而只需要知道低层通过接口能提供哪些服务。每一层都有一个清晰、明确的任务，实现相对独立的功能，因而可以将复杂的系统性问题分解为一层层的小问题。当属于每一层的小问题都解决了，那么整个系统的问题也就接近完全解决了。

2. 灵活性好，易于实现和维护

如果把网络协议作为一个整体来处理，那么任何一个方面的改进必然对整体进行修改，这与网络的迅速发展是极不协调的。若采用分层体系结构，由于整个系统已被分解成了若干个易于处理的部分，那么这样一个庞大而又复杂的系统的实现与维护也就变得容易控制了。当任何一层发生变化时（如技术的变化），只要层间接口保持不变，其他各层就都不会受到影响。另外，当某层提供的服务不再被其他层需要时，可以将这层直接取消。

3. 有利于促进标准化

这主要是因为每一层的协议已经对该层的功能与所提供的服务做了明确的说明。

8.5.4　OSI 参考模型

1. OSI 参考模型的概念

在 20 世纪 70 年代中期，美国 IBM 推出系统网络体系结构（System Network Architecture，SNA）。之后 SNA 又不断进行版本更新，它是一种在全世界得到广泛使用的体系结构。随着全球网络应用的不断发展，不同网络体系结构的网络用户之间需要进行网络的互联和信息的交换。1984 年，ISO 发表了著名的 ISO/IEC 7498 标准。它定义了网络互联的 7 层框架，这就是著名的开放系统互联参考模型（OSI-RM）。这里的"开放"是指只要遵循 OSI 标准，一个系统就可以与位于世界上任何地方、同样遵循 OSI 标准的其他任何系统进行通信。OSI 参考模型的结构如图 8-9 所示。

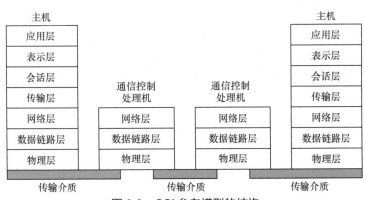

图 8-9　OSI 参考模型的结构

OSI-RM 只给出了一些原则性说明，并不是一个具体的网络。它将整个网络的功能划分成 7 个层次，最高层为应用层（Application Layer），面向用户提供网络应用服务；最低层为物理层（Physical Layer），与传输介质相连，实现真正的数据通信。两个主机通过网络进行通信时，除物理层，其余各对等层之间均不存在直接的通信关系，而是通过各对等层的协议来进行通信的。只有两个物理层是通过传输介质进行真正的数据通信的。

2. OSI 参考模型各层的功能

ISO 已经为各层制定了标准，各个标准作为独立的国际标准公布。下面以从低层到高层的顺序，依次介绍 OSI 参考模型的各层。

（1）物理层。物理层是 OSI 参考模型的最低层。物理层的主要任务就是透明地传送二进制比特流，即经过实际电路传送后的比特流没有发生变化。但是物理层并不关心比特流的实际意义和结构，只是负责接收和传送比特流。作为发送方，网络层（Network Layer）通过传输介质发送数据；作为接收方，物理层通过传输介质接收数据。物理层的另一个任务就是定义网络硬件的特性，包括使用什么样的传输介质，以及与传输介质连接的接头等物理特性。

（2）数据链路层（Data Link Layer）。数据链路层是 OSI 参考模型的第 2 层。数据链路层的主要任务是在两个相邻结点间的线路上无差错地传送以帧为单位的数据，使数据链路层对网络层显现为一条无差错线路。由于物理层仅仅接收和传送比特流，并不关心比特流的意义和结构，所以数据链路层要产生和识别帧边界。另外，数据链路层还提供差错控制与流量控制的方法，保证在物理线路上传送的数据无差错。广播式网络在数据链路层还要处理新的问题，即如何控制各个结点对共享信道的访问。

（3）网络层。网络层是 OSI 参考模型的第 3 层。在这一层，数据的单位为数据分组（Packet，也叫数据包）。网络层的关键问题是如何进行路由选择，以确定数据分组如何从发送端到达接收端。如果在子网中同时出现的数据分组太多，它们将互相阻塞，影响数据的正常传输。因此，拥塞控制也是网络层的功能之一。

另外，当数据分组需要经过另一个网络以到达目的地时，第二个网络的寻址方法、分组长度、网络协议也许与第一个网络不同，因此，网络层还要解决异构网络的互联问题。

（4）传输层（Transport Layer）。传输层是 OSI 参考模型的第 4 层。传输层从会话层（Session Layer）接收数据，形成报文（Message），并且在必要时把它分成若干个数据分组，然后交给网络层进行传输。

传输层的主要功能是为上一层进行通信的两个进程提供可靠的端到端服务，使传输层以上的各层看不见传输层以下的数据通信细节，传输层以上的各层不再关心信息传输的问题。端到端是指进行相互通信的两个结点不是直接通过传输介质连接起来的，它们之间有很多交换设备（如路由器），这样的两个结点间的通信就称为端到端通信。

（5）会话层。会话层是 OSI 参考模型的第 5 层。会话层允许不同机器上的用户建立会话关系，它主要针对远程访问，主要任务包括会话管理、传输同步，以及数据交换管理等。会话一般都是面向连接的。例如，当文件传输到中途时建立的连接突然断了，是从头开始重新传还是断点续传？这个任务由会话层来完成。

（6）表示层（Presentation Layer）。表示层是 OSI 参考模型的第 6 层。表示层关心的是所传输的信息的语法和语义。它的主要功能是处理多个通信系统之间交换信息时数据表示方式不同的问题，主要包括数据格式的转换、数据加密与解密、数据压缩与恢复等。

（7）应用层。应用层是 OSI 参考模型的最高层。应用层为网络用户或应用程序提供各种服务，如文件传输、电子邮件、网络管理和远程登录等。

8.5.5　TCP/IP 参考模型

1. TCP/IP 概述

说到 TCP/IP 的历史，就不得不谈到 Internet 的历史。20 世纪 60 年代初期，美国国防部委托高级研究计划局（ARPA）研究广域网络互联课题并建立了 ARPANET 实验网络，这就是 Internet 的起源。ARPANET 的初期运行情况表明，计算机广域网络应该有一种标准化通信协议，于是在 1973 年，TCP/IP 诞生了。虽然 ARPANET 并未发展成为公众可以使用的 Internet，但是 ARPANET 的运行经验表明，TCP/IP 是一个非常可靠且实用的网络协议。现代 Internet 的雏形——美国国家科学基金会（National Science Foundation，NSF）于 20世纪 80 年代末建立的 NSFNET 借鉴了 ARPANET 的 TCP/IP 技术，使越来越多的网络互联在一起，最终形成了今天的 Internet。TCP/IP 也因此成为 Internet 上广泛使用的标准网络通信协议。

TCP/IP 由一系列的文档定义组成，这些文档定义描述了 Internet 的内部实现机制，以及各种网络服务或服务的定义。TCP/IP 并不是由某个特定组织开发的，它实际上是一些团体共同开发的，任何人都可以把自己的意见作为文档发布，但只有被认可的文档才能最终成为 Internet 标准。

作为一套完整的网络通信协议结构，TCP/IP 实际上是一个协议簇。除其核心协议——TCP 和 IP，TCP/IP 协议簇还包括其他一系列协议，它们都包含在 TCP/IP 协议簇的 4 个层次中，形成了 TCP/IP 栈，如图 8-10 所示。

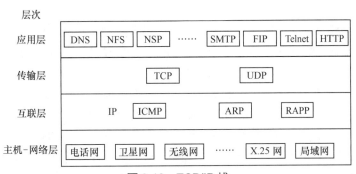

图 8-10 TCP/IP 栈

2. OSI 参考模型与 TCP/IP 参考模型的层次对应关系

与 OSI 参考模型所不同的是，TCP/IP 参考模型是在 TCP 与 IP 出现之后才提出来的。OSI 参考模型与 TCP/IP 参考模型的层次对应关系如图 8-11 所示。

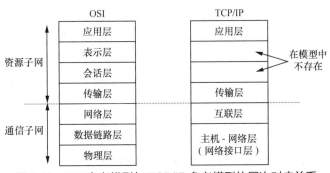

图 8-11 OSI 参考模型与 TCP/IP 参考模型的层次对应关系

TCP/IP 参考模型的主机-网络层与 OSI 参考模型的数据链路层和物理层相对应；TCP/IP 参考模型的互联层与 OSI 参考模型的网络层相对应；TCP/IP 参考模型的传输层与 OSI 参考模型的传输层相对应；TCP/IP 参考模型的应用层与 OSI 参考模型的应用层相对应。

根据 OSI 模型的经验，会话层和表示层对大多数应用程序没有用处，所以 TCP/IP 参考模型把它们排除在外。

8.6 局域网基础知识

局域网（LAN）是一种在有限的地理范围内将大量 PC 及各种设备互联在一起以实现数据传输和资源共享的计算机网络。社会对信息资源的广泛需求，以及计算机技术的广泛普及促进了局域网技术的迅猛发展。在当今的计算机网络技术中，局域网技术已经占据了十分重要的地位。

8.6.1 局域网的基本概念

局域网是计算机网络的一种，在计算机网络中占有非常重要的地位。它既具有一般计算机网络的特点，又有自己的特征。局域网是在一个较小的范围（一个办公室、一幢楼、一个学校等）内，利用通信线路将众多的微型计算机及外部设备连接起来，以达到资源共享、信息传递和远程数据通信的目的。对微型计算机用户来讲，了解和掌握局域网也就显得尤为重要。

局域网的研究工作始于 20 世纪 70 年代，1975 年美国 Xerox（施乐）公司推出的实验性以太网（Ethernet）和 1974 年英国剑桥大学研制的剑桥环网（Cambridge Ring）成为最初局域网的典型代表。20 世纪 80 年代初期，随着通信技术、网络技术和微型计算机的发展，局域网技术得到了迅速的发展和完善，一些标准化组织也致力于局域网有关协议和标准的制定。20 世纪 80 年代后期，局域网的产品进入专业化生产和商品化的成熟阶段，获得了大范围的推广和普及。进入 90 年代，局域网步入了更高速的发展阶段，局域网已经渗透到了社会的各行各业，使用已相当普遍。局域网技术是当今计算机网络研究与应用的一个热点问题，也是目前非常活跃的技术领域之一，它的发展推动着信息社会不断前进。

8.6.2 局域网的特点与基本组成

1. 局域网的特点

概括地讲，局域网主要具有以下一些特点。

（1）覆盖的地理范围比较小。局域网主要用于单位内部联网，范围在一座办公大楼或集中的建筑群内，一般在几千米范围内。

（2）信息传输速率高、时延小并且误码率低。局域网的传输速率一般为 10～1000 Mbit/s，传输时延也一般在几毫秒到几十毫秒。由于局域网一般都采用有线传输介质传输信息并且两个站点间具有专用通信线路，因此误码率低，仅为 $10^{-12}\sim10^{-8}$。

（3）局域网一般为一个单位所建，在单位或部门内部控制、管理和使用，由网络的所有者负责管理和维护。

（4）便于安装、维护和扩充。由于局域网应用的范围小，网络上运行的应用软件主要为本单位服务，因此，无论从硬件系统来讲，还是从软件系统来讲，局域网的安装成本较低、周期短，维护和扩充都十分方便。

（5）局域网一般侧重于共享信息的处理，通常没有中央主机系统，而带有一些共享的外部设备。

2. 局域网的基本组成

简单地说，局域网的基本组成包括网络硬件和网络软件两大部分。

（1）网络硬件。网络硬件主要包括服务器、工作站、外部设备、网卡、传输介质，根据传输介质和拓扑结构的不同，还需要中继器（Repeater）、集线器（Hub）等，如果要进行网络互联，还需要交换机（Switch）、路由器（Router），以及网间互联线路等。

① 服务器。在局域网中，服务器可以将其 CPU、内存、磁盘、数据等资源提供给各个网络用户使用并负责对这些资源进行管理，协调网络用户对这些资源的使用。因此，要求服务器具有较高的性能，包括较快的数据处理速度、较大的内存、较大的容量和较快访问速度的磁盘等。

② 工作站。工作站是网络各用户的工作场所，通常是一台微型计算机或终端，也可以是不配有磁盘驱动器的"无盘工作站"。工作站通过插在其中的网络接口板——网卡，经传输介质与网络服务器相连，用户通过工作站就可以向局域网请求服务和访问共享资源。工作站可以有自己单独的操作系统并独立工作，它通过网络从服务器中取出程序和数据后，用自己的 CPU 和内存进行运算处理，处理结果还可以再存到服务器中去。在考虑网络工作站的配置时，主要注意以下几个方面的内容。

- CPU 的运算速度和内存的容量。
- 总线结构和类型。
- 磁盘控制器及硬盘的大小。
- 扩展槽的数量和所支持的网卡类型。
- 工作站网络软件要求。

③ 外部设备。外部设备主要是指网络上可供网络用户共享的外部设备，通常网络上的共享外部设备包括打印机、绘图仪、扫描器、调制解调器（Modem）等。

④ 网卡。网卡用于把计算机同传输介质连接起来，进而把计算机连入网络，每一台联网的计算机都需要有一块网卡，如图 8-12 所示。网卡的基本功能包括基本数据转换、信息包的装配和拆装、网络存取控制、数据缓存、生成网络信号等。一方面，网卡要和主机交换数据；另一方面，数据交换还必须以网络物理数据的路径和格式来传送或接收数据。如果网络与主机 CPU 速率不匹配，就需要缓存，以防数据丢失。由于网卡处理数据包的速度比网络传送数据的速度慢，也比主机向网卡发送数据的速率慢，因而网卡往往成为网络与主机之间的瓶颈。

图 8-12 10/100 Mbit/s 自适应网卡

⑤ 传输介质。局域网中常用的传输介质主要有同轴电缆、双绞线（屏蔽和非屏蔽）和光缆，如图 8-13 所示。

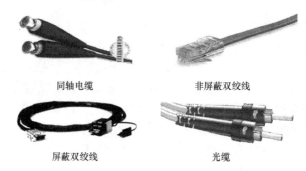

同轴电缆　　　　　　　非屏蔽双绞线

屏蔽双绞线　　　　　　　光缆

图 8-13　局域网中常用的传输介质

（2）网络软件。网络软件也是计算机网络系统中不可缺少的重要资源。网络软件所涉及和解决的问题要比单机系统中的各类软件复杂得多。根据网络软件在网络系统中所起的作用不同，可以将其分为协议软件、通信软件、管理软件、网络操作系统和网络应用软件 5 类。

① 协议软件。用以实现网络协议功能的软件就是协议软件。协议软件的种类非常多，不同体系结构的网络系统都有支持自身系统的协议软件，体系结构中的不同层次上也有不同的协议软件。对某一协议软件来说，到底把它划分到网络体系结构中的哪一层是由协议软件的功能决定的。

② 通信软件。通信软件的功能就是使用户在不必详细了解通信控制规程的情况下，就能够对自己的应用程序进行控制，同时能与多个工作站进行网络通信并对大量的通信数据进行加工和管理。目前，几乎所有的通信软件都能很方便地与主机连接并具有完善的传真功能、文件传输功能和自动生成原稿功能等。

③ 管理软件。网络系统是一个复杂的系统，对管理者而言，经常都会遇到许多难以解决的问题。网络管理软件的作用就是帮助网络管理者便捷地解决一些棘手的技术难题，如避免服务器之间的任务冲突、跟踪网络中用户的工作状态、检查与消除计算机病毒、运行路由器诊断程序等。

④ 网络操作系统（Network Operating System，NOS）。局域网的网络操作系统就是网络用户和计算机网络之间的接口，网络用户通过网络操作系统请求网络服务。网络操作系统具有处理机管理、存储管理、设备管理、文件管理，以及网络管理等功能，它与微型计算机操作系统有着很密切的关系。目前，较流行的局域网操作系统有微软公司的 Windows 2000 Server、Windows Server 2008，以及 Novell 公司的 NetWare 等。

⑤ 网络应用软件。网络应用软件是在网络环境下，直接面向用户的网络软件。它是专门为某一个应用领域而开发的软件，能为用户提供一些实际的应用服务。网络应用软件既可以用于管理和维护网络本身，也可用于一个业务领域，如网络数据库管理系统、网络图书馆、远程网络教学、远程医疗和视频会议等。

8.6.3　局域网主要技术

局域网所涉及的技术有很多，但决定局域网性能的主要技术有传输介质、拓扑结构和介质访问控制方法。

1. 传输介质

局域网常用的传输介质有双绞线、同轴电缆、光纤和无线电波等。早期的传统以太网中，使用得最多的是同轴电缆。随着技术的发展，双绞线和光纤的应用日益普及。特别是在快速局域网中，双绞线依靠其低成本、高速度和高可靠性等优势获得了广泛的使用，引起了人们的普遍关注。光纤主要应用在远距离、高速传输数据的网络环境中。光纤的可靠性很高，具有许多双绞线和同轴电缆无法比拟的优点。随着科学技术的发展，光纤的成本不断降低，今后的应用必将越来越广泛。

2. 拓扑结构

我们在 8.4.2 节中讲到了网络拓扑结构的基本含义，以及常见的一些网络拓扑结构。网络拓扑结构对整个网络的设计、功能、可靠性和成本等方面有着重要的影响。目前，大多数局域网使用的拓扑结构主要有星形、环形、总线型和网状等多种。星形、环形和网状型拓扑结构使用的是点到点连接，总线拓扑结构使用的是多点连接。下面介绍几种常见的拓扑结构。

（1）星形拓扑结构。这种结构目前在局域网中应用得最为普遍，企业网络几乎都采用这一方式。星形拓扑结构几乎是以太网专用，它是因网络中的各工作站结点设备通过一个网络集中设备（如集线器或交换机）连接在一起、各结点呈星状分布而得名的。这类网络目前用得最多的传输介质是双绞线，它的基本连接如图 8-14 所示。

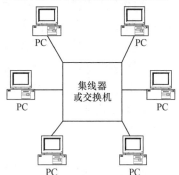

图 8-14　星形拓扑结构的基本连接

星形拓扑结构的网络主要有以下几个特点。

① 容易实现、成本低。它所采用的传输介质一般都是通用的双绞线，相对于同轴电缆和光纤来说比较便宜。这种拓扑结构主要应用于 IEEE 802.2、IEEE 802.3 标准的以太局域网中。

② 结点扩展、移动方便。结点扩展时只需要从集线器或交换机等集中设备中拉一条线即可，而要移动一个结点只需要把相应结点设备移到新结点即可，而不会像环形网络那样"牵一发而动全身"。

③ 维护容易。一个结点出现故障不会影响其他结点的连接，可任意拆走故障结点。

④ 采用广播信息传送方式。任何一个结点发送信息时，在整个网络中的其他结点都可以收到。这在网络方面存在一定的隐患，但在局域网中使用影响不大。

⑤ 对中央结点的可靠性和冗余度要求很高。每个工作站直接与中央结点相连，如果中央结点发生故障，全网则趋于瘫痪。所以，通常要采用双机热备份，以提高系统的可靠性。

（2）环形拓扑结构。环形拓扑结构用一条传输链路将一系列结点连成一个封闭的环路，如图 8-15 所示。实际上大多数情况下这种拓扑结构的网络不会使所有计算机连接成真正物理上的环形。一般情况下，环的两端通过一个阻抗匹配器来实现环的封闭，因为在实际组网过程中因地理位置的限制不可能真正做到环的两端物理连接。

在环形拓扑结构的网络中，信息流只能单方向进行传输，每个收到信息包的结点都向它的下游结点转发该信息包。当信息包经过目标结点时，目标结点根据信息包中的目

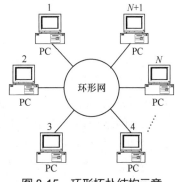

图 8-15　环形拓扑结构示意

标地址判断出自己是接收方并把该信息复制到自己的接收缓冲区中。

为了决定环上的哪个结点可以发送信息，平时在环上流通着一个叫"令牌"（Token）的特殊信息包，只有得到"令牌"的结点才可以发送信息。当一个结点发送完信息后，就把"令牌"向下传送，以便下游的结点可以得到发送信息的机会。环形拓扑的优点是能高速运行，而且为了避免冲突，其结构相当简单。

环形拓扑结构的网络主要有以下几个特点。

① 实现简单、投资小。从环形网络结构示意中可以看出，组成这个网络除各工作站、传输介质——同轴电缆和其他一些连接器材，没有价格昂贵的结点集中设备，如集线器和交换机。但也正因为这样，这种网络所能实现的功能也最为简单，仅能将其视为一般的文件服务模式。

② 传输速度较快。在令牌环网中允许有 16 Mbit/s 的传输速度，它比普通的 10 Mbit/s 的以太网要快。当然，随着以太网的广泛应用和以太网技术的发展，以太网的速度也得到了极大提高，目前普遍能提供 100 Mbit/s 的网速，远比 16 Mbit/s 的要快。

③ 维护困难。从环形网络结构可以看到，整个网络中的各结点是直接串联的，这样任何一个结点出了故障都会造成整个网络的中断、瘫痪，维护起来非常不便。另外，因为同轴电缆所采用的是插针式接触方式，所以非常容易造成接触不良和网络中断，查找故障也非常困难。

④ 扩展性能差。网络的环形结构决定了扩展性能远不如星形结构好，如果要新添加或移动结点，就必须中断整个网络，在环的两端做好连接器后才能连接。

（3）总线型拓扑结构。总线型拓扑结构所采用的传输介质一般也是同轴电缆（包括粗缆和细缆），不过也有采用光缆作为总线型传输介质的，所有的结点都通过相应的硬件接口直接与总线相连，如图 8-16 所示。总线型网络采用广播通信方式，即任何一个结点发送的信号都可以沿着总线介质传播，而且能被网络上其他所有结点所接收。

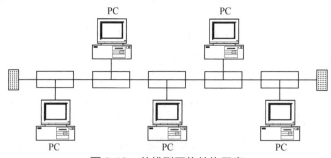

图 8-16　总线型网络结构示意

总线型拓扑结构的网络主要具有以下几个方面的特点。

① 组网费用低。从总线型网络结构示意中可以看出，这样的结构一般不再需要额外的互联设备，它是直接通过一条总线进行连接的，所以组网费用较低。

② 网络用户扩展较灵活。需要扩展用户时只需要添加一个接线器即可，但受传输介质本身物理性能的局限，总线型结构的负载能力是有限度的。所以，总线型结构网络中所能连接的结点数量是有限的。如果工作站结点的个数超出了总线负载能力范围，就需要采用分段等方法并加入相应的网络附加部件，使总线负载符合容量要求。

③ 维护较容易。单个结点失效不影响整个网络的正常通信，但是，一旦总线发生故障，则整个网络或者相应的主干网段就断了。

④ 网络各结点共享总线带宽。数据传输速率会随着接入网络的用户的增多而下降。若有多个结点需要发送数据信息，则一次仅能允许一个结点发送，其他结点必须等待。

3. 介质访问控制方法

介质访问控制方法就是控制网上各工作站在什么情况下才可以发送数据、在发送数据的过程中如何发现问题，以及出现问题后如何处理等管理方法。介质访问控制技术是局域网中最关键的一项基本技术，因为它将对局域网的体系结构和总体性能产生决定性影响。经过多年的研究，人们提出了许多种介质访问控制方法，但目前被普遍采用并形成国际标准的方法主要有带冲突检测的载波监听多路访问，如（Carrier Sense Multiple Access with Collision Detection，CSMA/CD）方法、令牌环（Token Ring）方法和令牌总线（Token Bus）方法。

8.6.4　局域网体系结构与 IEEE 802 标准

随着微型计算机和局域网的日益普及和应用，各个网络厂商所开发的局域网产品也越来越多。为了使不同厂商生产的网络设备具有兼容性和互换性，以便用户更灵活地进行网络设备的选择，用很少的投资就能构建一个具有开放性和先进性的局域网，ISO 开展了局域网的标准化工作。1980 年 2 月，局域网标准化委员会成立，即 IEEE 802 委员会。该委员会制定了一系列局域网标准。IEEE 802 委员会不仅为一些传统的局域网技术，如以太网、令牌环网、光纤分布式数据接口（Fiber Distributed Data Interface，FDDI）等制定了标准，近年来还开发了一系列新的局域网标准，如快速以太网、交换式以太网、千兆以太网等。局域网的标准化大大促进了局域网技术的飞速发展并对局域网的进一步推广和应用起到了巨大的推动作用。

1. 局域网参考模型

由于局域网是在广域网的基础上发展起来的，所以局域网在功能和结构上都要比广域网简单得多。IEEE 802 标准所描述的局域网参考模型遵循 OSI 参考模型的原则，只解决了最低两层——物理层和数据链路层的功能，以及数据链路层与网络层的接口服务。网络层的很多功能（如路由选择等）是没有必要的，而流量控制、寻址、排序、差错控制等功能可放在数据链路层实现，因此该参考模型中不单独设立网络层。IEEE 802 参考模型与 OSI 参考模型的对应关系如图 8-17 所示。

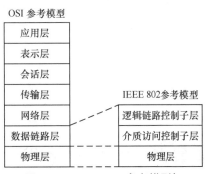

图 8-17　IEEE 802 参考模型与 OSI 参考模型的对应关系

2. IEEE 802 局域网标准

IEEE 802 委员会开发了一系列局域网和城域网标准，广泛使用的有以太网、令牌环网、无线局域网、虚拟网等标准。IEEE 802 委员会于 1985 年公布了 5 项标准（IEEE 802.1～

IEEE 802.5），同年这些标准被 ANSI 所采用作为美国国家标准，ISO 也将其作为局域网的国际标准，对应标准为 ISO 8802，后来又扩充了多项标准文本。

IEEE 802 标准系列包含以下部分。

（1）IEEE 802.1——局域网概述、体系结构、网络管理和网络互联。

（2）IEEE 802.2——逻辑链路控制（Logic Link Control，LLC）。

（3）IEEE 802.3——CSMA/CD 介质访问控制标准和物理层技术规范。

（4）IEEE 802.4——令牌总线介质访问控制标准和物理层技术规范。

（5）IEEE 802.5——令牌环介质访问控制方法和物理层技术规范。

（6）IEEE 802.6——城域网介质访问控制方法和物理层技术规范。

（7）IEEE 802.7——宽带技术。

（8）IEEE 802.8——光纤技术。

（9）IEEE 802.9——综合业务数字网（Integrated Services Digital Network，ISDN）技术。

（10）IEEE 802.10——局域网安全技术。

（11）IEEE 802.11——无线局域网介质访问控制方法和物理层技术规范。

（12）IEEE 802.12——100VG-AnyLAN 访问控制方法与物理层技术规范。

IEEE 802 各标准间的关系如图 8-18 所示。

图 8-18　IEEE 802 各标准间的关系

8.7　Internet 基础知识

8.7.1　Internet 的产生和发展

1. ARPANET 的诞生

Internet 起源于美国国防部高级研究计划局（ARPA）于 1968 年主持研制的用于支持军事研究的计算机实验网 ARPANET，建网的初衷是帮助为美国军方工作的研究人员利用计算机进行信息交换。ARPANET 是世界上第一个采用分组交换的网络。在这种通信方式下，它把数据分割成若干大小相等的数据包来传送，不仅一条通信线路可供用户使用，即使在某条线路遭到破坏时，只要还有迂回线路可供使用，也可正常进行通信。此外，主网没有设立控制中心，网上各台计算机都遵守统一的协议自主地工作。在 ARPANET 的研制过程中，建立了一种网络通信协议——IP。IP 的产生使得异种网络互联的一系列理论得到了实现、技术问题得到了解决并由此产生了网络共享、分散控制和网络通信协议分层等重要思想。对 ARPANET 的一系列研究成果标志着一个崭新的网络时代的开端并奠定了当今计算机网络的理论基础。

与此同时，局域网和其他广域网的产生对 Internet 的发展也起到了重要的推动作用。随着 TCP/IP 的标准化，ARPANET 的规模不断扩大，不仅在美国国内有许多网络和 ARPANET 相连，世界范围内的很多国家也开始进行远程通信，将本地的计算机和网络接入 ARPANET 并采用相同的 TCP/IP。

2. NSFNET 的建立

1985 年，美国国家科学基金会（NSF）为鼓励大学与研究机构共享其购置的昂贵的 4 台计算机主机，希望通过计算机网络把各大学与研究机构的计算机与这些巨型计算机连接起来，于是他们利用 ARPANET 发展起来的 TCP/IP，将全国的五大超级计算机中心用通信线路连接起来，建立了一个名为美国国家科学基础网（NSFNET）的广域网。由于美国国家科学基金会的鼓励和资助，许多机构纷纷把自己的局域网并入 NSFNET。NSFNET 最初以 56 kbit/s 的速率通过电话线进行通信，连接的范围包括所有的大学及美国国家经费资助的研究机构。1986 年，NSFNET 建设完成，正式取代了 ARPANET，成为 Internet 的主干网。今天，NSFNET 已是 Internet 主要的远程通信设施的提供者，主通信干道以 45 Mbit/s 的速率传输信息。

3. 全球范围 Internet 的形成与发展

除 ARPANET 和 NSFNET，美国 NASA 和能源部的 NSINET、ESNET 也相继建成，欧洲、日本等国家和地区也积极发展本地网络，于是在此基础上互联形成了今天的 Internet。在 20 世纪 90 年代以前，Internet 由美国政府资助，主要供大学和研究机构使用，90 年代以后，该网络的商业用户数量日益增加并逐渐从研究教育网络向商业网络过渡。近几年来，Internet 规模迅速发展，已经覆盖全球多地，连接的网络达数万个，主机达 600 多万台，终端用户上亿，并且以每年 15%～20%的速度增长。今天，Internet 已经渗透到了社会生活的各个方面，人们通过 Internet 可以了解最新的新闻动态、旅游信息、气象信息和金融股票行情，可以在家进行网上购物，预订火车票、飞机票，发送和阅读电子邮件，到各类网络数据库中搜索和查询所需的资料等。

8.7.2　Internet 的基本概念

1. Internet 的含义

在 IT 技术飞速发展的今天，我们真正感觉到了世界的渺小。通过计算机，我们能够访问世界上著名大学的图书馆，能够与远在地球另一端的人进行语音通信和视频聊天，能够看电影、听音乐、阅读各种多媒体杂志，还能够在家里买到所需要的大多数商品……所有这一切都是通过世界上最大的计算机网络——Internet 来实现的。

什么是 Internet？Internet 通常被称为"因特网""互联网""网际网"。它是由成千上万个不同类型、不同规模的计算机网络通过路由器互联在一起所组成的覆盖世界范围的、开放的全球性网络。Internet 拥有数千万台计算机和上亿个用户，是全球信息资源的超大型集合体，所有采用 TCP/IP 的计算机都可加入 Internet，实现信息共享和互相通信。

与传统的书籍、报刊、广播、电视等传播媒体相比，Internet 使用起来更方便、查阅更快捷、内容更丰富。今天，Internet 已在世界范围内得到了广泛的普及与应用并正在迅速地改变人们的工作方式和生活方式。

2．Internet 的特点

（1）Internet 是由全世界众多的网络互联组成的国际互联网。组成 Internet 的计算机网络包括小规模的局域网、城市规模的城域网，以及大规模的广域网。网络上的计算机包括 PC、工作站、小型计算机、大型计算机甚至巨型计算机。这些成千上万的网络和计算机通过电话线、高速专线、光缆、微波、卫星等传输介质连接在一起，在全球范围内构成了一个"四通八达"的网络。在这个网络中，几个核心的最大的主干网络组成了 Internet 的骨架，它们主要属于美国 Internet 的供应商（Internet Server Provider，ISP），如 GTE、MCI、Sprint 和 AOL 的 ANS 等。通过相互连接，主干网络之间建立起非常快速的通信线路，这些通信线路承担了网络上大部分的通信任务。由于 Internet 最早是从美国发展起来的，所以这些线路主要在美国交织并扩展到欧洲、亚洲和世界其他地方。

（2）Internet 是世界范围的信息和服务资源宝库。Internet 能为每一个入网的用户提供有价值的信息和其他相关服务。通过 Internet，用户不仅可以互通信息、交流思想，还可以实现全球范围的电子邮件服务、WWW 信息查询和浏览、文件传输服务、语音和视频通信服务等功能。目前，Internet 已成为覆盖全球的信息基础设施之一。

（3）组成 Internet 的众多网络共同遵守 TCP/IP。TCP/IP 从功能、概念上描述 Internet，它由大量的计算机网络协议和标准的协议簇所组成，但主要的协议是 TCP 和 IP。凡是遵守 TCP/IP 标准的物理网络，与 Internet 连接便成为全球 Internet 的一部分。

8.7.3　Internet 的主要服务

Internet 在拥有丰富资源的同时也提供了各种各样的服务方式，它们包括电子邮件（E-mail）服务、远程上机（Telnet）服务、文件传送协议（File Transfer Protocol，FTP）服务、WWW 服务、网络新闻（Usenet）服务、电子商务（Electronic Commerce，E-Commerce）服务等，还包括 Archie、Gopher、Wais 与 Web 等信息查询工具。

1．电子邮件服务

电子邮件简称 E-mail，是一种通过计算机网络与其他用户进行联系的快速、简便、高效、廉价的现代化通信手段，也是目前 Internet 用户使用得最频繁的一种服务。

电子邮件系统采用"存储转发"的方式为用户传递电子邮件。当用户期望通过 Internet 给某人发送信件时，首先要同为自己提供电子邮件服务的邮件服务器联机，然后将要发送的信件与收信人的邮件地址输入自己的电子邮箱，电子邮件系统会自动根据收件人地址将用户的信件通过网络一站站地送到对方的邮件服务器中；当信件送到目的地后，接收方的邮件服务器会根据收件人的地址将电子邮件分发到相应的电子邮箱中，等候用户自行读取；

用户可随时、随地通过计算机联机的方式打开自己的电子邮箱来查阅自己的邮件。电子邮件的具体工作过程如图 8-19 所示。

图 8-19　电子邮件的具体工作过程

2. 远程上机服务

Telnet 是最古老的一种 Internet 应用，起源于 ARPANET，中文全称为 "电信网络协议"。Telnet 给用户提供了一种通过联网的终端登录远程服务器的方式。Telnet 使用的传输层协议为 TCP，使用端口号为 23。Telnet 要求有一个 Telnet 服务器程序，此服务器程序驻留在主机上，用户终端通过运行 Telnet 客户机程序远程登录到 Telnet 服务器来实现资源的共享。

利用 Telnet 服务，用户可以通过自己的计算机进入 Internet 上的任何一台计算机系统，远距离操纵别的计算机以满足自己的需要。当然，要在远程计算机上登录，首先要成为该系统的合法用户并拥有要使用的那台计算机的相应用户名及口令。当用户通过客户端向 Telnet 服务器发出登录请求后，该 Telnet 服务器将返回一个信号，要求本地用户输入自己的登录名（Login Name）和口令（Password），只有用户返回的登录名与口令正确，登录才能成功。在 Internet 上，有些主机同时装载有寻求服务的程序和提供服务的程序，那么这些主机既可以作为客户端，也可以作为 Telnet 服务器使用。Telnet 工作模式如图 8-20 所示。

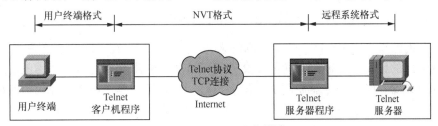

图 8-20　Telnet 工作模式

在 Internet 上，有很多信息服务机构提供开放式 Telnet 服务，当登录这些服务机构的 Telnet 服务器时，不需要事先设置用户账号，使用公开的用户名就可以进入系统。这样，用户就可以使用 Telnet 命令，使自己的计算机暂时成为远程计算机的一个仿真终端。一旦用户成功地实现了 Telnet，用户就可以像远程主机的本地终端一样进行工作且可以使用远程主机对外开放的全部资源，如硬件、程序、操作系统、应用软件及信息资料等。

Telnet 也经常用于公共服务或商业目的，用户可以使用 Telnet 远程检索大型数据库、公众图书馆的信息资源或其他信息。

3. 文件传送协议服务

Internet 上有许多公用的免费软件，允许用户无偿转让、复制、使用和修改。这些公用的免费软件种类繁多，从多媒体文件到普通的文本文件，从大型 Internet 软件包到小型应用软件和游戏软件，应有尽有。充分利用这些软件资源，能大大节省我们的软件编制时间，提高工作效率。用户要获取 Internet 上的免费软件，可以利用 FTP 这个工具。

FTP 服务是由 TCP/IP 的 FTP 支持的，是一种实时的联机服务。在进行文件传输时，本地计算机上启动客户程序，并利用它与远程计算机系统建立连接，激活远程计算机系统上的 FTP 服务程序，因此本地 FTP 程序就成为一个客户，而远程 FTP 程序就成为服务器，它们通过 TCP 进行通信。

用户每次请求传输文件时，远程 FTP 服务器负责找到用户请求的文件并利用 FTP 将文件通过 Internet 传送给客户。客户程序收到文件后，便将文件写到本地计算机系统的硬盘中。文件传输一旦完成，客户程序和服务器程序就终止 TCP 连接。需要说明的是，FTP 客户机与服务器之间建立的连接是双重连接：一个是控制连接，主要用于传输 FTP 命令和服务器的回送信息；另一个是数据连接，主要用于数据传输，如图 8-21 所示。这样，就可以将数据控制和数据传输分开，从而使 FTP 的工作更加高效。

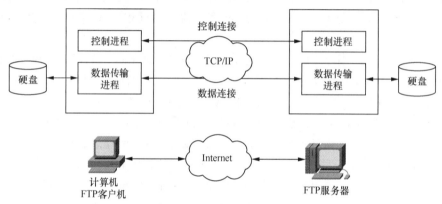

图 8-21 FTP 的工作模式

FTP 服务器通常由 IIS 和 Server-U 软件来构建，以便实现在 FTP 服务器和 FTP 客户端之间完成文件的传输。传输是双向的，文件既可以从服务器下载到客户端，也可以从客户端上传到服务器。FTP 服务器使用 21 作为默认的 TCP 端口号。用户可以采用两种方式登录 FTP 服务器：一种是一般匿名登录（以英文单词"Anonymous"为用户名，以自己的电子邮箱为口令）；另一种是使用授权账号和密码登录。对于一般匿名登录的用户，FTP 需要加以限制，不宜开启过高的权限；而对于使用授权账号和密码登录的用户，管理员则可以根据不同的用户设置不同的访问权限。

现在越来越多的政府机构、公司、大学、科研单位将大量的信息以公开的文件形式存放在 Internet 中（如文本文件、二进制文件、图像文件、声音文件、数据压缩文件等），因此使用 FTP 几乎可以获取任何领域的信息。

4. WWW 服务

WWW 即万维网（World Wide Web），它并不是一个独立于 Internet 的网络，而是一个基于超文本（Hypertext）方式的信息查询工具。它最大的特点是拥有非常友好的图形界面、非常简单的操作方法，以及图文并茂的显示方式。

超文本技术是指将许多信息资源连接成一个信息网，由结点和超链接（Hyperlink）所组成的、方便用户在 Internet 上搜索和浏览信息的超媒体（Hypermedia）信息查询服务系统。超媒体是一个与超文本类似的概念，在超媒体中，超链接的两端可以是文本结点，也可以是图像、语音等各种媒体数据。WWW 通过超文本传送协议（Hypertext Transfer Protocol，HTTP）向用户提供多媒体信息，所提供的基本单位是网页，每个网页中包含文字、图像、动画、声音等多种信息。

WWW 系统采用客户机-服务器（Client/Server）结构，在服务器端定义了一种组织多媒体文件的标准——超文本标记语言（HTML），按 HTML 格式储存的文件被称为超文本文件，在每一个超文本文件中都是通过一些超链接把该文件与别的超文本文件连接起来而构成一个整体的。在客户端，WWW 系统通过使用浏览器（如微软公司的 Internet Explorer、网景公司的 Netscape 等）就可以访问全球任何地方的 WWW 服务器上的信息了。

5．网络新闻服务

网络新闻是许多有共同爱好的 Internet 用户为了相互交换意见而组成的一种无形用户交流网络，它是按照不同的专题组织的。在 Internet 中分布着众多新闻服务器（News Server），志趣相投的用户可以借助这些新闻服务器来开展各种类型的专题讨论，通过它们，世界各地的用户都可以在一起讨论任何问题。

Usenet 是由多个讨论组组成的一个大集合，迄今为止，包括全世界数以百万计的用户和上万种不同类型的讨论组。因为存在专题讨论组，有必要建立一套命名规则以便用户找到自己感兴趣的小组。这套命名规则通常将专题讨论组的名称分为以下 3 个部分。

（1）专题讨论组所属的大类。根据大类可以判断某一讨论组是关于社会的、科学的、娱乐的，还是关于其他内容的。例如，soc 表示社会类、sci 表示科学类、comp 表示计算机类、rec 表示娱乐类等。

（2）讨论组大类中的不同主题。例如，sci.physics 表示在 sci（科学）大类中的 physics（物理学）主题。

（3）不同主题下的特定领域。例如，rec.games.shooting 就是在 rec（娱乐）大类中 games（游戏）主题下的关于 shooting（射击）的讨论组。

6．电子商务服务

电子商务是指在通信网络的基础上，基于计算机、软件的经济活动。它以 Internet 作为通信手段，使人们在计算机信息网络上建立企业形象、宣传产品和服务，同时进行电子交易和资金结算。

8.7.4　IP 地址

1．IP 地址的含义

在全球范围内，每个家庭都有一个地址，而每个地址是由国家（地区）、省、市、区、街道、门牌号这样一个层次结构组成的，因此每个家庭地址都是全球唯一的。有了这个唯一的家庭地址，信件的投递才能够正常进行，不会发生冲突。同样的道理，覆盖全球的 Internet 主机组成了一个大家庭，为了实现 Internet 上不同主机的通信，除使用相同的通信协议——TCP/IP，每台主机都必须有一个不与其他主机重复的地址，这个地址就是 Internet 地址，它相当于通信时每台主机的名字。Internet 地址包括 IP 地址和域名地址，它们是 Internet 地址的两种表示方式。

IP 地址就是给每个连接在 Internet 上的主机分配一个在全世界范围内唯一的 32 位二进

制比特串，它通常采用更直观的、以圆点"."分隔的 4 个十进制数字表示，每一个数字对应 8 个二进制位，如某一台主机的 IP 地址为 128.10.4.8。IP 地址的这种结构使每一个网络用户都可以很方便地在 Internet 上进行寻址。

2. IP 地址的组成和表示方法

（1）IP 地址的组成。从逻辑上讲，在 Internet 中，每个 IP 地址由网络号和主机号两部分组成，如图 8-22 所示。位于

网络号	主机号

图 8-22　IP 地址的组成

同一物理子网的所有主机和网络设备（如服务器、路由器、工作站等）的网络号是相同的，而通过路由器互联的两个网络，我们一般认为是两个不同的物理网络。对不同物理网络上的主机和网络设备而言，网络号是不同的。网络号在 Internet 中是唯一的。

主机号是用来区别同一物理子网中不同的主机和网络设备的。在同一物理子网中，必须给出每一台主机和网络设备的唯一主机号，以区别于其他的主机。

在 Internet 中，网络号和主机号的唯一性决定了每台主机和网络设备的 IP 地址的唯一性。在 Internet 中，根据 IP 地址寻找主机时，首先根据网络号找到主机所在的物理网络，在同一物理网络内部，主机的寻找是网络内部的事情，主机间的数据交换则是根据网络内部的物理地址来完成的。因此，IP 地址的定义方式是比较合理的，它对于 Internet 上不同网络间的数据交换非常有利。

（2）IP 地址的表示方法。前面已经提到了，一个 IP 地址共有 32 位二进制数，即由 4 个字节组成，平均分为 4 段，每段 8 位二进制（1 个字节）。为了简化记忆，用户实际使用 IP 地址时，几乎都将组成 IP 地址的二进制数记为 4 个十进制数表示，每个十进制数的取值范围是 0～255，每相邻两个字节的对应十进制数用"."分隔。IP 地址的这种表示法称为"点分十进制表示法"，显然这比全是 1、0 容易记忆。

下面是一个将二进制 IP 地址用点分十进制来表示的例子。

二进制地址格式：11001010 01100011 01100000 01001100

十进制地址格式：202.99.96.76

计算机的网络协议软件很容易将用户提供的十进制地址格式转换为对应的二进制 IP 地址，再供网络互联设备识别。

3. IP 地址的分类

IP 地址的长度确定后，其中网络号的长度将决定 Internet 中能包含多少个网络，主机号的长度将决定每个网络能容纳多少台主机。根据网络的规模大小，IP 地址一共可分为 5 类：A 类、B 类、C 类、D 类和 E 类。其中，A、B 和 C 类地址是基本的 Internet 地址，是用户使用的地址，为主类地址；D 类和 E 类为次类地址。A、B、C 类 IP 地址的表示如图 8-23 所示。

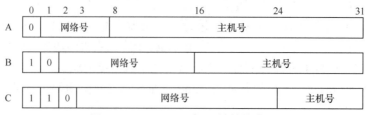

图 8-23　A、B、C 类 IP 地址的表示

　　A 类地址的前一个字节表示网络号且最前端一个二进制位固定是 "0"。因此，其网络号的实际长度为 7 位，主机号的长度为 24 位，表示的地址范围是 1.0.0.0～126.255.255.255。A 类地址允许有 $2^7-2=126$ 个网络（网络号的 0 和 127 保留用于特殊目的），每个网络有 $2^{24}-2=16777214$ 个主机。A 类 IP 地址主要分配给具有大量主机而局域网络数量较少的大型网络。

　　B 类地址的前两个字节表示网络号且最前端的两个二进制位固定是 "10"。因此，其网络号的实际长度为 14 位，主机号的长度为 16 位，表示的地址范围是 128.0.0.0～191.255.255.255。B 类地址允许有 $2^{14}=16384$ 个网络，每个网络有 $2^{16}-2=65534$ 个主机。B 类 IP 地址适用于中等规模的网络，一般用于一些国际大公司和政府机构等。

　　C 类地址的前三个字节表示网络号且最前端的三个二进制位是 "110"。因此，其网络号的实际长度为 21 位，主机号的长度为 8 位，表示的地址范围是 192.0.0.0～223.255.255.255。C 类地址允许有 $2^{21}=2097152$ 个网络，每个网络有 $2^8-2=254$ 个主机。C 类 IP 地址的结构适用于小型网络，如一般的校园网、一些小公司和研究机构的局域网等。

　　D 类 IP 地址不标识网络，一般用于其他一些特殊用途，如供特殊协议向选定的结点发送信息时使用，它又被称为广播地址。它的地址范围是 224.0.0.0～239.255.255.255。

　　E 类 IP 地址尚未使用，暂时保留将来使用。它的地址范围是 240.0.0.0～247.255.255.255。

　　从 IP 地址的分类方法来看，A 类地址的数量最少，共可分配 126 个网络，每个网络中最多有约 1700 万台主机；B 类地址共可分配 16000 多个网络，每个网络最多有约 65000 台主机；C 类地址最多，共可分配 200 多万个网络，每个网络最多有 254 台主机。

　　值得一提的是，这 5 类地址是完全平级的，它们之间不存在任何从属关系。但由于 A 类 IP 地址的网络号数量有限，因此现在仅能够申请的是 B 类或 C 类两种。当某个企业或学校申请 IP 地址时，实际上申请到的只是一个网络号，而主机号则由该单位自行确定分配，只要主机号不重复即可。

　　近年来，随着 Internet 用户数量的急剧增长，可供分配的 IP 地址数量也日益减少。现在 B 类地址已基本分配完，只有 C 类地址尚可分配，原有的 32 位长度的 IP 地址的使用状况已经显得相当紧张，而新的第 6 版互联网协议（Internet Protocol Version6，IPv6）方案的 128 位长度的 IP 地址将会缓解目前 IP 地址的紧张状况。

8.7.5　域名系统

　　前面已经讲到，IP 地址是 Internet 上主机的唯一标识，数字型 IP 地址对计算机网络来讲自然是最有效的，但是对使用网络的用户来说有不便记忆的缺点。与 IP 地址相比，人们更喜欢使用具有一定含义的字符串来标识 Internet 上的计算机。因此，在 Internet 中，用户可以用各种各样的方式来命名自己的计算机。但是这样就可能在 Internet 上出现重名，如提供 WWW 服务的主机都被命名为 "WWW"、提供电子邮件服务的主机都被命名为 "MAIL" 等，这样就不能唯一地标识 Internet 上的主机位置。为了避免重复，Internet 网络协会采取在主机名后加上后缀名的方法，这个后缀名称为域名，用来标识主机的区域位置。域名是通过申请合法得到的。

　　域名系统（Domain Name System，DNS）就是一种帮助人们在 Internet 上用名字来唯一标识自己的计算机并保证主机名和 IP 地址一一对应的网络服务。

1. 域名系统的层次命名机制

所谓层次命名机制，就是按层次结构依次为主机命名。在 Internet 中，首先由中央管理机构——网络信息中心（Network Information Center，NIC，又称为顶级域），将第一级域名划分为若干部分，包括一些地区代码，如中国用"CN"表示、英国用"UK"表示、日本用"JP"表示等；又由于 Internet 的形成有历史的特殊性，它主要是在美国发展壮大的，Internet 的主干网都在美国，因此在第一级域名中还包括美国的各种组织机构的域名，它与其他地区的地区代码同级，都作为一级域名。

美国的主机第一级域名一般直接说明主机的性质，而不是地区代码。如果用户见到某主机的第一级域名由 COM 或 EDU 等构成，一般可以判断这台主机在美国（也有美国主机第一级域名为 US 的情况）。其他地区的主机第一级域名一般都是地区代码。

第一级域名将各部分的管理权授予相应的机构，如将中国域名 CN 授权给中华人民共和国工业和信息化部（工信部），工信部再负责分配第二级域名。第二级域名往往表示主机所属的网络性质，如是属于教育界还是属于政府部门等。中国地区的用户第二级域名有教育网（EDU）、邮电网（NET）、科研网（AC）、团体（ORG）、政府（GOV）、商业（COM）、军队（MIL）等。

第二级域名又将各部分的管理权授予若干机构，如将 EDU 的域名管理权授予教育部，将 AC 的域名管理权授予科学技术部等，再一级级划分下去，就形成了一个层次结构，用图形来表示的话，就是一棵倒着长的树，如图 8-24 所示。

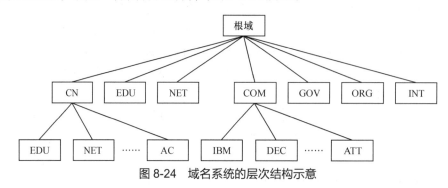

图 8-24　域名系统的层次结构示意

一级域名的地区代码如表 8-2 所示。

表 8-2　一级域名的地区代码

地区名称	地区域名	地区名称	地区域名
美国	US	西班牙	ES
中国	CN	意大利	IT
英国	UK	日本	JP
法国	FR	俄罗斯	RU
德国	DE	瑞典	SE
加拿大	CA	挪威	NO
澳大利亚	AU	韩国	KR

一级域名的美国机构组织代码如表 8-3 所示。

表 8-3 一级域名的美国机构组织代码

机构域名	机构名称
COM	商业组织
EDU	教育机构
ORG	各种非营利性组织
NET	网络支持中心
GOV	政府部门
MIL	军事部门
INT	国际组织

2. 域名的表示方式

Internet 的域名结构是由 TCP/IP 协议簇的域名系统定义的。域名结构也和 IP 地址一样，采用典型的层次结构，域名地址的通用格式如图 8-25 所示。

| 第四级域名 | · | 第三级域名 | · | 第二级域名 | · | 第一级域名 | · |

图 8-25 域名地址的通用格式

举个例子，www.uestc.edu.cn 中，www 为主机名，由服务器管理员命名；uestc.edu.cn 为域名，由服务器管理员合法申请后即可使用。其中，uestc 表示电子科技大学，edu 表示教育机构部门，cn 表示中国。www. uestc.edu.cn 就表示中国教育机构电子科技大学的 www 主机。

域名地址是比 IP 地址更高级、更直观的一种地址表示形式，因此实际使用时人们通常采用域名地址。应该注意，在实际使用中，有人将 IP 地址称为 IP 号，而将域名地址称为 IP 地址或者直接称为地址。我们认为，Internet 中的地址还是应该分成 IP 地址和域名地址两种，叫法上也要严格区分，但域名地址可以直接称为地址。

3. 域名服务器的功能和域名的解析过程

（1）域名服务器的功能。Internet 上的主机是通过 IP 地址来进行通信的，而为了用户使用和记忆方便，我们通常习惯使用域名来表示一台主机。因此，在网络通信过程中，主机的域名必须要转换成 IP 地址，我们称实现这种转换的主机为域名服务器（DNS Server）。域名服务器是一个基于客户机-服务器的数据库，在这个数据库中，每个主机的域名和 IP 地址是一一对应的。域名服务器的主要功能就是回答有关域名、地址、域名到地址或地址到域名的映射的询问，以及维护关于询问类型、分类或域名的所有资源记录的列表。

为了对询问提供快速响应，域名服务器一般对以下两种类型的域名信息进行管理。

① 区域所支持的或被授权的本地数据。本地数据中可包含指向其他域名服务器的指针，而这些域名服务器可能提供所需要的其他域名信息。

② 包含从其他服务器的解决方案或回答中所采集的信息。

（2）域名的解析过程。域名与 IP 地址的转换具体可分为两种情况：一种是当目标主机（要访问的主机）在本地网络时，由于本地域名服务器中含有本地主机域名与 IP 地址的对应表，因此这种情况下的解析过程比较简单。首先，客户机向本地域名服务器发出请求，请求将目标主机的域名解析成 IP 地址，本地域名服务器检查其管理范围内主机的域名，查出目标主机的域名所对应的 IP 地址并将解析出的 IP 地址返回给客户机。另一种是当目标主机不在本地网络时，这种情况下的解析过程稍微复杂一些。例如，当某个客户机发出一个请求，要求域名服务器解析 www.ryjiaoyu.com 的地址，具体的解析过程如下。

① 客户机先向自身指定的本地域名服务器发送一个查询请求，请求得到 www.ryjiaoyu.com 的 IP 地址。

② 收到查询请求的本地域名服务器若未能在它的数据库中找到对应 www.ryjiaoyu.com 的 IP 地址，就从根域层的域名服务器开始自上而下地逐层查询，直到找到对应该域名的 IP 地址为止。

③ ryjiaoyu.com 域名服务器给本地域名服务器返回 www. ryjiaoyu.com 所对应的 IP 地址。

④ 本地域名服务器向客户机发送一个响应，其中包含 www. ryjiaoyu.com 的 IP 地址。整个域名解析过程如图 8-26 所示。

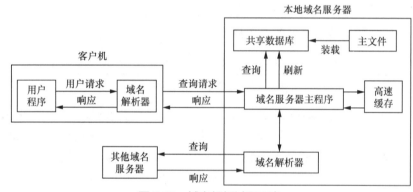

图 8-26　域名解析过程示意

8.8　无线网络

8.8.1　无线网络的含义

无线网络（Wireless Network）是指采用无线通信技术实现的网络，即无须布线就能实现各种通信设备互联的网络。

无线网络是在有线网络的基础上发展起来的，它采用与有线网络相同的工作方法，用途与有线网络也几乎完全相同。它们之间最大的区别在于传输介质的不同，无线网络利用电磁波取代网线，使联网的计算机具有可移动性，能快速、方便地解决有线网络不易实现的网络信道的连通问题。无线网络主要分为通过公众移动通信网实现的无线网络，如第三代移动通信技术（Third Generation Mobile System，3G）和第四代移动通信技术（Fourth Generation Mobile System，4G）网络，以及近距离的无线局域网（WLAN）两种类型。

8.8.2　蓝牙技术

1. 蓝牙的含义

蓝牙（Bluetooth）原是一位在公元 10 世纪统一丹麦的国王，他将当时的瑞典、芬兰与丹麦统一起来，用他的名字来命名这种新的技术标准含有将四分五裂的局面统一起来的意思。蓝牙技术实际上是一种短距离无线通信技术，是由世界著名的 5 家大公司——爱立信、诺基亚、东芝、IBM 和 Intel 公司于 1998 年 5 月联合宣布的一种开放性无线通信规范，后来成立的蓝牙特别兴趣组（Bluetooth Special Interest Group，SIG）负责该技术的开发和技术协议的制定。蓝牙技术使用高速跳频和时分多址等先进技术，在近距离内将多台数字设备（如移动电话、掌上电脑、笔记本电脑、蓝牙鼠标、蓝牙耳机，甚至各种家用电器等）呈网状连接起来进行信息交换。蓝牙技术是网络中各种外部设备接口的统一桥梁，它消除了设备之间的连线，以无线连接取而代之，并且其可靠性和保密性由独特的安全密钥和健全的加密机制来保证。

蓝牙网络有时也称为微微网（Piconet），它利用蓝牙技术把小范围（10～100 m）内装有蓝牙单元的各种电器组成微型网络。要组成蓝牙网络，蓝牙设备会搜索覆盖范围内的其他蓝牙设备，当设备相距 10 m 以内时，蓝牙网络会在两个或多个蓝牙设备间自动形成，使得在范围之内的各种电子设备都能实现数据通信和资源共享。在两个蓝牙设备交换数据前，它们的所有者需要先交换密钥或个人识别号（Personal Identification Number，PIN）。一旦交换了密钥，两个蓝牙设备就会形成一个可信赖配对，以后在这两个设备之间进行通信就不再需要重新输入密钥了。

"蓝牙"的标准是 IEEE 802.15，工作在 2.4 GHz 公用频率下，速率可达 1 Mbit/s。利用蓝牙技术，不仅能够有效地简化掌上电脑、笔记本电脑和手机等移动通信终端设备之间的通信，而且能够简化这些设备与 Internet 之间的通信，从而使这些现代通信设备与 Internet 之间的通信变得更加迅速高效，为无线通信拓宽道路。

2. 蓝牙技术的主要特点

蓝牙技术具有以下一些主要特点。

（1）全球范围适用。蓝牙在 2.4 GHz 的工业、科学和医疗频段（Industria Scientific and Medical Band，ISM）工作，全球绝大多数国家或地区 ISM 的范围是 2.4～2.4835 GHz，使用该频段无须向各国或地区的无线电资源管理部门申请许可证。

（2）可同时传输语音和数据。蓝牙采用电路交换和分组交换技术，支持 1 个异步数据通道、3 个并发的同步话音通道，以及 1 个同时传输异步数据和同步话音的通道。

（3）安全性和抗干扰能力强。工作在 ISM 的无线电设备有很多，为了抵抗这些设备的干扰，蓝牙采用了调频方式来扩展频谱，将 2.4 GHz～2.4835 GHz 频段分为 79 个频点，相邻频点间隔 1 MHz。蓝牙设备在某个频点发送数据之后自动跳到另一个频点发送。

（4）蓝牙模块体积小、功耗低、成本低，便于集成。

（5）蓝牙网络组网简单、方便。

8.8.3　Wi-Fi 技术

1. WLAN 和 Wi-Fi 之间的关系

无线局域网（WLAN）是指在距离受限制的区域内以无线信道作为传输介质的计算机局域网，该技术的出现能够很好地弥补有线局域网络的不足，以达到网络延伸的目的。WLAN 的常见标准有以下 4 种。

（1）IEEE 802.11a：使用 5 GHz 频段，最大传输速率约为 54 Mbit/s，与 IEEE 802.11b 不兼容。

（2）IEEE 802.11b：使用 2.4 GHz 频段，最大传输速率约为 11 Mbit/s。

（3）IEEE 802.11g：使用 2.4 GHz 频段，最大传输速率约为 54 Mbit/s，可向下兼容 IEEE 802.11b。

（4）IEEE 802.11n：使用 2.4 GHz 频段，最大传输速率约为 300 Mbit/s，可向下兼容 IEEE 802.11b 和 IEEE 802.11g。

无线保真（Wireless Fidelity，Wi-Fi）实际上是一种商业认证，是无线局域网联盟的一个商标，该商标仅保障使用该商标的商品互相之间可以合作，与标准本身实际上没有关系。但由于 Wi-Fi 主要采用 IEEE 802.11b 标准，因此人们逐渐习惯用 Wi-Fi 来称呼 IEEE 802.11b 标准。从包含关系上来说，Wi-Fi 是 WLAN 的一个标准，Wi-Fi 被包含于 WLAN 中，属于采用 WLAN 协议的一项技术。

2．Wi-Fi 技术的特点

（1）覆盖范围广。蓝牙网络的覆盖范围非常小，半径只有 10～15 m，而 Wi-Fi 的半径可达 300 m，适合办公室及单位内部使用。

（2）组网简单、成本低。Wi-Fi 与有线网络最大的区别在于传输介质的不同，即 Wi-Fi 利用电磁波取代了传统的网线。有线网络布线改线工程量大、线路容易损坏、网络中各结点移动不便等问题都严重限制了用户联网，Wi-Fi 有效地解决了有线网络的这些问题。另外，支持 Wi-Fi 的设备（无线路由器、无线网卡等，如图 8-27 所示）已经在市场上得到了广泛的应用，价格也比较便宜，因此 Wi-Fi 的整体成本较低。

（3）业务可集成。由于 Wi-Fi 技术在结构上与以太网基本一致，因此可以很方便地将 Wi-Fi 集成到已有的宽带网络中，也能将已有的宽带业务应用到 Wi-Fi 中。

（4）完全开放的频段。Wi-Fi 使用的是全球开放的频段，用户端无须任何许可就可以自由使用该频段上的服务。

图 8-27　无线路由器和无线网卡

8.8.4　1G～5G

移动无线通信系统的发展通常分为以下几个阶段。

（1）1G（First Generation Mobile System，第一代移动通信技术）。1G 系统又称为蜂窝无线通信系统，自 20 世纪 80 年代开始使用，仅限语音的传输。

（2）2G（Second Generation Mobile System，第二代移动通信技术）。2G 系统又称为数字无线通信系统，将语音以数字化方式传输，除具有通话功能，还引入了短消息业务（Short Message Service，SMS）功能。

（3）3G（Third Generation Mobile System，第三代移动通信技术）。它又称为多媒体无线通信系统，它是一种将无线通信与互联网多媒体通信结合的无线通信系统，能够处理图像、声音、视频等多媒体信息并提供网页浏览、电话会议、电子商务信息传递等多种服务。

（4）4G（Forth Generation Mobile System，第四代移动通信技术）。它是多功能集成的宽带无线通信系统，主要目标是提高移动装置无线访问互联网的速度。

（5）5G（Fifth Generation Mobile System，第五代移动通信技术）。它是新一代无线通信技术标准，也是 4G 的延伸，具有更高的传输速率、更快的反应速度和更大的连接数量。5G 网络的数据传输速率可达 10 Gbit/s，比 4G 网络 100 Mbit/s 的数据传输速率快了约 100 倍；5G 网络的延迟低于 1 ms，而 4G 网络的延迟约为 100 ms。另外，5G 网络最终要实现人与人、人与物、物与物之间的"万物互联"。5G 的特点可简单概括为"大带宽、低时延、高可靠和'万物互联'"。

小结

（1）计算机网络的发展大体上可以分为 4 个阶段：面向终端的通信网络阶段、计算机与计算机互联阶段、计算机网络互联阶段、Internet 与高速网络阶段。

（2）计算机网络是把分布在不同地理区域的计算机与专门的外部设备用通信线路互联成一个规模大、功能强的网络系统，从而使众多的计算机可以方便地互相传递信息，共享硬件、软件、数据信息等资源。

（3）从功能上分，计算机网络系统可以分为通信子网和资源子网两大部分。通信子网由通信控制处理机、通信线路和其他网络通信设备组成，主要承担全网的数据传输、转发、加工、转换等通信处理工作。资源子网由主机、终端、联网外部设备，以及软件资源和信息资源等组成，主要负责全网的数据处理业务，向全网用户提供所需的网络资源和网络服务。

（4）计算机网络的主要功能有数据通信、资源共享、均衡负荷与分布式处理、提高计算机系统的可靠性。

（5）计算机网络的分类标准很多，如拓扑结构、应用协议、传输介质、数据交换方式等，但最能反映网络技术本质特征的分类标准是网络的覆盖范围。按网络的覆盖范围可以将网络分为局域网、广域网、城域网和国际互联网。

（6）网络拓扑结构是指用传输介质互联各种设备的物理布局，并不涉及网络中信号的实际流动，而只是关心介质的物理连接形态。网络拓扑结构对整个网络的设计、功能、可靠性和成本等方面具有重要的影响。常见的计算机网络的拓扑结构有星形、环形、总线型、树形和网状。

（7）计算机网络体系结构是指整个网络系统的逻辑组成和功能分配，定义和描述了一组用于计算机及通信设施之间互联的标准和规范的集合。

（8）网络协议是指为网络中的数据交换而建立的规则、标准或约定。网络中的计算机，以及网络设备之间要进行数据与控制信息的成功传递就必须共同遵守网络协议。网络协议包括语法、语义和时序 3 个要素。

（9）OSI 参考模型将整个网络的功能划分成 7 个层次，由下往上分别为物理层、数据链路层、网络层、传输层、会话层、表示层、应用层。其中，物理层与传输介质相连，实现真正的数据通信；应用层面向用户，提供各种网络应用服务。

（10）TCP/IP 参考模型是对 OSI 参考模型的应用和发展，共分为 4 层，由下往上分别为主机-网络层、互联层、传输层和应用层。TCP/IP 是当今 Internet 上广泛使用的标准网络通信协议，其核心协议是 TCP 和 IP，除此之外还包括许多其他协议，共同组成了 TCP/IP 协议簇。

（11）局域网是一种在有限的地理范围内将大量 PC 及各种设备互联在一起以实现数据传输和资源共享的计算机网络。从组成来看，局域网由网络硬件和网络软件两部分组成。其中，硬件部分包括服务器、工作站、外部设备、网卡、传输介质等。软件部分包括协议软件、通信软件、管理软件、网络操作系统和网络应用软件。

（12）局域网所涉及的技术有很多，但决定局域网性能的主要技术有传输介质、拓扑结构和介质访问控制方法。局域网采用的传输介质主要有双绞线、同轴电缆、光纤和无线电波等；拓扑结构主要有星形、环形和总线型 3 种；普遍采用的介质访问控制方法有带冲突检测的载波监听多路访问（CSMA/CD）方法、令牌环（Token Ring）方法和令牌总线（Token Bus）方法。

（13）1980 年 2 月，IEEE 成立了专门负责制定局域网标准的 IEEE 802 委员会，该委员会制定了一系列局域网标准，统称为 IEEE 802 标准。

（14）Internet 是由成千上万个不同类型、不同规模的计算机网络互联在一起所组成的覆盖世界范围的、开放的全球性网络，也是世界范围的信息和服务资源宝库，所有采用 TCP/IP 的计算机都可以加入 Internet，实现信息共享和相互通信。

（15）用户通过 Internet 可获得各种各样的服务，如电子邮件服务、Telnet 服务、FTP 服务、WWW 服务、网络新闻服务，以及电子商务服务等。

（16）覆盖全球的 Internet 主机组成了一个大家庭，每台主机都有一个不与其他主机重复的地址，这个地址就是 IP 地址。IP 地址由网络号和主机号两部分组成。其中，网络号用于区别不同的物理子网，而主机号用于区别同一物理子网中不同的主机和网络设备。在 Internet 中，网络号和主机号的唯一性决定了每台主机和网络设备的 IP 地址的唯一性。

（17）IP 地址共由 32 位二进制数组成，为了记忆的方便，IP 地址通常都是采用"点分十进制表示法"来进行表示的。根据网络规模的大小，IP 地址一共可分为 5 类：A 类、B 类、C 类、D 类和 E 类。其中，A 类、B 类和 C 类地址为主类地址，D 类和 E 类地址为次类地址。

（18）域名系统是一种帮助人们在 Internet 上用名字来唯一标识自己的计算机并保证主机名和 IP 地址一一对应的网络服务。域名通常是按照层次结构来进行命名的，域名地址是比 IP 地址更高级、更直观的一种地址表示形式，在实际使用时人们一般都采用域名地址。

（19）主机域名与 IP 地址的转换称为域名解析，实现这种转换的主机称为域名服务器。域名服务器的主要功能是回答有关域名、地址、域名到地址或地址到域名的映射的询问，以及维护关于询问类型、分类或域名的所有资源记录的列表。

（20）无线网络是指采用无线通信技术实现的网络，它利用电磁波取代网线，使联网的计算机具有可移动性，能快速、方便地解决有线网络不易实现的网络信道的连通问题。无线网络主要分为通过公众移动通信网实现的无线网络（如 3G 和 4G 网络）和近距离的无线局域网（WLAN）。

（21）蓝牙技术是一种短距离无线通信技术，它使用高速跳频和时分多址等先进技术，在近距离内将多台数字设备呈网状连接起来进行信息交换。蓝牙技术主要具有全球范围适用、可同时传输语音和数据、安全性和抗干扰能力强、成本低、组网简单等优点。

（22）Wi-Fi 是无线局域网联盟的一个商标，它主要采用 WLAN 的 IEEE 802.11b 标准，因此 Wi-Fi 被包含于 WLAN 中，属于采用 WLAN 协议的一项技术。Wi-Fi 主要具有覆盖范围广、组网简单、成本低、业务可集成、完全开放的频段等优点。

（23）移动通信技术的发展通常分为 5 代，即 1G～5G，目前我们正处于"5G 时代"，5G 的特点可简单概括为大带宽、低时延、高可靠和"万物互联"。

习题 8

一、单项选择题

1. 早期的计算机网络由（　　）组成系统。
   A. 计算机-通信线路-计算机　　B. PC-通信线路-PC
   C. 终端-通信线路-终端　　D. 计算机-通信线路-终端
2. 计算机网络中实现互联的计算机是（　　）进行工作的。
   A. 独立　　B. 并行　　C. 相互制约　　D. 串行
3. 在计算机网络中处理通信控制功能的计算机是（　　）。
   A. 通信线路　　B. 终端　　C. 主计算机　　D. 通信控制处理机
4. 在计算机网络发展过程中，（　　）对计算机网络的形成与发展影响最大。
   A. ARPANET　　B. OCTOPUS　　C. DATAPAC　　D. NOVELL
5. 在 OSI 参考模型中，同一结点内相邻层次之间通过（　　）来进行通信。
   A. 协议　　B. 接口　　C. 应用程序　　D. 进程
6. 在 TCP/IP 协议簇中，TCP 是一种（　　）协议。
   A. 主机-网络层　　B. 应用层　　C. 数据链路层　　D. 传输层
7. 下面关于 TCP/IP 的叙述中，（　　）是错误的。
   A. TCP/IP 成功地解决了不同网络难以互联的问题
   B. TCP/IP 协议簇分为 4 个层次：主机-网络层、互联层、传输层和应用层
   C. IP 的基本任务是通过互联网络传输报文分组
   D. Internet 中的主机标志是 IP 地址
8. TCP 对应于 OSI 参考模型的传输层，下列说法中正确的是（　　）。
   A. 在 IP 的基础上，提供端到端的、面向连接的可靠传输
   B. 提供一种可靠的数据流服务
   C. 当传输差错干扰数据或基础网络出现故障时，由 TCP 来保证通信的可靠
   D. 以上均正确
9. IEEE 802 标准中的（　　）标准定义了逻辑链路控制子层的功能与服务。
   A. IEEE 802.5　　B. IEEE 802.3　　C. IEEE 802.2　　D. IEEE 802.1
10. IEEE 802.2 标准中 10 Base-T 规定在使用 5 类 UTP 时，从网卡到集线器的最大距离为（　　）。
    A. 100 m　　B. 185 m　　C. 300 m　　D. 500 m

11. 电子邮件地址的格式为（　　　）。

    A. 用户名@邮件主机域名　　　　　　B. @用户邮件主机域名

    C. 用户名邮件主机域名　　　　　　　D. 用户名@域名邮件

12. （　　　）属于 B 类 IP 地址。

    A. 127.233.12.59　B. 152.96.209　　C. 192.196.29.45　　　　D. 202.96.209.5

13. 在 Internet 的基本服务功能中，远程上机所使用的命令是（　　　）。

    A. FTP　　　　　　B. TELNET　　　C. MAIL　　　　　　　D. OPEN

14. Ally@sina.com.cn 是一种典型的用户（　　　）。

    A. 数据　　　　　　B. 硬件地址　　　C. 电子邮件地址　　　D. WWW 地址

15. 在 Internet 中，下列域名的书写方式中正确的是（　　　）。

    A. ftp→uestc→edu→cn　　　　　　　B. ftp.uestc.edu.cn

    C. ftp-uestc-edu-cn　　　　　　　　D. 以上都不对

16. 以下更适合组建无线局域网而不是以太网的地方是（　　　）。

    A. 灾难区　　　　　B. 野外　　　　　C. 古建筑　　　　　D. 实验室

17. 以下不属于无线局域网利用 2.4 GHz 频段进行传输的标准是（　　　）

    A. 802.11a　　　　B. 802.11b　　　C. 802.11g　　　　　D. 802.11n

二、填空题

1. 计算机网络是_____技术和_____技术相结合的产物。

2. 计算机网络系统是由通信子网和_____组成的。

3. 以_____为代表，标志着第四代计算机网络的兴起。

4. 网络协议的 3 个要素是_____、_____和_____。

5. 局域网可采用多种传输介质，如_____、_____和_____等。

6. 组建局域网通常采用 3 种拓扑结构，分别是_____、_____和_____。

7. IP 地址由_____和_____两部分组成。其中，_____用于区别同一物理子网中不同的主机和网络设备。

8. FTP 服务是一种联机服务，使用的是_____模式。

9. 在 Internet 上浏览信息时，WWW 浏览器和 WWW 服务器之间传输网页使用的协议是_____。

10. 主机域名与 IP 地址的转换过程称为_____，实现这种转换的主机称为_____。

11. 蓝牙使用的标准是_____。

12. Wi-Fi 主要采用 WLAN 中的_____协议，因此 Wi-Fi 被包含于 WLAN 中。

三、简答题

1. 什么是计算机网络？计算机网络由哪几部分组成？

2. 什么是通信子网和资源子网？它们分别有什么特点？

3. 计算机网络的发展可以分为几个阶段？每个阶段各有什么特点？

4. 请简述计算机网络的主要功能。

5. 按照覆盖范围来分，计算机网络可以分为哪几类？

6. 什么是网络协议？它在网络中的作用是什么？

7. 网络协议采用层次结构模型有什么好处？请简述网络层次间的关系。

8. 请分别简述 ISO 参考模型各层的主要功能和特点。

9. 什么是局域网？局域网的主要特点是什么？

10. 局域网的物理拓扑结构有哪几种形式？分别有哪些特点？

11. 什么是 Internet？Internet 有哪些特点？

12. Internet 能提供哪些主要的信息服务？

13. TCP/IP 仅仅包含 TCP 和 IP 两个协议吗？为什么？

14. 什么是 Internet 地址？Internet 地址的表示方式有哪两种？

15. 什么是 IP 地址？请简述 IP 地址的结构。

16. IP 地址可分为哪几类？请分别说出它们的范围。

17. 什么是蓝牙？蓝牙有哪些特点？

18. 什么是 Wi-Fi？Wi-Fi 具有哪些特点？

第 9 章 计算机信息安全基础知识

计算机技术的发展，特别是计算机网络的广泛应用，对社会经济、科学和文化的发展产生了重大影响。与此同时，也不可避免地带来了一些新的社会、道德、政治和法律问题。例如，计算机网络使人们更加迅速而高效地共享各领域的信息，却引发了引起社会普遍关注的计算机犯罪（Computer Crime）问题。计算机犯罪是一种高技术类型犯罪，由于其高隐蔽性和高破坏性的特点，对社会安全构成了一定的威胁。

本章学习目标

- 理解计算机信息安全的基本概念、涵盖的主要技术，以及我国现行的相关法律法规。
- 掌握计算机病毒的概念、特点和分类。
- 掌握防火墙的基本概念和类型。
- 了解计算机职业道德的相关内容。

9.1 计算机信息安全概述

9.1.1 计算机信息安全的基本概念

计算机信息安全问题是一个十分复杂的问题。通常我们将"信息系统安全"定义为"确保以电磁信号为主要形式的、在计算机网络化（开放互联）系统中进行自动通信、处理和利用的信息内容，在各个物理位置、逻辑区域、存储和传输介质中，处于动态和静态过程中的机密性（Security）、完整性（Integrity）、可用性（Availability）、可审查性和抗抵赖性，与人、网络、环境有关的技术安全、结构安全和管理安全的总和，其中，"人"是指信息系统的主体，包括各类用户、支持人员，以及技术管理和行政管理人员；"网络"则是指计算机、网络互联设备、传输介质、信息内容及操作系统、通信协议和应用程序所构成的物理的与逻辑的完整体系；"环境"则是系统稳定和可靠运行所需要的保障体系，包括建筑物、机房、动力保障与备份，以及应急与恢复体系。

尽管信息系统安全是一个多维、多层次、多因素、多目标的体系，但信息系统安全的唯一和最终目标是保障信息内容在系统内的任何地方、任何时候和任何状态下的机密性、完整性和可用性。

（1）机密性。机密性是指系统中的信息只能由授权用户访问。

（2）完整性。完整性是指系统中的信息只能由授权用户进行修改，以确保信息没有被篡改。

（3）可用性。可用性是指系统中的信息对授权用户是有效可用的。

　　许多安全问题是由一些恶意的用户希望获得某些利益或损害他人利益而故意制造的。根据他们攻击的目的和方式可以将威胁手段分为主动攻击和被动攻击两种。

　　（1）主动攻击。主动攻击是指修改信息或创建假信息，一般采用的手段有重现、修改、破坏和伪装。例如，利用网络漏洞破坏网络系统的正常工作和管理。

　　（2）被动攻击。被动攻击是指通过偷听和监视来获得存储和传输的信息。例如，通过收集计算机屏幕或电缆辐射的电磁波，用特殊设备进行还原，以窃取商业、军事和政府的机密信息。

9.1.2　计算机信息安全技术

　　计算机信息安全技术的主要任务是保证计算机系统的可靠性、安全性和保密性。它研究的主要问题是如何确保系统的可用性和可维护性、如何确保系统信息本身的安全和人身安全，以及如何确保对信息的占有和存取的合法性。

　　总的来说，计算机信息安全技术主要包含以下几个方面的内容。

1．实体安全技术

　　实体安全技术主要是指为保证计算机设备、通信线路，以及相关设施的安全而采取的技术和方法，主要包括计算机系统的环境安全技术、计算机故障诊断技术、抗电磁干扰技术、防电磁泄漏技术、实体访问控制技术、媒体存放与管理技术等。

2．数据安全技术

　　数据安全技术主要是指为保证计算机系统中的数据库或数据文件免遭破坏、修改、窃取而采取的技术和方法，主要包括用户识别技术、口令验证技术、数据存取与加密技术、数据备份技术，以及异地存放技术等。

3．软件安全技术

　　软件安全技术主要是指为了保证计算机软件系统中的软件免遭破坏、非法复制、非法使用或避免软件本身缺陷而采取的技术和方法，主要包括各种口令的控制与鉴别技术、软件加密技术、软件测试技术、软件安全标准等。

4．网络安全技术

　　网络安全技术是指为了保证网络及其结点安全而采取的技术和方法，主要包括访问控制技术、数据加密技术、数字签名技术、报文鉴别技术、网络检测技术、路由控制和流量分析控制技术、网络防火墙与入侵检测技术等。

5．安全评价技术

　　计算机系统的安全性是相对的，系统的安全性与开放性本来就是一对矛盾，所有系统的安全设计都是安全效果与安全开销相平衡的结果。不同的系统、不同的任务对信息系统安全具有不同的要求，因此需要一个安全评价标准作为系统安全检验的依据。

9.1.3　信息安全法规

1．计算机犯罪

　　根据公安部网络安全保卫局的定义，计算机犯罪就是在信息活动领域中，利用计算机信息系统或计算机信息知识作为手段或者针对计算机信息系统，对国家、团体或个人造成危害，依据法律规定，应当被予以刑罚处罚的行为。

计算机犯罪可分为以下 3 种类型。

（1）破坏计算机系统罪。破坏计算机系统罪是指针对计算机信息系统的功能，非法进行删除、修改、增加和干扰，造成计算机信息系统不能正常运行的行为。破坏计算机系统罪可能针对软件，也可能针对硬件，因此是最严重、危害最大的一种犯罪。

（2）非法侵入计算机信息系统罪。非法侵入计算机信息系统罪是指行为人进入明知无权进入的重要计算机系统的犯罪。随着社会信息化的推进，计算机系统对公众变得非常重要，如金融、保险、教育等公共服务系统已经与人们密切相关。这些计算机系统一旦受到非法入侵，往往会给系统管理部门和使用者造成不可挽回的损失。此外，当信息已经成为企业生产和经营要素时，数据的泄露就可能导致企业破产。因此，针对任何企业或纯粹私人性质的计算机系统的非法入侵也属于犯罪行为。

（3）计算机信息系统安全事故罪。计算机安全的法律保障不能只考虑破坏安全的一方，还要考虑维护安全的一方。尤其是那些作为互联网的一部分而存在的计算机系统，其系统安全性也是使用者关心的主要问题。目前，我国对于提供公共服务的计算机系统还缺乏相应的法律规定。对于一个计算机系统自身的保护措施达到什么水平才能起到保护系统使用者利益的问题，法律上并没有予以解决。但是，正如提供交通运输或其他服务的机构一样，计算机系统服务的提供者在因安全问题给使用者造成损失时，也应该在法律上承担责任。因此，计算机犯罪应该包括计算机信息系统安全事故罪。

2. 软件知识产权与计算机安全的法律、法规

计算机软件系统是一种技术含量较高、开发周期较长和开发成本较高的知识型产品。因具有易复制性，软件产权保护异常困难。如果不严格执行软件知识产权的保护、制止未经许可的商业化盗用，任凭盗版软件横行，软件开发企业将无法维持生存，也不会有人愿意开发软件，软件产业就不会有大的发展。因此，全社会必须重视软件知识产权保护问题，必须制定和完善相关法律、法规并严格执法；同时，要加大宣传力度，树立人人尊重知识、尊重知识产权的意识。

（1）软件知识产权的概念。知识产权是指人类通过创造性智力劳动而获得的一项智力性财产权，是一种典型的由人的创造性劳动产生的"知识产品"。软件知识产权指的是计算机软件版权。

目前在我国，保护计算机知识产权的法律体系已经基本形成，为激励创新、保护私有知识产权技术成果和产品提供了必要的法律依据。

1991 年 10 月 1 日，《计算机软件保护条例》（旧条例）开始实施。该条例对计算机软件的定义、软件著作权、软件的登记管理，以及法律责任做了详细的描述。2002 年 1 月 1 日，新条例开始实施，在原有条例的基础之上进行了一些修订和补充。

（2）计算机安全相关法律、法规。为了依法打击计算机犯罪、加强计算机信息系统的安全保护和国际互联网的安全管理，我国制定了一系列有关法律、法规，经过多年的实践，已形成了比较完整的行政法规和法律体系，了解这些法律、法规对于每一个公民来说都是必要的。

现有关于计算机信息安全管理的法律法规如下。

① 1994 年 2 月 18 日出台的《中华人民共和国计算机信息系统安全保护条例》。

② 1996 年 1 月 29 日制定的《公安部关于对与国际联网的计算机信息系统进行备案工作的通知》。

③ 1996 年 2 月 1 日出台的《中华人民共和国计算机信息网络国际联网管理暂行规定》，并于 1997 年 5 月 20 日做了修订。

④ 1997 年 12 月 30 日由公安部颁布的、经国务院批准的《计算机信息网络国际联网安全保护管理办法》。

另外，《中华人民共和国刑法》第 285～287 条针对计算机犯罪给出了相应的规定和处罚。对于非法入侵计算机信息系统罪，《中华人民共和国刑法》第 285 条规定："违反国家规定，侵入国家事务、国防建设、尖端科学技术领域的计算机信息系统，处三年以下有期徒刑或拘役。"对于破坏计算机信息系统罪，《中华人民共和国刑法》第 286 条明确规定了 3 种罪，包括破坏计算机信息系统功能罪、破坏计算机信息数据和应用程序罪、制作和传播计算机破坏性程序罪。《中华人民共和国刑法》第 287 条规定："利用计算机实施金融诈骗、盗窃、贪污、挪用公款、窃取国家秘密或其他犯罪的，依照本法有关规定定罪处罚。"

9.2　计算机病毒的基本概念及其防治

9.2.1　计算机病毒的概念

计算机病毒借用了生物病毒的概念。众所周知，生物病毒是能侵入人体和其他生物体内的病原体，并能在人群及生物群体中传播，潜入人体或其他生物体内的细胞后就会大量繁殖与病毒本身相仿的复制品，这些复制品又去感染其他健康的细胞，造成病毒的进一步扩散。计算机病毒和生物病毒一样，是一种能侵入计算机系统和网络、危害其正常工作的"病原体"，能够对计算机系统进行各种破坏，同时能自我复制，具有传染性和潜伏性。

早在 1949 年，冯·诺依曼在一篇名为《复杂自动装置的理论及组织的进行》的论文中就给出了病毒程序的原始定义："计算机病毒实际上就是一种可以自我复制、传播的具有一定破坏性或干扰性的计算机程序或是一段可执行的程序代码。计算机病毒可以附着在各种类型的正常文件中，使用户很难察觉和根除。"

之后，人们也从不同的角度给计算机病毒下了定义。美国加利福尼亚大学的弗莱德·科恩（Fred Cohen）博士为计算机病毒所下的定义是"计算机病毒是一个能够通过修改程序，并且通过自身及其复制品'感染'其他程序的程序"。美国国家计算机安全局出版的《计算机安全术语汇编》对计算机病毒下的定义是"计算机病毒是一种自我繁殖的'特洛伊木马'，它由任务部分、触发部分和自我繁殖部分组成"。我国在《中华人民共和国计算机信息系统安全保护条例》中将计算机病毒明确定义为"编制或者在计算机程序中插入的破坏计算机功能或者毁坏数据，影响计算机使用，并能自我复制的一组计算机指令或者程序代码。"

9.2.2　计算机病毒的特征

无论是哪一种计算机病毒，都是人为制造的、具有一定破坏性的程序，有别于医学上所说的传染病毒（计算机病毒不会传染给人），然而，两者又有着一些相似的地方，计算机病毒具有以下一些特征。

（1）传染性。传染性是病毒的基本特征。在生物界，病毒通过传染从一个生物体扩散到另一个生物体。在适当的条件下，病毒可得到大量繁殖并使被感染的生物体表现出病症甚至死亡。同样地，计算机病毒也会通过各种渠道从已被感染的计算机扩散到未被感染的计算机，在某些情况下造成被感染的计算机工作失常甚至瘫痪。与生物病毒不同的是，计算机病毒是一段人为编制的计算机程序代码，这段程序代码一旦进入计算机并得以执行，就会搜寻其他符合传染条件的程序或存储介质，确定目标后再将自身代码插入其中，达到自我繁殖的目的。一台计算机感染病毒，如果不及时处理，那么病毒就会在这台计算机上迅速扩散，其中的大量文件（一般是可执行文件）会被感染。而被感染的文件又成了新的传染源，这个文件再与其他机器进行数据交换或通过网络接触，病毒会继续进行传染。大部分病毒不管是处在激发状态还是处在隐蔽状态，均具有很强的传染能力，可以很快地传染一个大型计算机中心、一个局域网或广域网。

（2）隐蔽性。计算机病毒往往是"短小精悍"的程序，非常容易隐藏在可执行程序或数据文件当中。当用户运行正常程序时，病毒伺机窃取系统控制权，限制正常程序的执行，而这些对用户来说都是未知的。若不经过代码分析，病毒程序和普通程序是不容易区分的。正是由于病毒程序的隐蔽性才使其在被发现之前已进行了广泛的传播，造成了较大的破坏。

（3）潜伏性。计算机的潜伏性是指病毒具有依附于其他媒体生存（寄生）的能力。一个编制"精巧"的计算机病毒程序进入系统之后一般不会马上发作，可以在几周或者几个月内，甚至在几年内隐藏在合法文件中，对其他系统进行传染，而不被人发现。例如，在每年 4 月 26 日发作的 CIH 病毒、每逢 13 号的星期五发作的"黑色星期五"病毒等。病毒的潜伏性越好，其在系统中的存在时间就越长，病毒的传染范围就越大。潜伏性的第一种表现是病毒程序不用专用检测程序是检查不出来的，因此病毒可以静静地"躲"在磁盘或磁带里，短则几天，长则几年，一旦时机成熟，得到运行机会，就会四处繁殖、扩散，继续为害。潜伏性的第二种表现是计算机病毒的内部往往有一种触发机制，不满足触发条件时，计算机病毒除传染外不进行任何破坏。触发条件一旦得到满足，有的在屏幕上显示信息、图形或特殊标志，有的则执行破坏系统的操作，如格式化磁盘、删除磁盘文件、对数据文件做加密、封锁键盘、使系统死锁等。

（4）触发性。病毒的触发性是指病毒在一定的条件下通过外界的刺激而被激活，进而产生破坏作用。触发病毒程序的条件是病毒制作者安排、设计的，这些触发条件可能是时间/日期触发、计数器触发、输入特定符号触发、启动触发等。病毒运行时，触发机制检查预定条件是否满足，如果满足，启动感染或破坏动作，使病毒进行感染或攻击；如果不满足，则病毒继续潜伏。

（5）破坏性。计算机病毒的最终目的是破坏用户程序及数据，计算机病毒的破坏行为体现了病毒的"杀伤"能力。病毒破坏行为的激烈程度取决于病毒制作者的主观意愿及其所具有的技术能力。如果病毒制作者的目的在于彻底破坏系统的正常运行，那么这种病毒对于计算机系统所造成的后果是难以设想的，它可以破坏磁盘文件的内容、删除数据、抢占内存空间甚至对硬盘进行格式化，造成整个系统的崩溃。有时，几种本没有多大破坏作用的病毒交叉感染，也会导致系统崩溃等。

（6）衍生性。计算机病毒本身是一段可执行程序，加上计算机病毒本身是由几部分组成的，所以可以被恶作剧者或恶意攻击者模仿，甚至对计算机病毒的几个模块进行修改，使之成为一种不同于原病毒的计算机病毒。例如，曾经在 Internet 上影响颇大的"震荡波"病毒，其变种病毒就有 A、B、C 等好几种。

9.2.3　计算机病毒的分类

以前，大多数计算机病毒主要通过软盘传播，当 Internet 成为人们的主要通信方式以后，网络又为病毒提供了新的传播机制，病毒的产生速度大大加快，数量也不断增加。据国外统计，计算机病毒以 10 种/周的速度递增，另据我国公安部统计，国内计算机病毒以 4～6 种/月的速度递增。目前，全球的计算机病毒有数万种，对计算机病毒的分类方法也存在很多种，常见的有以下几种。

1．按病毒存在的媒体分类

（1）引导型病毒。引导型病毒是一种在系统引导时出现的病毒，依托的环境是 BIOS 中断服务程序。引导型病毒利用操作系统的引导模块放在某个固定的位置并且控制权的转交方式是以物理地址为依据的，而不是以操作系统引导区的内容为依据的，因而病毒占据该物理位置后即可获得控制权，而将真正的引导区内容转移或替换。待病毒程序被执行后，再将控制权交给真正的引导区内容，使这个带病毒的系统表面上看似正常运转，但实际上病毒已经隐藏到系统中，伺机传染、发作。引导型病毒主要感染软盘、硬盘上引导扇区（Boot Sector）上的内容，在用户启动计算机或对软盘等存储介质进行读、写操作时进行感染和破坏活动，还会破坏硬盘上的文件分区表（File Allocation Table，FAT）。此类病毒有 Anti-CMOS、Stone 等。

（2）文件型病毒。文件型病毒主要感染计算机中的可执行文件，在用户使用某些正常的程序时，病毒被加载并向其他可执行文件扩散，如随着微软公司的 Word 的广泛使用和 Internet 的推广普及而出现的宏病毒。宏病毒是一种寄生于文档或模板的宏中的计算机病毒。一旦打开这样的文档，宏病毒就会被激活，转移到计算机上并驻留在 Normal 模板上。此后，所有自动保存的文档都会感染上这种宏病毒，而且如果其他计算机的用户打开了感染病毒的文档，宏病毒又会转移到其他计算机上。

（3）混合型病毒。混合型病毒是指同时具有引导型病毒和文件型病毒寄生方式的计算机病毒，综合利用以上病毒的传染渠道进行传播和破坏。这种病毒扩大了病毒程序的传染途径，既感染磁盘的引导记录，又感染可执行文件，同时通常具有较复杂的算法、使用非常规的办法侵入系统，还使用了加密和变形算法。当感染了此种病毒的磁盘用于引导系统或调用执行感染病毒的文件时，病毒都会被激活。因此，在检测、清除混合型病毒时，必须根治。如果只发现该病毒的一个特性，仅将其当作引导型或文件型病毒进行清除，则看似清除了，但仍留有隐患，这种经过杀毒后的"洁净"系统往往更有攻击性。此类病毒有 Flip 病毒、"新世纪"病毒、One-Half 病毒等。

2．按病毒的破坏能力分类

（1）良性病毒。良性病毒是指那些只是为了表现自身，并不彻底破坏系统和数据但会大量占用CPU时间、增加系统开销、降低系统工作效率的一类计算机病毒。这种病毒多数是恶作剧者的产物，其目的不是破坏系统和数据，而是让使用感染病毒的计算机的用户通过显示器或扬声器看到或听到病毒制作者的编程技术。但是，良性病毒对系统也并非完全没有破坏作用，良性病毒取得系统控制权后会导致整个系统运行效率降低、系统可用内存容量减少，使某些应用程序不能运行。良性病毒还会与操作系统和应用程序争夺CPU的控制权，常常导致整个系统死锁，给正常操作带来麻烦。有时，系统内还会出现几种病毒交叉感染的现象，一个文件不停地反复被几种病毒所感染。例如，原来只有10 KB的文件变成约90 KB就是被几种病毒反复感染了多次。这不仅会消耗大量宝贵的磁盘存储空间，而且整个计算机系统也会由于多种病毒寄生于其中而无法正常工作。典型的良性病毒有"小球"病毒、"救护车"病毒、Dabi病毒等。

（2）恶性病毒。恶性病毒是指那些一旦发作，就会破坏系统或数据，造成计算机系统瘫痪的计算机病毒。这类病毒的危害极大，一旦发作，给用户造成的损失可能是不可挽回的。例如，"黑色星期五"病毒、CIH病毒、"米开朗基罗"病毒（也叫米氏病毒）等。米氏病毒发作时，硬盘的前17个扇区将被彻底破坏，使整个硬盘上的数据无法恢复，造成无法挽回的损失。有的病毒还会对硬盘进行格式化等破坏。这些操作代码都是被刻意编写进病毒的，这也是其一大特性。

3. 按病毒传染的方法分类

（1）驻留型病毒。驻留型病毒感染计算机后会驻留在内存（RAM）中，这一部分程序挂接系统调用并被合并到操作系统中且一直处于激活状态。

（2）非驻留型病毒。非驻留型病毒是一种立即传染的病毒，每执行一次带病毒程序，就自动在当前路径中搜索，查到满足要求的可执行文件立即进行传染。该类病毒不修改中断向量、不改动系统的任何状态，因而很难区分当前运行的是一个病毒还是一个正常的程序。典型的非驻留型病毒如Vienna/648。

4. 按照计算机病毒的链接方式分类

（1）源代码型病毒。这类病毒较为少见，主要攻击高级语言编写的源程序。源代码型病毒在源程序编译之前插入其中并随源程序一起被编译、链接成可执行文件，最终所生成的可执行文件便已经感染了病毒。

（2）嵌入型病毒。这种病毒将自身代码嵌入被感染文件，把计算机病毒的主体程序与攻击的对象以插入的方式链接。这类病毒一旦侵入程序，查毒和杀毒都非常不容易。不过编写嵌入型病毒比较困难，所以这种病毒的数量不多。

（3）外壳型病毒。外壳型病毒一般将自身代码附着于正常程序的首部或尾部，对原来的程序不做修改。这类病毒种类繁多，易于编写也易于发现，大多数感染文件的病毒都属于这种类型。

（4）操作系统型病毒。这种病毒用自己的程序意图加入或取代部分操作系统进行工作，具有很强的破坏力，可能导致整个系统的瘫痪。"圆点"病毒和"大麻"病毒就是典型的操作系统型病毒，这种病毒在运行时，用自己的逻辑部分取代操作系统的合法程序模块，对操作系统进行破坏。

9.2.4 计算机病毒的威胁与传播途径

1. 计算机病毒的威胁

随着互联网的发展，近几年，计算机病毒呈现出异常活跃的态势。据最新统计数据，截至 2019 年年底，卡巴斯基实验室反病毒产品共拦截了近 100 亿次针对用户计算机和移动设备的恶意攻击。其中，约 38%的计算机用户在 2019 年至少遭遇了一次网络攻击，约 19%的安卓用户在 2019 年至少遭遇了一次移动威胁。2019 年，网络病毒威胁仍主要聚焦在两个方面——移动威胁与金融威胁。其中，移动威胁的增长趋势尤为明显。据卡巴斯基实验室的数据，2019 年新增移动恶意程序和手机银行木马病毒分别达 3503952 种、69777 种。不仅如此，约 53%的网络攻击均涉及窃取用户钱财的手机木马病毒（短信木马病毒和银行木马病毒）。目前，全球超过 200 个国家均出现了移动威胁。

受到病毒攻击的各种平台里，微软的 IE 浏览器排在第一；其次是 Adobe Reader；再是 Oracle 的 Sun Java。另外，用户广泛使用的 Office 办公软件也为宏病毒的传播提供了基础，大大加快了宏病毒的传播。还有，Java 和 ActiveX 技术在网页编程中也应用得十分广泛，在用户浏览各种网站的过程中，很多利用 Java 和 ActiveX 特性写出的病毒网页在用户上网的同时被悄悄地下载到 PC 中。虽然这些病毒不会破坏硬盘资料，但会在用户开机时强迫程序不断开启新视窗，直至耗尽宝贵的系统资源为止。

2. 计算机病毒的传播途径

计算机病毒的危害是人们不可忽视的现实。据统计，目前约 70%的计算机病毒出现在网络上，人们在引起网络病毒的多种因素中发现，将微型计算机磁盘带到网络上运行后使网络感染上病毒的事件占病毒事件总数的 41%左右，从网络电子广告牌上带来的病毒约占 7%，从软件商的演示盘中带来的病毒约占 6%，从系统维护盘中带来的病毒约占 6%，从公司之间交换的软盘带来的病毒约占 2%。从统计数据中可以看出，引起网络病毒感染的主要原因在于网络用户自身。

因此，网络病毒问题的解决只能从采用先进的防病毒技术与制定严格的用户使用网络的管理制度两方面入手。对于网络中的病毒，既要高度重视，采取严格的防范措施，将感染病毒的可能性降低到最低，又要采用适当的杀毒方案，将病毒的影响控制在较小的范围内。

9.2.5 计算机病毒的防治

近年来，全球计算机病毒猖獗，为了有效地防治计算机病毒，如蠕虫病毒和特洛伊木马病毒等，一般可采取以下措施。

1. 提高警惕，不打开来历不明的邮件及附件

不要轻易打开看似可疑的邮件及附件，千万不要上当受骗。例如，我们看到邮件附件是一个.jpg 文件，就会轻易地相信这是一个图片文件。其实，Windows 允许用户在文件命名时使用多个扩展名，许多电子邮件程序只显示第一个扩展名，如邮件附件名称为 wow.jpg，而它的全名实际上是 wow.jpg.vbs，一旦打开这个附件则意味着将要运行一个恶意的 VBScript 病毒，而不是.jpg 图片浏览程序。

2. 首次安装防病毒软件时，务必对计算机进行一次全盘扫描

首次在计算机上安装防病毒软件时，一定要花费些时间对计算机进行一次全盘扫描，以确保它尚未受到病毒感染。一些功能先进的防病毒软件供应商现在都已将病毒扫描作为自动程序，会在用户初装其产品时自动执行。

3. 使用光盘、U 盘、移动硬盘等外存储器设备时，一定要先进行病毒扫描

确保计算机对插入的各种外部设备，以及电子邮件和互联网文件都会做自动的病毒检查。

4. 不从不可靠渠道下载软件

这一点比较难做到，因为我们通常无法判断什么是不可靠的渠道。目前，提供软件下载的网站实在是太多了，无法确保它们都采取了防病毒的措施。所以，比较保险的办法是对下载的软件，安装前先进行病毒扫描。

5. 禁用 Windows Scripting Host

Windows Scripting Host（WSH）可运行各种类型的文本，但运行的绝大多数文本是 VBScript 或 JavaScript。Windows Scripting Host 在文本语言之间充当翻译的角色，该语言支持 ActiveX Scripting 界面，包括 VBScript、JavaScript 或 Perl，以及几乎所有的 Windows 功能，如访问文件夹、文件快捷方式、网络接入和 Windows 注册等。许多蠕虫病毒在使用 Windows Scripting Host 时，无须用户单击附件，就可自动打开一个被感染的附件。

6. 使用基于客户端的防火墙或过滤措施

如果个人用户频繁访问互联网，那就非常有必要使用个人防火墙保护个人隐私并防止不速之客访问系统。如果系统没有加设有效防护，那么许多敏感信息，如家庭住址、信用卡账号、密码等就有可能被窃取，从而造成不可挽回的损失。

9.3　防火墙技术

9.3.1　防火墙的基本概念

古时候，人们常在寓所之间砌起一道砖墙，一旦火灾发生，这道墙就能够防止火势蔓延到其他寓所。现在，如果一个网络连接到 Internet，用户就可以访问外部世界并与之通信。同时，外部世界同样可以访问该网络并与之交互。为安全起见，可以在该网络和 Internet 之间插入一个中介系统，竖起一道安全屏障。这道屏障的作用是阻断来自外部通过网络对本网络的威胁和入侵，提供保障本网络的安全和审计的唯一关卡，其作用与古时候的防火砖墙有类似之处，因此把这个屏障称为防火墙（Fire Wall）。

在网络中，防火墙是指在两个网络之间实现控制策略的系统（软件、硬件或者两者并用），用来保护内部的网络不易受到来自 Internet 的侵害。因此，防火墙是一种安全策略的体现。如果内部网络的用户要连接 Internet，必须首先连接到防火墙上，再连接 Internet。同样地，Internet 要访问内部网络，也必须先通过防火墙。这种做法对于来自 Internet 的攻击有较好的防御作用，防火墙的位置与功能模型如图 9-1 所示。

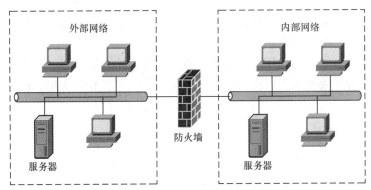

图 9-1　防火墙的位置与功能模型

随着计算机网络安全问题的日益突出，防火墙产业在近年来得到了迅猛的发展。实际上，实现一个有效的防火墙远比给计算机买一个防病毒软件要复杂得多，简单将一个防火墙产品置于 Internet 中并不能提供用户所需要的保护。建立一个有效的防火墙来实施安全策略需要评估防火墙技术、选择最符合要求的技术并正确地创建防火墙。

目前的防火墙技术一般可以起到以下一些安全保护作用。

（1）集中的网络安全。防火墙允许网络管理员定义一个中心（阻塞点）来防止非法用户（如黑客、网络破坏者等）进入内部网络，禁止存在不安全因素的访问进出网络并抵御来自各种线路的攻击。防火墙技术能够简化网络的安全管理、提高网络的安全性。

（2）安全警报。通过防火墙可以方便地监视网络的安全性并产生报警信号。网络管理员必须审查并记录所有通过防火墙的重要信息。

（3）重新部署网络地址转换（Network Address Translator，NAT）。Internet 的迅速发展使有效的未被申请的 IP 地址越来越少，这就意味着想进入 Internet 的机构可能申请不到足够的 IP 地址来满足内部网络用户的需要。为了接入 Internet，可以通过网络地址转换来完成内部私有地址到外部注册地址的映射。防火墙是部署网络地址转换的理想位置。

（4）监视 Internet 的使用。防火墙也是审查和记录内部人员对 Internet 使用的一个非常好的位置，可以在此对内部访问 Internet 的情况进行记录。

（5）向外发布信息。防火墙除起到安全屏障的作用，也是部署 WWW 服务器和 FTP 服务器的理想位置。允许 Internet 访问上述服务器，而禁止 Internet 对内部受保护的其他系统进行访问。

但是，防火墙也有其自身的局限性，即无法防范来自防火墙以外的其他途径的攻击。如果住在一所木屋中，却安装了一扇 6 英尺（1 英尺=0.3048 m）厚的钢门，会被认为是很愚蠢的做法。然而，有许多机构购买了价格昂贵的防火墙，却忽视了通往网络的其他几扇后门。例如，在一个被保护的网络上有一个没有限制的拨号访问存在，这样就为黑客从后门进行攻击创造了机会。

另外，由于防火墙依赖于口令，所以防火墙不能防范黑客对口令的攻击。曾经有两个在校学生编写了一个简单的程序，通过对波音公司的口令字的排列组合，试出了开启波音公司内部网的密钥，从网络中得到了一张授权的波音公司的口令表，然后将口令一一出售。为此，有人说防火墙不过是一道矮小的篱笆墙，黑客就像老鼠一样能从这道篱笆墙的窟窿中进进出出。同时，防火墙不能解决来自内部用户带来的威胁，也不能解决进入防火墙的数据带来的所有安全问题。如果用户在本地运行了一个包含恶意代码的程序，那么就很可能导致敏感信息的泄露和破坏。

因此，要使防火墙发挥作用，防火墙的策略必须现实，能够反映出网络安全的水平。例如，一个保存着超级机密或保密数据的站点根本不需要设置防火墙，因为这个站点根本不应该被接入 Internet 或者应将保存着真正秘密数据的系统与企业的其他网络隔离开。

9.3.2 防火墙的基本类型

典型的防火墙系统通常由一个或多个构件组成，实现防火墙的技术包括 4 类：包过滤防火墙（Packet Filtering Firewall，也称网络级防火墙）、应用层网关（Application Level Gateway）、电路层网关（Circuit Level Gateway）和代理服务防火墙（Proxy Server Firewall）。这些技术各有所长，具体使用哪一种或是否混合使用，要根据具体情况而定。

1. 包过滤防火墙

一个路由器便是一个传统的包过滤防火墙，路由器可以对 IP 地址、TCP 或用户数据报协议（User Datagram Protocol，UDP）分组头信息进行检查与过滤，判断它们是否与设备的过滤规则相匹配，继而决定此数据包是按照路由表中的信息被转发还是被丢弃。

对大多数路由器而言，都能通过检查这些信息来决定是否将所收到的数据包转发，但是不能判断出一个数据包来自何方、去向何处。有些先进的包过滤防火墙则可以判断这一点，可以提供内部信息以说明所通过的连接状态和一些数据流的内容，把判断的信息同路由器内部的规则表进行比较，在规则表中定义了各种规则来表明是否同意或拒绝包的通过。包过滤防火墙检查每一条规则直至发现包中的信息与某规则相符。如果没有一条规则能符合，防火墙就会使用默认规则，一般情况下，默认规则就是要求防火墙丢弃该数据包。另外，通过定义基于 TCP 或 UDP 数据包的端口号，防火墙能够判断是否允许建立特定的连接，如 Telnet、FTP 连接等。包过滤防火墙功能模型如图 9-2 所示。

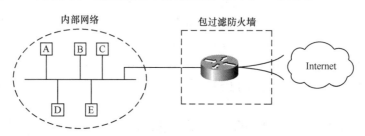

图 9-2　包过滤防火墙功能模型

包过滤防火墙对用户来说是全透明的，其最大的优点是只需在一个关键位置设置一个包过滤路由器就可以保护整个网络。如果在内部网络与外界之间已经有了一个独立的路由器，那么可以简单地加一个包过滤软件进去，一步实现对全网的保护，而不必在用户机上再安装其他特定的软件，使用起来非常简单、方便并且速度快、费用低。

包过滤防火墙也有其自身的缺点和局限性，具体如下。

（1）包过滤规则配置比较复杂且几乎没有工具能够对过滤规则的正确性进行测试。

（2）由于包过滤防火墙只检查地址和端口，对网络更高协议层的信息无理解能力，因而对网络的保护十分有限。

（3）包过滤防火墙没法检测具有数据驱动攻击这一类潜在危险的数据包。

（4）随着过滤次数的增加，路由器的吞吐量会明显下降，从而影响整个网络的性能。

2. 应用层网关

应用层网关主要控制对应用程序的访问，能够检查进出的数据包，通过网关复制、传递数据来防止在受信任的服务器与不受信任的主机间直接建立联系。应用层网关不仅能够理解应用层上的协议，而且还提供一种监督控制机制，使网络内、外部的访问请求在监督机制下得到保护。同时，应用层网关还能对数据包进行分析、统计并进行详细的记录，应用层网关的功能模型如图 9-3 所示。

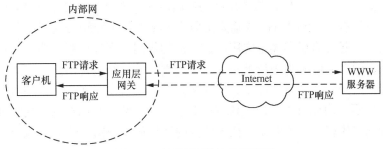

图 9-3　应用层网关的功能模型

应用层网关和包过滤防火墙有一个共同的特点，那就是仅仅依靠特定的逻辑判断来决定是否允许数据包通过。一旦满足逻辑，则防火墙内、外的计算机系统直接建立联系，防火墙外部的用户便有可能直接了解防火墙内部的网络结构和运行状态，这有利于实施非法访问和攻击。

为了解决这一安全漏洞，应用层网关可以通过重写所有主要的应用程序来提供访问控制。新的应用程序驻留在所有人都要使用的集中式主机中，这个集中式主机称为堡垒主机（Bastion Host）。由于堡垒主机是 Internet 上其他站点所能到达的唯一站点，即 Internet 上的主机能连接到的唯一的内部网络上的系统，任何外部的系统试图访问内部的系统或服务器都必须连接到这台主机上，因此堡垒主机被认为是最重要的安全点，必须具备全面的安全措施。

应用层网关的优点是具有较强的访问控制功能，是目前最安全的防火墙技术之一；缺点是每一种协议都需要相应的代理软件，实现起来比较困难，使用时工作量大，效率不如包过滤防火墙高，而且对用户来说，透明度不足。在实际使用过程中，用户在受信任的网络上通过防火墙访问 Internet 时，经常会发现存在较大的延迟并且有时必须进行多次登录才能访问 Internet 或 Intranet。

3. 电路层网关

电路层网关是一种特殊的防火墙，通常工作在 OSI 参考模型中的会话层上。电路层网关只依赖于 TCP 连接，而并不关心任何应用协议，也不进行任何的包处理或过滤。电路层网关只根据规则建立从一个网络到另一个网络的连接并只在内部连接和外部连接之间来回复制字节，不进行任何审查、过滤或协议管理。但是，电路层网关可以隐藏受保护网络的有关信息。

实际上，电路层网关并非作为一个独立的产品而存在，一般要和其他应用层网关结合在一起使用，如 Trust Information Systems 公司的 Gauntlet Internet Firewall、DEC 公司的 Alta Vista Firewall 等。另外，电路层网关还可在代理服务器上运行"地址转移"进程，将所有内部的 IP 地址映射到一个"安全"的 IP 地址，这个地址是防火墙专用的。

电路层网关最大的优点是主机可以被设置成混合网关。这样，整个防火墙系统对要访问 Internet 的内部用户来说使用起来是很方便的，同时能提供完善的、保护内部网络免于外部攻击的防火墙功能。

4. 代理服务防火墙

代理服务防火墙工作在 OSI 参考模型的最高层——应用层，有时也将其归为应用层网关一类。代理服务器（Proxy Server）通常运行在 Intranet 和 Internet 之间，是内部网络与外部网络的隔离点，起着监视和隔绝应用层通信流的作用。当代理服务器收到用户对某站点的访问请求后，便会立即检查该请求是否符合规则。若规则允许用户访问该站点，代理服务器便会以客户的身份登录目的站点，取回所需的信息再发给客户，代理服务防火墙功能模型如图 9-4 所示。由此可以看出，代理服务器像一堵墙一样挡在内部用户和外界之间，从外部只能看到该代理服务器而无法获知任何内部资料，如用户的 IP 地址等。

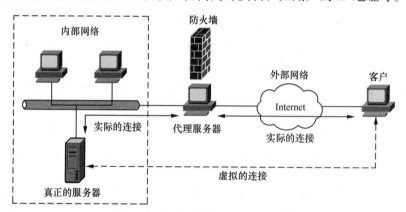

图 9-4　代理服务防火墙功能模型

代理服务防火墙是针对数据包过滤和应用层网关技术存在的，且仅仅依靠特定的逻辑判断这一缺点而引入的防火墙技术。代理服务防火墙将所有跨越防火墙的网络通信链路分为两段，用代理服务上的两种连接来代替：外部计算机的网络链路只能到达代理服务器，从而起到了隔离防火墙内、外计算机系统的作用，将被保护网络内部的结构屏蔽起来。

此外，代理服务防火墙还能对过往的数据包进行分析、注册登记，形成报告；同时，当发现被攻击迹象时会及时向网络管理员发出警报，并保留攻击痕迹。代理服务防火墙的缺点是需要为每个网络用户专门设计，并且由于需要硬件实现，因而工作量较大、安装和使用复杂、成本较高。

9.3.3　防火墙产品介绍

目前，防火墙产品主要有 3 类：一是硬件型防火墙，二是软件型防火墙，三是软硬件兼容型防火墙。下面介绍几种流行的防火墙产品。

1．CheckPoint FireWall 1 v3.0

作为开放安全企业互联联盟（Open Platform for Security，OPSEC）的组织和倡导者之一，CheckPoint 公司在企业级安全性产品开发方面占有世界市场的主导地位，其主打产品FireWall 1 防火墙的市场占有率很高，目前市场主要采用的是其第三代产品——FireWall 1 v3.0。它的主要功能如下。

（1）采用状态监测技术，结合强大的面向对象方法，可以提供全 7 层应用识别，很容易支持新应用。

（2）支持 160 种以上的预定义应用和协议，包括所有 Internet 服务，如传统的 Internet 应用（电子邮件、FTP、Telnet），以及 UDP、远程过程调用（Remote Procedure Call，RPC）等。

（3）支持多种重要的商业应用，如 Oracle SQL *Net、Sybase SQL 等。

（4）支持多种多媒体应用，如 RealAudio、CoolTalk、NetMeeting 等。

（5）支持多种 Internet 广播服务，如 BackWeb、PointCast 等。

（6）具有安全、完备的认证体系。FireWall 1 可以在一个用户发起的通信连接被允许之前，对这个连接的真实性进行确认，而且提供的认证无须在服务器和客户端的应用中进行任何修改。FireWall 1 的服务认证是集成在整个企业范围内的安全策略，可以进行集中管理，同时可以对在整个企业范围内发生的认证过程进行全程的监控、跟踪和记录。

2．NetScreen 防火墙

NetScreen 防火墙的主要功能如下。

（1）存取控制。指定 IP 地址、用户认证控制。

（2）拒绝攻击。检测同步段（Synchronization Segment，SYN）攻击、检测 Tear Drop 攻击、检测 Ping of Death 攻击、检测 IP Spoofing 攻击、默认数据包拒绝、过滤源路由 IP、动态过滤访问、支持 Web、Radius 及 Secure ID 用户认证。

（3）地址转换。

（4）隐藏内部地址，节约 IP 资源。

（5）网络隔离，设立非军事区（Demilitarized Zone，DMZ）。

（6）物理上隔开内外网段，更安全、更独立。

（7）负载平衡（Load Balancing）。

（8）按规则合理分配流量至相应服务器，适用于 ISP。

（9）虚拟专网（Virtual Private Network，VPN）。

（10）符合互联网络层安全协议（Internet Protocol Security，Ipsec）标准，节省专线费用。VPN Client 适应国际趋势。

（11）流量控制及实时监控（Traffic Control）。

（12）用户带宽最大量限制、用户带宽最小量保障、8 级用户优先级设置，合理分配带宽资源。

3．Cisco PIX 防火墙

Cisco 防火墙与众不同的特点是基于硬件，因而最大的优点就是速度快。Cisco PIX 防火墙便是这类产品，其包转换速度高达 170 Mbit/s，可同时处理 6 万多个连接。将防火墙技术集成到路由器中是 Cisco 网络安全产品的另一大特色。Cisco 在路由器市场的占有率高达80%，在路由器的互联网操作系统（Internet Operating System，IOS）中集成防火墙的技术是其他厂家不可比拟的，这样做的好处是用户无须额外购置防火墙，可降低网络建设的总成本。

Cisco PIX 防火墙的主要功能如下。

（1）实时嵌入式操作系统。

（2）保护方案基于自适应安全算法（Adaptive Security Algorithm，ASA），可以确保最高的安全性。

（3）用于验证和授权的"直通代理"技术。

（4）最多支持 250000 个网络同时连接。

（5）统一资源定位符（Uniform Resource Locator，URL）过滤。

（6）HP Open View 集成。

（7）通过电子邮件和寻呼机提供报警通知。

（8）通过专用链路加密卡提供 VPN 支持。

（9）符合委托技术评估计划，经过了美国国家安全局的认证，同时通过中国公安部安全检测中心的认证（Cisco PIX 520 除外）。

9.4 计算机职业道德

信息是最有价值的商业资源之一。先于竞争对手获取信息并对信息进行分析、利用的企业可能在竞争中获得优势。当今，在对复杂事物做出决策时，缺乏及时、准确的信息是公司生存和发展的严重障碍。计算机信息系统的基本目标之一就是高效率地将大量数据转换成信息和有用知识，但对许多公司而言，这些技术是非常昂贵的。为了使自身在竞争中处于有利地位，就会出现用非法手段来获取有利于自己的信息或破坏竞争对手的信息的行为，这种用计算机犯罪获取信息的方式虽然受到法律的强制规范，但并非靠法律手段就能彻底解决的。道德正是法律行为规范的补充，但它是非强制性的，属于自律范畴。增强职业道德规范建设是对计算机及信息技术从业人员管理的一项重要内容。

9.4.1 计算机职业道德的基本概念

道德是社会意识形态长期进化而形成的一种制约，是一定社会关系下，调整人与人之间，以及人与社会之间关系的行为规范的总和。

计算机职业道德是指在计算机行业及应用领域所形成的社会意识形态和伦理关系下，调整人与人之间、人与知识产权之间、人与计算机之间，以及人与社会之间关系的行为规范的总和。它是在计算机信息系统及其应用所构成的社会范围内，经过一定时期的发展，经过新的社会伦理意识与传统的社会道德规范的冲突、平衡、融合，最终形成的一系列计算机职业行为规范。

9.4.2 计算机职业道德教育的重要性

当前计算机犯罪和违背计算机职业规范的行为屡见不鲜，已成为很大的社会问题，不仅需要加强计算机从业人员的职业道德教育，而且要对每一位公民进行计算机职业道德教育，增强人们遵守计算机职业道德规范的意识。这不仅有利于计算机信息系统的安全，而且有利于整个社会对个体利益的保护。计算机职业道德规范中一个重要的方面是网络道德。网络在计算机信息系统中具有举足轻重的作用，大多数黑客开始是出于好奇而违背职业道德，侵入他人计算机系统，从而逐步走向计算机犯罪。

为了保障计算机网络的良好秩序和计算机信息系统的安全、减少网络陷阱对青少年的危害，有必要启动网络道德教育工程。根据计算机犯罪具有技术型、年轻化的特点和趋势，这种教育必须从学校开始抓起。道德是人类理性的体现，是灌输、教育和培养的结果。对抑制计算机犯罪和违背计算机职业道德现象，道德教育活动更能体现出教育的效果。

随着计算机应用的日益发展、Internet 应用的日益广泛，开展计算机职业道德教育十分重要。在西方发达国家，网络道德教育已成为高等学校的教育课程，而我国在这方面几乎还是一片空白。学生只重视学习技术理论课程，很少探讨计算机网络道德问题。在德育课上，所讲授的内容同样也很少涉及这一领域，因此今后要大力开展这方面的宣传和教育。

9.4.3 信息使用的道德规范

根据计算机信息系统及计算机网络发展过程中出现过的种种案例，以及保障每一个法人权益的要求，美国计算机伦理协会总结、归纳了以下计算机职业道德规范，称为"计算机伦理十戒"。

（1）不应该用计算机去伤害他人。

（2）不应该影响他人的计算机工作。

（3）不应该窥探他人的计算机。

（4）不应该用计算机去偷窃。

（5）不应该用计算机去做假证明。

（6）不应该复制或利用没有购买的软件。

（7）不应该在未经他人许可的情况下使用他人的计算机资源。

（8）不应该剽窃他人的精神作品。

（9）应该注意正在编写的程序和正在涉及的系统的社会效应。

（10）应该始终注意，使用计算机可进一步加强对他人的理解和尊敬。

小结

（1）通常我们将"信息系统安全"定义为"确保以电磁信号为主要形式的、在计算机网络化（开放互联）系统中进行自动通信、处理和利用的信息内容，在各个物理位置、逻辑区域、存储和传输介质中，处于动态和静态过程中的机密性、完整性、可用性、可审查性和抗抵赖性，与人、网络、环境有关的技术安全、结构安全和管理安全的总和"。

（2）计算机信息安全技术主要包括实体安全技术、数据安全技术、软件安全技术、网络安全技术和安全评价技术。

（3）计算机犯罪是指在信息活动领域中，利用计算机信息系统或计算机信息知识作为手段或者针对计算机信息系统，对国家、团体或个人造成危害，依据法律规定，应当被予以刑罚处罚的行为。计算机犯罪主要分为破坏计算机系统罪、非法侵入计算机信息系统罪和计算机信息系统安全事故罪。

（4）知识产权是指人类通过创造性智力劳动而获得的一项智力性财产权，是一种典型的由人的创造性劳动产生的"知识产品"。软件知识产权指的是计算机软件版权。目前，我国已制定了一系列保护软件知识产权和计算机安全的法律、法规。

（5）计算机病毒是指一种可以自我复制、传播并具有一定破坏性或干扰性的计算机程序或是一段可执行的程序代码。计算机病毒能够大肆破坏计算机中的程序和数据，干扰正常显示、摧毁系统，甚至对硬件系统都能产生一定的破坏作用。

（6）计算机病毒的主要特征有传染性、隐蔽性、潜伏性、触发性、破坏性和衍生性，并且计算机病毒的类型也有许多种。

（7）防火墙是指在两个网络之间实现控制策略的系统（软件、硬件或者是两者并用），通常用来保护内部的网络不易受到来自 Internet 的侵害。防火墙一般可以起到以下一些安全作用：集中的网络安全、安全警报、重新部署网络地址转换、监视 Internet 的使用和向外发布信息等。

（8）防火墙系统通常由一个或多个构件组成，相应地，实现防火墙的技术包括 4 类：包过滤防火墙、应用层网关、电路层网关和代理服务防火墙。

（9）当前，计算机犯罪和违背计算机职业规范的行为屡见不鲜，已成为很大的社会问题，不仅需要加强计算机从业人员的职业道德教育，而且也要对每一位公民进行计算机职业道德教育，增强人们遵守计算机职业道德规范的意识。

习题 9

一、单项选择题

1. 由设计者有意建立起来的、可进入用户系统的方法是（　　）。
   A. 超级处理　　　　B. 后门　　　　C. 特洛伊木马　　　　D. 计算机病毒
2. 计算机病毒是指（　　）。
   A. 编制有错误的计算机程序　　　　B. 设计不完善的计算机程序
   C. 已被破坏的计算机程序　　　　　D. 以危害系统为目的的特殊计算机程序
3. 病毒产生的原因是（　　）。
   A. 用户程序错误　　　　　　　　　B. 计算机硬件故障
   C. 人为制造　　　　　　　　　　　D. 计算机系统软件有错误
4. 网络病毒感染的途径可以有很多种，但发生得最多又最容易被人们忽视的是（　　）。
   A. 软件商演示光盘　　　　　　　　B. 系统维护盘
   C. 网络传播　　　　　　　　　　　D. 用户个人软盘
5. 防火墙采用的最简单的技术是（　　）。
   A. 安全管理　　　　B. 配置管理　　　　C. ARP　　　　D. 包过滤
6. 针对数据包过滤和应用层网关技术存在的缺点而引入防火墙技术，是（　　）的特点。
   A. 包过滤防火墙　B. 应用层网关　C. 复合型防火墙　　D. 代理服务防火墙
7. 蠕虫病毒主要通过（　　）传播。
   A. 软盘　　　　　　B. 光盘　　　　　C. Internet　　　　D. 手机

8. 计算机宏病毒最有可能出现在（　　　）文件中。

  A. "c"　　　　　B. "exe"　　　　　C. "doc"　　　　　D. "com"

9. 下列不属于系统安全的技术是（　　　）。

  A. 防火墙　　　B. 加密狗　　　C. 认证　　　　　D. 防病毒

10. 1994 年 2 月，国务院发布的《中华人民共和国计算机信息系统安全保护条例》赋予（　　　）对计算机信息系统的安全保护工作行使监督管理职权。

  A. 信息产业部　　　　　　　　　　B. 全国人民代表大会

  C. 公安机关　　　　　　　　　　　D. 中华人民共和国国家工商行政管理总局

二、填空题

1. 计算机犯罪主要分为_____、_____和_____3 种类型。

2. 信息系统安全的唯一和最终目标是保障信息内容在系统内的任何地方、任何时候和任何状态下的_____、_____和_____。

3. _____是一组计算机指令或程序代码，能自我复制，通常嵌入计算机程序，能够破坏计算机功能或毁坏数据，影响计算机的使用。

4. 计算机病毒的特征主要有传染性、_____、_____、_____、_____和衍生性。

5. 按病毒的破坏能力分类，计算机病毒可分为_____和_____。

6. 文件型病毒感染的对象主要是_____文件。

三、简答题

1. 简述计算机信息安全技术所涵盖的主要方面。

2. 试述计算机犯罪的定义与分类。

3. 简述计算机病毒的定义、特点及分类。

4. 简述计算机病毒的主要传播途径及防范计算机病毒的主要措施。

5. 什么是防火墙？防火墙应具备哪些基本功能？画出防火墙的基本结构示意图。

6. 防火墙可分为哪几类？简述各类防火墙的工作原理和主要特点。

7. 以熟悉的一款防火墙产品为例，简述该防火墙如何实现网络安全及该防火墙主要特点。

8. 简述加强计算机职业道德教育的重要性。

第 ❿ 章 云计算与物联网

云计算（Cloud Computing）的概念是由 Google 公司首先提出的，云计算是一个全新的网络应用模式，它主要是指通过网络按需提供可动态伸缩的廉价计算服务。物联网这一概念早在 1999 年就被提出了，当时叫传感网。物联网的概念是在互联网概念的基础上，将互联网用户端延伸和扩展到任意物品之间并进行信息交换和通信的一种网络概念。

云计算与物联网各自均具备很多优势，如果把云计算与物联网结合起来，云计算其实就相当于一个人的大脑，而物联网就是其五官和四肢。因此，云计算和物联网的结合是互联网发展的必然趋势。

本章学习目标

- 理解云计算的概念、特点及其与网格计算的关系。
- 了解目前主流的云计算技术。
- 了解物联网的发展历程，理解物联网的定义、技术架构和应用。
- 理解云计算与物联网的关系。
- 理解大数据的含义、基本特征，以及大数据的影响。

10.1 云计算的基本概念及其发展

"云计算"是在 2007 年下半年才正式诞生的新名词，最早是由 Google 公司提出的，但很快其受关注的程度甚至超过了之前大热的网格计算（Grid Computing）等概念。下面简要介绍一下云计算的概念、特点及其与网格计算的关系。

10.1.1 云计算的概念

云计算实际描述的是一种基于互联网的计算方式，通过这种方式，共享的软、硬件资源和信息可以按需提供给计算机和其他设备。"云"其实是网络、互联网的一种比喻，通常我们将提供资源的网络称为"云"。云计算的核心思想是对大量用网络连接的计算资源进行统一管理和调度，构成一个计算资源池并对用户进行按需服务，云计算模型如图 10-1 所示。

云计算是继 20 世纪 80 年代大型计算机到客户端-服务器的大转变之后的又一次巨变，它描述了一种基于互联网的新的 IT 服务增加、使用和交付模式，通常涉及通过互联网来提供动态的、易扩展的，而且常常是虚拟化的资源。

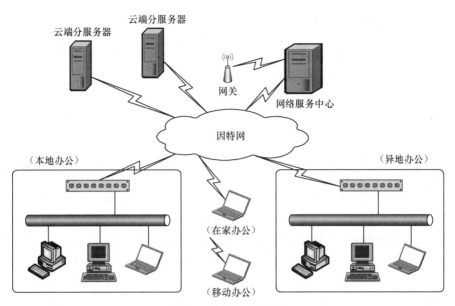

图 10-1　云计算模型

对于云计算，我们可以用一个形象的比喻来说明：钱庄和银行。最早人们只是把钱放在枕头底下保存，后来有了钱庄，很安全，不过兑现比较麻烦。现在有了银行，人们可以到任何一个网点取钱，甚至通过 ATM 实现自助取钱。云计算带来的就是这样一种变革——由 Google 和 IBM 这样的专业网络公司来搭建计算机存储、运算中心，用户通过一根网线、借助浏览器就可以很方便地对这个中心进行访问，把"云"作为资料存储及应用服务的中心。

10.1.2　云计算的特点

从研究现状看，云计算具有以下特点。

（1）超大规模。"云"具有相当大的规模。Google 公司的云计算已经拥有 100 多万台服务器，亚马逊（Amazon）、IBM 和微软等公司的"云"均拥有几十万台服务器。"云"能赋予用户前所未有的计算能力。

（2）虚拟化。云计算支持用户在任意位置使用各种终端获取服务。所请求的资源来自"云"，而不是固定的有形体。应用在"云"中某处运行，但实际上用户无须了解运行的具体位置，只需要一台终端设备就可以通过网络来获取各种服务。

（3）高可靠性。"云"使用了数据多副本容错、计算结点同构可互换等措施来保障服务的高可靠性。因此，可以认为使用云计算比使用本地计算机更加可靠。

（4）通用性。云计算不局限于特定的应用，同一片"云"可以同时支撑不同应用的运行，在"云"的支撑下可以构造出千变万化的应用。

（5）按需服务。"云"是庞大的资源池，用户按需购买服务，像自来水、电和煤气那样计费。

（6）极其廉价。"云"的特殊容错措施使得可以采用极其廉价的结点来构成"云"。"云"的自动化管理使数据中心管理成本大幅降低。另外，"云"的通用性使资源的利用率大幅提升。因此，"云"具有前所未有的性价比。

10.1.3 云计算与网格计算

网格（Grid）是 20 世纪 90 年代中期发展起来的新一代互联网核心技术。网格计算的开创者伊恩·福斯特将其定义为在动态、多机构参与的虚拟组织中实现资源的协同、共享并求解问题的一种技术。网格计算是在网络基础上采用面向服务的体系结构（Service-Oriented Architecture，SOA），使用互操作、按需集成等技术手段，将分散在不同地理位置的资源虚拟成一个有机整体，实现计算、存储、数据、软件和设备等资源的共享，从而大幅提高资源的利用率，使用户获得前所未有的计算和信息能力。

网格通常分为计算网格、信息网格和知识网格 3 种类型。计算网格的目标是提供集成各种计算资源的、虚拟化的计算基础设施。信息网格的目标是提供一体化智能信息处理平台，集成各种信息系统和信息资源，消除信息孤岛，使用户能按需获取集成后的精确信息。知识网格研究一体化智能知识处理和理解平台，使得用户能方便地发布、处理和获取知识。

国际网格界致力于网格中间件、网格平台和网格应用的建设。国外著名的网格中间件有 Globus Toolkit、UNICORE、Condor、Glite 等。其中，Globus Toolkit 得到了广泛采纳。国际知名的网格平台有 TeraGrid、EGEE（Enabling Grid for E-Science）、CoreGRID、D-Grid、ApGrid、Grid3、GIG 等。其中，TeraGrid 是由美国科学基金会计划资助构建的超大规模开放的科学研究环境,它集成了高性能计算机、数据资源、工具和高端实验设施。目前，TeraGrid 已经集成了超过每秒 750 万亿次计算能力、30 PB 数据，拥有超过 100 个面向多个领域的网格应用环境。欧盟 E-Science 促成的 EGEE 是另一个超大型、面向多个领域的网格计算基础设施。目前已有 120 多个机构参与，包括分布在 48 个国家的约 250 个网格站点、约 68000 个 CPU、约 20 PB 数据资源、约 8000 个用户，每天平均处理约 30000 个作业，峰值超过 150000 个作业。就网格应用而言，知名的网络协同应用数以百计，应用领域包括大气科学、林学、海洋科学、环境科学、生物信息学、医学、物理学、天体物理学、地球科学、天文学、工程学、社会行为学等。我国也有类似的研究，如中国国家网格（China National Grid，CNGrid）和空间信息网格（Spatial Information Grid，SIG）、教育部支持的教育科研网格（ChinaGrid）等。

云计算与网格计算的关系就像 OSI 网络标准与 TCP/IP 网络标准的关系。ISO 制定的 OSI 网络标准考虑周到，也异常庞杂，虽有远见，但过于理想，实现的难度和代价非常大。TCP/IP 网络标准将 OSI 网络标准的 7 层网络协议简化为 4 层，内容大大精简，迅速取得了成功。因此，可以说 OSI 网络标准是 TCP/IP 网络标准的基础，TCP/IP 网络标准又推动了 OSI 网络标准，两者相互促进、协同发展。

没有网格计算打下的基础，云计算就不会这么快到来。网格计算以科学研究为主，非常重视标准规则，也非常复杂，实现的难度大，缺乏成功的商业模式。云计算是网格计算的一种简化形态，可以说云计算的成功也体现了网格计算的成功。但对许多高端科学或军事应用而言，云计算是无法满足需求的，必须依靠网格计算来解决。

10.2 主流的云计算技术

由于云计算是多种技术混合演进的结果，其成熟度较高，又有大型互联网公司助力，发展得极为迅速。阿里巴巴、华为、谷歌、亚马逊和微软等大公司的云计算都是典型代表。

10.2.1 阿里云计算

"阿里云"被视为我国云计算的代名词,在福布斯中国 500 强企业中,1/3 的企业都在使用阿里云。近年来,阿里巴巴的技术创新不断打破美国 Google、Apple 公司等科技巨头的长期垄断,在全球科技舞台大放异彩。每年的"双 11"购物节,阿里巴巴的工程师们搭建大规模的混合云架构,通过将淘宝、天猫的核心交易链条和支付宝核心支付链条的部分流量直接切换到阿里云的公共云计算平台,从而使"双 11"成为一场大规模的混合云弹性架构实践,而阿里巴巴也因此成为全球首个将核心交易系统上云的大型互联网企业。

阿里云的飞天(Apsara)操作系统诞生于 2009 年 2 月,是由阿里云自主研发的、服务全球的、超大规模的通用操作系统,目前已为全球 200 多个国家和地区的企业、政府、机构等提供了服务。它可以将遍布全球的百万级服务器连成一台超级计算机,以在线公共服务的方式为社会提供计算能力,从而有效地解决计算的规模、效率和安全等问题。飞天的创新性在于对云计算的 3 个方向进行了高效的整合,分别是提供强大的计算能力、提供通用的计算能力、提供普惠的计算能力。

10.2.2 华为云计算

"华为云"成立于 2005 年,其主要目标是为用户提供一站式云计算基础设施服务。2017 年 3 月,华为又专门成立了 Cloud BU,全力构建并提供可信、开放且拥有全球线上/线下服务能力的公有云,其面向互联网增值服务运营商、大中小型企业、政府、科研院所等广大用户提供包括云主机、云托管、云存储等基础云服务,以及超算、内容分发与加速、视频托管与发布、云电脑、云会议、游戏托管、应用托管等服务。

华为云的主要产品包括弹性云计算(Elastic Computing Cloud,ECC)、对象存储服务(Object Storage Services,OSS)和桌面云。

(1)弹性云计算。弹性云计算是整合了计算、存储与网络资源,按需使用、按需付费的一站式 IT 计算资源租用服务,用于帮助开发者和 IT 管理员在不需要一次性投资的情况下,快速部署和管理大规模的、可扩展的 IT 基础设施资源。

(2)对象存储服务。对象存储服务是基于对象的云存储服务,为客户提供海量、安全、高可靠、低成本的数据存储能力。客户可以通过描述性状态转移(Representational State Transfer,REST)接口或者基于 Web 浏览器的云管理平台界面对数据进行管理和使用。同时,它提供了多种语言(Java、PHP、C、Python)的软件开发工具包(Software Development Kit,SDK)来简化编程。另外,对象存储服务还可以为多种应用构建大规模的数据存储服务,如网盘、数字媒体、备份、归档等服务。

(3)桌面云。桌面云是采用最新的云计算技术开发出的一款智能终端产品,外表看似一个小盒子,但可以代替普通计算机使用,同时用户可以通过 PC 或移动终端设备接入桌面云。

10.2.3 Google 云计算

Google 拥有强大的搜索引擎。除搜索业务,Google 还有 Google 地图、Google 地球、Gmail、YouTube 等各种业务。这些应用的共性在于数据量巨大,而且要面向全球用户提供实时服务,因此 Google 必须解决海量数据存储和快速处理问题。Google 的诀窍在于它研发出了简单而又高效的技术,让多达百万台的廉价计算机协同工作,共同完成这些前所未有的任务，这些技术在诞生几年之后才被正式命名为 Google 云计算技术。

Google 是当今最大的云计算技术的使用者之一。Google 搜索引擎建立在分布的 200 多个地点、超过 100 万台服务器的支撑之上，而且这些设施的数量还在迅猛增长。Google 的一系列应用平台，包括 Google 地图、Google 地球、Gmail、Docs 等也同样使用了这些基础设施。使用 Google Docs 之类的应用，用户数据会保存在因特网上的某个位置，可以通过任何一个与因特网相连的系统十分便利地访问和共享这些数据。目前，Google 已经允许第三方在 Google 的云计算中通过 Google App Engine 运行大型并行应用程序。

Google 云计算技术包括 Google 文件系统（Google File System，GFS）、分布式计算编程模型 MapReduce、分布式锁服务 Chubby、分布式结构化数据存储系统 Bigtable 等。其中，GFS 提供了海量数据的存储和访问能力，MapReduce 使得海量数据的并行处理变得简单易行，Chubby 保证了分布式环境下并发操作的同步问题，Bigtable 使得海量数据的管理和组织十分方便。

10.2.4　Amazon 云计算

Amazon 是依靠电子商务逐步发展起来的，凭借在电子商务领域积累的大量基础设施、先进的分布式计算技术和巨大的用户群体，Amazon 很早就进入了云计算领域并在云计算、云存储等方面一直处于领先地位。

Amazon 提供的云计算服务产品主要有亚马逊弹性计算云（Amazon Elastic Compute Cloud，EC2）、亚马逊简单存储服务（Amazon Simple Storage Service，S3）、简单数据库服务（Simple DB）、简单队列服务（Simple Queue Service，SQS）、弹性 MapReduce 服务、内容推送服务（CloudFront）、亚马逊网络服务（Amazon Web Service，AWS）导入/导出、关系数据库服务（Relation Database Service，RDS）等。这些服务涉及云计算的各个方面，用户可以根据自己的需要选取一个或多个 Amazon 云计算服务，并且这些服务具有极强的灵活性和可扩展性，当然用户经过免费体验后是要付费的。收费的服务项目包括存储服务器、带宽、CPU 资源，以及月租费。月租费与电话月租费类似，存储服务器、带宽按容量收费，CPU 根据时长（小时）运算量收费。

目前，云计算也成为 Amazon 增长得最快和盈利最多的业务之一。

10.2.5　微软云计算

"创办一家新的互联网企业，必备的一点是购置服务器并装在机房里。不过，在未来，这也许将成为历史。只要支付一定的费用，用户就可以轻易地从远程得到服务器的支持。创业者无须再为服务器操心，可以集中精力开发出好的产品，以及考虑如何把这些产品带给更多的消费者。"——这正是微软"云计算"带来的美好愿景之一。2008 年，在洛杉矶的专业开发者会议上，面对约 6500 名专业开发人员，微软的首席软件架构师雷伊·奥兹反复描绘了这一愿景并最后宣布微软新推出的"云计算"计划命名为"Windows Azure"。这样，继 Google、Amazon、IBM 之后，微软也推出了自己的"云计算"。

"Azure"的原义是"蓝色的天空"，因而有人戏称"微软的 Windows Azure 是想把微软从小小的视窗带到广阔的蓝天上"。Azure 的底层是微软全球基础服务系统，由遍布全球的第四代数据中心构成。这是继 Windows 取代 DOS 之后，微软的又一次颠覆性转型。

在 2010 年 10 月的专业开发人员大会（Professional Developers Conference，PDC）上，微软公布了 Windows Azure 云计算平台的未来蓝图，将 Windows Azure 定位为平台服务，一套全面的开发工具、服务和管理系统。它可以为开发者提供一个平台并允许开发者使用微软全球数据中心的存储、计算能力和网络基础服务，从而开发出可运行在云服务器、数据中心、Web 和 PC 上的应用程序。

Azure 服务平台包括：Windows Azure；Microsoft SQL 数据库服务，Microsoft .Net 服务；用于分享、存储和同步文件的 Live 服务；针对商业的 Microsoft SharePoint 和 Microsoft Dynamics CRM 服务。

10.3　物联网及其应用

物联网的概念最早是由美国麻省理工学院的专家于 1999 年提出的，它的产生和发展跟计算机网络的发展、互联网应用的扩展、传感技术的发展、社会需求的驱动，以及政府的支持都是分不开的。

10.3.1　物联网的发展

物联网在过去被称为传感网。1999 年，在美国召开的移动计算和网络国际会议提出"传感网是下一个世纪人类面临的又一个发展机遇"。2003 年，美国《技术评论》提出传感网技术将是未来改变人们生活的十大技术之首。

2005 年 11 月 17 日，在突尼斯举行的信息社会世界峰会（World Summit on the Information Society，WSIS）上，国际电信联盟发布了《ITU 互联网报告 2005：物联网》，正式提出了"物联网"的概念。该报告指出，无所不在的"物联网"通信时代即将来临，世界上所有的物体，从轮胎到牙刷、从房屋到纸巾都可以通过 Internet 主动进行信息交流。射频识别（Radio Frequency Identification，RFID）技术、传感器技术、纳米技术和智能嵌入式技术将得到更加广泛的应用。

奥巴马就任美国总统后，与美国工商业领袖举行了一次"圆桌会议"，与会代表之一、IBM 首席执行官彭明盛向总统提出"智慧地球"这一概念并认为"智慧地球=互联网+物联网"，建议新政府投资新一代智慧型基础设施。

2009 年 2 月 24 日，IBM 大中华区首席执行官钱大群在 2009 IBM 论坛上公布了名为"智慧地球"的最新概念。此概念一经提出，立即得到美国各界的高度关注，甚至有分析认为 IBM 的这一构想极有可能上升为美国的国家战略并在世界范围内引起轰动。

如今，"智慧地球"战略被不少美国人认为与当年的"信息高速公路"有许多相似之处，同样被他们认为能够振兴经济、确立竞争优势。竞争优势是一个企业或国家在某些方面比其他的企业或国家更能带来利润或效益的优势，源于技术、管理、品牌、劳动力成本等。

物联网产业链可以细分为标识、感知、处理和信息传送 4 个环节，每个环节的关键技术分别是 RFID、传感器、智能芯片和电信运营商的无线传输网络。EPOSS 在《Internet of Things in 2020》报告中分析预测，未来物联网的发展将经历 4 个阶段，2010 年之前，RFID 被广泛应用于物流、零售和制药领域；2010—2015 年，物体互联；2015—2020 年，物体进入半智能化；2020 年之后，物体进入全智能化。作为物联网发展的排头兵，RFID 成为市场最为关注的技术之一。

10.3.2 物联网的定义

除 RFID 之外，传感器技术也是物联网产生的核心技术，如果没有传感器技术的发展，那么我们所能谈论的只有互联网，而不可能有物联网。早期人们使用的只是一些无线射频设备，后来发明了智能传感器，这些传感器可以将一些模拟量转换成数据量以供人们参考分析，如光敏传感器、热敏传感器、温度传感器、湿度传感器、压力传感器等。人们将多个传感器结点按照自己定义的协议组成一个小型网络，通过无线技术进行数据交换，这些技术结合互联网技术、通信技术等就产生了物联网。

关于物联网的定义，目前还存在较大争议，各个国家和地区对于物联网都有自己的定义，举例如下。

（1）2010 年中国第十一届人民代表大会第三次会议上对物联网的定义：通过信息传感设备，按照约定的协议，把任何物品与互联网连接起来，进行信息交换和通信，以实现智能化识别、定位、跟踪、监控和管理的一种网络。它是在互联网基础上延伸和扩展的网络。

（2）美国的定义：将各种传感设备，如射频识别设备、红外传感器、全球定位系统等与互联网结合起来而形成的一个巨大网络，其目的是让所有的物体都与网络连接在一起，方便识别和管理。

（3）欧盟的定义：将现有互联的计算机网络扩展到互联的物品网络。

（4）国际电信联盟的定义：任何时间、任何地点，我们都能与任何东西相连。

10.3.3 物联网的技术架构

从技术架构上来看，物联网可分为 3 层：应用层、网络层和感知层，如图 10-2 所示。

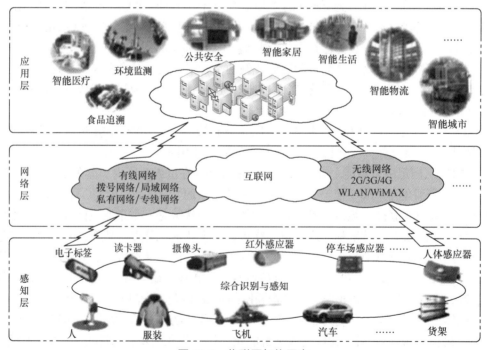

图 10-2　物联网架构示意

感知层由各种传感器，以及传感器网关构成，包括电子标签、摄像头、红外线感应器、人体感应器等感知终端。感知层的作用相当于人的眼、耳、鼻、喉和皮肤等神经末梢部位，其主要功能是识别物体和采集信息。

网络层由各种有线网络、无线网络、互联网、网络管理系统和云计算平台等组成，相当于人的神经中枢和大脑，负责传递和处理感知层获取的信息。

应用层是物联网和用户（包括人、组织和其他系统）的接口，它与行业需求相结合，实现物联网的智能应用。行业特性主要体现在应用领域内，目前智能医疗、环境监测、公共安全、智能家居、智能生活、智能物流、智能城市等各个行业均有对物联网应用的尝试。

10.3.4　物联网的应用

国际电信联盟曾经描绘过这样一幅"物联网"时代的图景：当司机出现操作失误时，汽车会自动报警；公文包会"提醒"主人忘带了什么东西；衣服会"告诉"洗衣机对颜色和水温的要求；当装载货物的汽车超重时，汽车会自动"告诉"驾驶员超载了、超载多少；当搬运人员卸货时，一只货物包装可能会大叫"你扔疼我了！"或者说"请你不要太野蛮，可以吗？"；司机在和别人扯闲话时，货车会装成老板的声音怒吼："主人，该发车了！"等。

目前，物联网的应用已经遍及市政管理、节能环保、医疗健康、家居建筑、金融保险、智能工农业、物流零售、能源电力、交通管理和社会安防等多个领域，如图 10-3 所示。

图 10-3　物联网的应用领域

毫无疑问，如果"物联网"时代来临，人们的日常生活将发生翻天覆地的变化。物联网未来的发展就如同很多人所津津乐道的那样：个人计算机是 20 世纪 80 年代的标志，互联网是 90 年代的标志，下一个时代的标志将是物联网技术。

10.4　云计算与物联网的关系

云计算是物联网发展的基石并且从两个方面促进物联网的实现。

首先，云计算是实现物联网的核心，运用云计算模式使物联网中以"兆"计算的各类物品的实时动态管理和智能分析成为可能。物联网通过将射频识别技术、传感技术、纳米技术等新技术充分运用在各行业之中，将各种物体连接并通过无线网络将采集到的各种实时动态信息送达计算机处理中心进行汇总、分析和处理。建设物联网的 3 基石包括：①传感器等电子元器件；②传输的通道，如电信网；③高效的、动态的、可以大规模扩展的资源处理能力。其中，第 3 个基石正是通过云计算模式来帮助实现的。

其次，云计算促进物联网和互联网的智能融合，从而构建"智慧地球"。物联网和互联网的融合需要更高层次的整合，需要"更透彻的感知、更安全的互联互通、更深入的智能化"，同样需要依靠高效的、动态的、可以大规模扩展的资源处理能力，而这也正是云计算模式所擅长的。同时，云计算的创新型服务交付模式，简化服务的交付，加强物联网和互联网及物联网内部的互联互通，可以实现新商业模式的快速创新，促进物联网和互联网的智能融合。

另外，物联网的 4 个组成部分是感应识别、网络传输、管理服务和综合应用。其中，网络传输和管理服务都会应用到云计算，特别是"管理服务"这一项。因为这里有海量的数据存储和计算的要求，使用云计算可能是最经济实惠的一种方式。

10.5　大数据时代

大数据（Big Data）在物理学、生物学、环境生态学等领域，以及军事、金融、通信等行业存在已有时日，正因为近年来互联网和信息行业的发展而引起人们关注。大数据已经成为继云计算、物联网之后 IT 行业的又一大颠覆性技术改革。

云计算主要为数据资产提供保管、访问的场所和渠道，而数据才是真正有价值的资产。企业内部的经营信息、物联网世界中的商品物流信息、互联网世界中人与人的交互信息、位置信息等，其数量将远远超出现有企业 IT 架构和基础设施的承载能力，对实时性的要求也将大大超出现有的计算能力。如何应用这些数据资产，使其为国家治理、企业决策乃至个人生活服务，是大数据的核心议题，也是云计算内在的灵魂和必然的发展方向。

10.5.1　大数据的概念

最早提出大数据时代到来的是全球知名咨询公司麦肯锡（McKinsey）。进入 2012 年之后，"大数据"一词越来越多地被提及，人们用它来描述和定义信息爆炸时代产生的海量数据并命名与之相关的技术发展与创新。人们也越来越强烈地意识到数据对于各行各业发展的重要性。正如 2012 年 2 月《纽约时报》的一篇专栏所称，"大数据"时代已经来临，在商业、经济及其他领域中，决策将日益基于数据和分析而做出，而并非基于经验和直觉。

"大数据"在互联网行业中指的是这样一种现象：互联网公司在日常运营中生成、积累的用户网络行为的非结构化和半结构化数据。这些数据的规模异常庞大，以至于不能用 GB 单位或 TB 单位来衡量。目前，数据量的衡量单位已经从 TB（1 TB=1024 GB）级别跃升到了 PB（1 PB=1024 TB）、EB（1 EB=1024 PB）乃至 ZB（1 ZB=1024 EB）级别。国际数据公司（International Data Corporation，IDC）的研究结果表明，2008 年全球产生的数据量约为 0.49 ZB，2009 年数据量约为 0.8 ZB，2010 年数据量增长约为 1.2 ZB，2020 年的数据量更是高达 64 ZB，相当于全球每人产生 200 GB 以上的数据。据 IDC 发布的《数据时代 2025》

报告，全球每年产生的数据预计将从 2018 年的 33ZB 增长到 2015 年的 175ZB，相当于每天将产生 491EB 的数据。

那么 175ZB 的数据规模到底有多大呢？可以这样来进行描述：如果把 175ZB 的数据全部存在 DVD 光盘中，那么所有光盘叠加起来的高度将是地球到月球距离的 23 倍（月地最近距离约 39.3 万 km）或者绕地球 222 圈（一圈约为 4 万 km）。目前，美国的平均网速为 25 Mbit/s，一个用户要下载完 175ZB 的数据，至少需要 18 亿年。

10.5.2 大数据的基本特征

大数据主要具有以下四大基本特征。

（1）数据量大。目前，我们对大数据的起始计量单位至少是 PB、EB 或 ZB。

（2）种类繁多。数据种类包括网络日志、音频、视频、图片、地理位置信息等，多种类型的数据对数据处理能力提出了更高的要求。

（3）价值密度低。随着今后物联网的广泛应用，信息感知无处不在，信息海量，但价值密度较低。如何通过强大的算法更迅速地完成数据的价值"提纯"是大数据时代亟待解决的难题。

（4）速度快、实效性强。处理速度快、实效性要求高，这是大数据区别于传统数据最显著的特征。

由此可见，大数据时代对人类的数据驾驭能力发起了新的挑战，也为人们获得更为深刻、全面的洞察能力提供了前所未有的空间和机遇。

10.5.3 大数据的影响

大数据是信息通信技术发展积累至今，按照自身技术发展逻辑，从提高生产效率向更高级智能阶段的自然生长。无处不在的信息感知和采集终端为人们采集了海量的数据，而以云计算为代表的计算技术的不断发展为人们提供了强大的计算能力，这就围绕个人和组织的行为构建起了一个与物质世界平行的数字世界。

大数据虽然诞生于信息通信技术日渐普遍和成熟的背景下，但它对社会、经济、生活产生的影响绝不限于技术层面，从本质上来看，它为我们看待世界提供了一种全新的方法，即决策行为将日益基于数据分析而做出，而不像过去更多地凭借经验和直觉做出。

大数据可能带来的巨大价值正渐渐被人们所认可。它通过技术的创新与发展，以及数据的全面感知、收集、分析、共享，为人们提供了一种全新的看待世界的方法，让人们更多地基于事实与数据做出决策。这样的思维方式，在可以预见的未来，将推动早已习惯于"差不多"的运行方式发生巨大的变革。

小结

（1）云计算的概念最早是由 Google 提出的，其核心思想是将大量用网络连接的计算资源统一管理和调度，构成一个计算资源池并对用户进行按需服务。云计算的特点有超大规模、虚拟化、高可靠性、通用性、按需服务、极其廉价等。

（2）云计算与网格计算的关系就像 OSI 网络标准与 TCP/IP 网络标准的关系。网格计算以科学研究为主，非常重视标准规则，也非常复杂，实现起来难度大，缺乏成功的商业模式。云计算是网格计算的一种简化形态。

（3）当今主流的云计算技术有阿里云计算、华为云计算、Google 云计算、Amazon 云计算、微软云计算等。

（4）物联网的概念早在 1999 年就被提出了，当时叫传感网。它是在互联网概念的基础上，将互联网用户端延伸和扩展到任意物品之间并进行信息交换和通信的一种网络概念。

（5）从技术架构上来看，物联网可分为 3 层：感知层、网络层和应用层。目前，物联网的应用已经遍及市政管理、节能环保、医疗健康、家居建筑、金融保险、智能工农业、物流零售、能源电力、交通管理、社会安防等多个领域。

（6）大数据是继云计算、物联网之后 IT 行业的又一大颠覆性技术改革，其主要特征有数据量大、种类繁多、价值密度低、速度快、实效性强等。

习题 10

一、单项选择题

1. 云计算是对（ ）技术的发展与运用。

    A. 行计算　　　　　B. 网格计算　　　C. 分布式计算　　　　D. 以上 3 个都是

2. 从研究现状上看，下列不属于云计算特点的是（ ）。

    A. 超大规模　　　B. 虚拟化　　　C. 私有化　　　　　D. 高可靠性

3. 微软于 2008 年 10 月推出的云计算操作系统是（ ）。

    A. Google App Engine　　　　　　B. 蓝云

    C. Azure　　　　　　　　　　　　D. EC2

4. 下列不属于 Google 云计算平台技术架构的是（ ）。

    A. 弹性 MapReduce 服务

    B. 分布式锁服务 Chubby

    C. 分布式结构化数据存储系统 BigTable

    D. 弹性计算云（EC2）

5. （ ）是 Google 提出的用于处理海量数据的并行编程模式和大规模数据集并行运算的软件架构。

    A. GFS　　　　　B. MapReduce　　C. Chubby　　　　D. BigTable

6. 在云计算系统中，提供"云端"服务模式的是（ ）公司的云计算服务平台。

    A. IBM　　　　　B. Google　　　C. Amazon　　　　D. 微软

7. 物联网在国际电信联盟中写成（ ）。

    A. "Network Everything"　　　　B. "Internet of Things"

    C. "Internet of Everything"　　　D. "Network of Things"

8. （ ）针对下一代信息浪潮提出了"智慧地球"战略。

    A. IBM　　　　　B. NEC　　　　C. NASA　　　　D. EDTD

9. 物联网的核心和基础是（ ）。

    A. 无线通信网　　B. 传感器技术　　C. 互联网　　　　D. 有线通信网

10. 作为物联网发展的排头兵，（ ）技术是市场最为关注的技术。

A．射频识别　　　　B．传感器　　　　　C．智能芯片　　　　D．无线传输网络

11．3 层结构类型的物联网不包括（　　　）。

A．感知层　　　　B．网络层　　　　　C．应用层　　　　D．会话层

12．与大数据密切相关的技术是（　　　）。

A．蓝牙　　　　B．云计算　　　　　C．博弈论　　　　D．Wi-Fi

13．小王自驾到一座陌生的城市出差，对他来说最有用的可能是（　　　）。

A．停车诱导系统　　　　　　　B．实时交通信息服务

C．智能交通管理系统　　　　　D．车载网络

14．首次提出物联网概念的著作是（　　　）。

A．《未来之路》　B．《未来时速》　C．《做最好的自己》　D．《天生偏执狂》

二、填空题

1．云计算中，提供资源的网络被称为＿＿＿＿＿＿＿。

2．IBM 的"智慧地球"概念中，"智慧地球"等于"＿＿＿＿＿＿＿"和"＿＿＿＿＿＿＿"之和。

3．＿＿＿＿＿＿＿技术和＿＿＿＿＿＿技术是物联网产生的核心技术。

4．感知层是物联网体系架构的第＿＿＿＿＿＿＿层。

5．＿＿＿＿＿＿＿年，正式提出了＿＿＿＿＿＿＿的概念，并被认为是第 3 次信息技术革命。

6．大数据的 4 个基本特征分别是＿＿＿＿＿＿＿、＿＿＿＿＿＿＿、＿＿＿＿＿＿＿和＿＿＿＿＿＿＿。

7．1 ZB=＿＿＿＿＿＿＿EB=＿＿＿＿＿＿＿PB=＿＿＿＿＿＿＿TB=＿＿＿＿＿＿＿GB=＿＿＿＿＿＿＿MB。

三、简答题

1．什么是云计算？云计算有哪些特点？

2．简述云计算与网格计算的异同。

3．简述物联网的技术架构，以及各个层次的基本功能。

4．简述云计算和物联网的关系。

5．什么是大数据？大数据有哪些基本特征？

附录 专业学习指南

附录 A 人才培养体系

1. 计算机科学与技术专业课程体系（见附图 A-1）

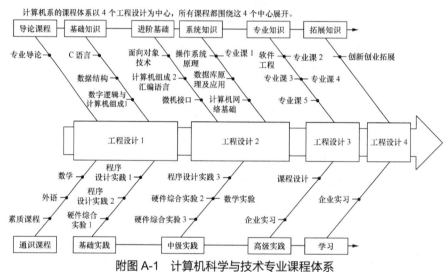

附图 A-1 计算机科学与技术专业课程体系

2. 课程理论学习线路（见附图 A-2）

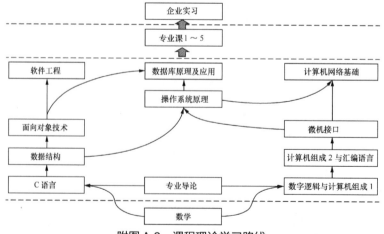

附图 A-2 课程理论学习路线

3. 专业实践能力体系（见附图 A-3）

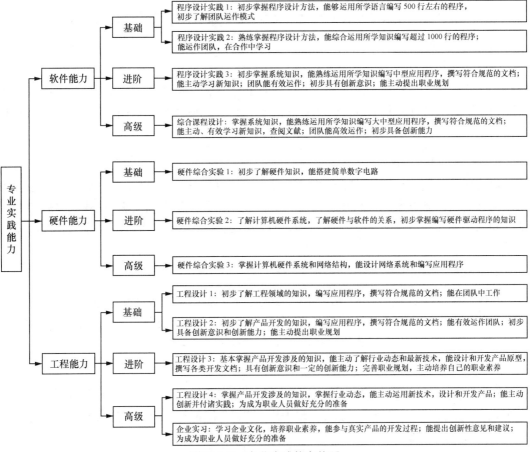

附图 A-3 专业实践能力体系

4. 专业实践课程学习路线（见附图 A-4）

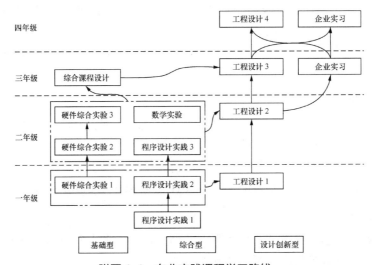

附图 A-4 专业实践课程学习路线

附录 B 计算机科学与技术专业的职位类别

与计算机科学与技术专业有关的职位很多，比较能体现专业特色的职位有以下几种。

1. 软件工程师

软件工程师是 IT 行业中的基础岗位，其职责是：根据开发进度和任务分配，完成相应模块软件的设计、开发、编程任务；进行程序单元、功能的测试，查出软件存在的缺陷并保证软件质量；进行编制项目文档和质量记录的工作；维护软件使之保持良好的可用性和稳定性。

2. 软件测试工程师

软件测试工程师是目前 IT 行业中较为短缺的职位。软件测试工程师的职责就是利用测试工具按照测试方案和流程对产品进行性能测试，甚至根据需要编写不同的测试工具、设计和维护测试系统，对测试方案可能出现的问题进行分析和评估，以确保软件产品的质量。

3. 硬件工程师

硬件工程师是 IT 行业中的基础岗位，其职责是：根据项目进度和任务分配，完成符合功能要求和质量标准的硬件开发产品；依据产品设计说明，设计符合功能要求的逻辑设计、原理图；编写调试程序，测试开发的硬件设备；编制项目文档及质量记录。

4. 硬件测试工程师

硬件测试工程师属于专业人员职位，负责硬件产品的测试工作，保证测试质量及测试工作的顺利进行；编写测试计划、测试用例；提交测试报告，撰写用户说明书；参与硬件测试技术的改进和规范的制定。

5. 技术支持工程师

技术支持工程师是一个跨行业的职位，其职责是：负责软、硬件平台的技术支持；负责用户培训、安装系统，以及与用户的联络；从技术角度辅助销售工作的进行。如果细分的话，可以分成企业对内技术支持和企业对外技术支持，在对外技术支持中又可以分为售前与售后两大类。售前技术支持更倾向于产品销售，而售后技术支持则更偏向于工程师角色。

6. 网络工程师

网络工程师能根据应用部门的要求进行网络系统的规划、设计和网络设备的软硬件安装与调试工作，能进行网络系统的运行、维护和管理，能高效、可靠、安全地管理网络资源；作为网络专业人员对系统开发进行技术支持和指导。一个比较常见的网络工程师资格认证考试是思科网络高级工程师认证（Cisco Certified Network Professional，CCNP）。

7. 系统工程师

系统工程师要具备较高专业技术水平，能够分析商业需求并使用各种系统平台和服务器软件来设计并实现商务解决方案的基础架构。

8. 数据库工程师

数据库工程师的职责是：负责大型数据库的设计开发和管理；负责软件开发与发布实施过程中数据库的安装、配置、监视、维护、性能调节与优化、数据转换、数据初始化与输入/输出、备份与恢复等，保证开发人员顺利开发；保持数据库高效平稳运行以保证开发人员及客户满意。

9. 软件架构师

软件架构师是软件行业中一种新兴职业，工作职责是在一个软件项目开发过程中，将客户的需求转换为规范的开发计划及文本，并制定这个项目的总体架构，指导整个开发团队完成这个计划。软件架构师的主要任务不是从事具体的软件程序的编写，而是从事更高层次的开发构架工作，因此必须对开发技术非常了解，并且需要有良好的组织管理能力。可以这样说，软件架构师工作的好坏决定了整个软件开发项目的成败。

10. 信息安全工程师

信息安全工程师主要负责信息安全解决方案和安全服务的实施，公司计算机系统标准化实行，指定公司内部网络的标准化、计算机软硬件标准化，提供互联网安全方面的咨询、培训服务，协助解决其他项目出现的安全技术难题。

11. 计算机图形图像设计制作师

计算机图形图像（Computer Graphics，CG）设计制作师是一种前卫职业，计算机图形图像制作师的创意在动画制作过程中显得尤为重要，需要深入地了解动画剧本，对动画人物、场景进行艺术性创造，要求必须具备扎实的美术功底和强烈的镜头感。计算机图形图像制作师不仅要有电脑动画制作能力，过硬的美术功底也是必不可少的。

附录 C　计算机行业背景知识

一、信息技术的先驱及开创者

1. 艾伦·麦席森·图灵

艾伦·麦席森·图灵（1912—1954年），计算机科学之父，英国数学家。1951年被选为英国皇家学会院士。1937年，图灵发表了一篇著名的论文《论可计算数及其在判定问题上的应用》，论文中提出了一种十分简单但运算能力极强的理想计算装置，这一装置是一种理想的计算模型。这种计算模型确定了计算机组成部件、工作方式和顺序，被称为图灵机，图灵的这一思想奠定了整个现代计算机的理论基础。

当美国计算机协会（Association for Computing Machinery，ACM）在1966年纪念电子计算机诞生20周年，决定设立计算机界的第一个奖项以表彰在计算机科学技术领域做出杰出贡献的人时，很自然地将其命名为"图灵奖"，以纪念这位计算机科学理论的奠基人。图灵奖被称为"计算机界的诺贝尔奖"。

2. 姚期智

姚期智（1946年—），美籍华人（祖籍湖北孝感），计算机科学家，1946年12月24日出生于上海，1967 年姚期智毕业于台湾大学，1972 年获美国哈佛大学物理学博士学位，1975 年获得美国伊利诺依大学计算机科学博士学位。

姚期智教授获得过美国工业与应用数学学会波利亚奖（Polya Prize），美国计算机协会算法与计算理论分会（ACM SIGACT）高德纳奖（Donald E.Knuth Prize）等荣誉。2000 年，因为姚期智对计算机理论，包括伪随机数生成、密码学与通信复杂度的诸多贡献，美国计算机协会决定把该年度的图灵奖授予他。姚期智教授是目前唯一一位获得此奖项的华人及亚洲人，现任清华大学交叉信息研究院院长、教授。

3. 王选

王选（1937—2006 年），中国科学院院士、中国工程院院士、北京大学教授、九三学社成员。1937 年 2 月生于上海，江苏无锡人，他是计算机汉字激光照排系统的创始人和技术负责人。被人们赞誉为"当代毕昇"和"汉字激光照排之父"。他所领导的科研集体研制出的汉字激光照排系统为新闻出版全过程的计算机化奠定了基础，被誉为"汉字印刷术的第二次发明"。王选院士获得 2001 年度国家最高科学技术奖。

4. 金怡濂

金怡濂（1929 年—）计算机科学家，是我国巨型计算机事业的开拓者之一。1929 年 9 月出生于天津市，原籍江苏常州，1951 年毕业于清华大学电机系。2002 年国家最高科学技术奖获得者。

金怡濂提出了基于通用 CPU 芯片的大规模并行计算机设计思想、实现方案和多种技术相结合的混合网络结构，解决了 240 个处理机互联的难题，从而研制出运算速度达到当时国内领先水平的并行计算机系统。金怡濂主持研制国家重点工程——"神威"巨型计算机系统，担任总设计师。

二、著名计算机学术团体与公司

1. IEEE-CS

美国电气电子工程学会计算机学会（Institute of Electrical and Electronic Engineers Computer Society，IEEE-CS），是目前世界上最大的计算机学术团体。

IEEE-CS 的宗旨是推进计算机和数据处理技术的理论和实践的发展，促进会员之间的信息交流与合作。IEEE-CS 设有若干专业技术委员会、标准化委员会，以及教育和专业技能开发委员会。专业技术委员会组织专业学术会议、研讨会，覆盖计算机科学与技术各领域并随计算机科学与技术的发展而变化。标准化委员会负责制定技术标准；教育和专业技能开发委员会负责制定计算机科学与技术专业的教学大纲、课程设置方案，以及继续教育发展并向各高等学校推荐。

2. ACM

ACM，创立于 1947 年，是世界上最早和最大的计算机教育科研协会，现已成为计算机界最有影响力的两大国际性学术组织之一（另一个为 IEEE-CS）。ACM 下面建立了几十个专业委员会（正式名称是 SIG，即 Special Interest Group），几乎每个 SIG 都有自己的杂志。据不完全统计，由 ACM 出版社出版的定期、不定期刊物有 40 多种，几乎覆盖计算机科学技术的所有领域。

3. CCF

中国计算机学会（China Computer Federation，CCF）成立于 1962 年，是全国一级学会。CCF 具有广泛的业务范围，包括学术交流、技术咨询、教学评估、刊物出版、计算机名词标准化等。中国计算机学会下设 14 个工作委员会、39 个专业委员会，这些委员会涵盖计算机研究及应用的各个领域。该学会有《计算机学报》《计算机研究与发展》《软件学报》《计算机辅助设计与图形学学报》等近 20 种刊物。CCF 网址为 http://www.ccf.org.cn。

4. IBM

IBM 是由 1911 年成立的计算制表记录公司（Computer-Tabulating-Recording Company，CTR 公司）发展而来的。1981 年 8 月，IBM 发布第一台 PC，由于 IBM-PC，IBM 商标开始进入家庭、学校、中小企业。1985 年，IBM 投资的科研项目催生了 4 位诺贝尔奖获得者。1997 年 5 月 11 日，IBM 的"深蓝"（Deep Blue）计算机击败世界国际象棋大师卡斯帕罗夫。

5. Intel

Intel 公司成立于 1968 年，是世界上最大的 CPU 及相关芯片制造商。世界上 80% 左右的计算机都使用 Intel 公司生产的 CPU。1971 年，英特尔推出了全球第一个微处理器 4004，这一举措不仅改变了公司的未来，而且对整个工业产生了深远的影响。

1993 年，英特尔推出了高性能微处理器 Pentium，中文名为"奔腾"，因为用"80586"作为下一代芯片编号，不能作为注册商标，启用拉丁文 Pentium（有"五"之义）表示第五代产品。

6. Microsoft

微软（Microsoft，缩写为 MS）是全球最著名的软件商之一。据统计，全球 90% 以上的微机都装有微软操作系统。微软公司是由比尔·盖茨（Bill Gates）和保罗·艾伦（Paul Allen，1983 年离开微软）于 1975 年创立的。微软生产的软件产品除操作系统外，还有办公软件 Microsoft Office、网页浏览器 Edge 和中小数据库 SQL Server 等。

7. 联想集团

联想集团（英文名为 Legend，传奇之意，现改名为 Lenovo）成立于 1984 年，是国内最大的计算机制造商，联想品牌 PC 多年来在中国及亚太市场的销量一直保持首位。

联想集团 1990 年在国内推出联想系列微机，在市场上获得成功。2004 年 12 月，联想集团以总价 12.5 亿美元收购 IBM 的全球 PC 业务，其中包括台式计算机和笔记本电脑业务。

三、著名计算机奖项

1. 图灵奖

图灵奖是计算机科学界的最高奖项，有"计算机界的诺贝尔奖"之称。图灵奖是由 ACM 于 1966 年设立的奖项，初期奖金 20 万美元，专门用于奖励那些在计算机科学研究中做出创造性贡献、推动计算机科学技术发展的杰出科学家。从实际执行过程来看，图灵奖偏重于计算机科学理论、算法、语言和软件开发方面。图灵奖对获奖条件的要求极高，评定审查极为严格，一般每年只奖励一名计算机专家。

2. 计算机先驱奖

IEEE-CS 的计算机先驱奖（Computer Pioneer Award）设立于 1980 年，用以奖励那些理应赢得人们尊敬的学者和工程师。计算机先驱奖同样有严格的评审条件和程序，但与其他奖项不同的是，这个奖项规定获奖者的成果必须是在 15 年以前完成的，以确保成果经得起时间的考验。

在 1980 年一次向 32 位科学家授予计算机先驱奖以后，1981 年的计算机先驱奖只授予一位科学家，那就是美籍华裔科学家朱传榘（Jeffrey Chuan Chu）。朱传榘于 1919 年出生于天津，后进入美国宾夕法尼亚大学，他是世界上第一台通用电子计算机 ENIAC 研制组的成员，是 ENIAC 总设计师莫奇利（Mauchly）和约翰·埃克特（John Presper Eckert Jr.）的得力助手。

附录 D　常见计算机英文缩略语对照表

英文缩略语	英文含义	中文含义
AB	Address Bus	地址总线
AI	Artificial Intelligence	人工智能
AGP	Accelerated Graphics Ports	加速图像接口
ALU	Arithmetic Logic Unit	算数逻辑部件
ASCII	American Standard Code for Information Interchange	美国信息交换标准代码
ATM	Arithmetic Teller Machine	自动柜员机
ATM	Asynchronous Transfer Mode	异步传输方式
Bit	Binary Digit	位
CB	Control Bus	控制总线
CD-ROM	Compact Disc-Read Only Memory	只读光碟
CD-R	Compact Disc-Recordable	可刻录光盘
CD-RW	Compact Disc-Rewritable	可重写光盘
CISC	Complex Instruction Set Computer	复杂指令集计算机
CPU	Central Processing Unit	中央处理器
CRT	Cathode Ray Tube	阴极射线管
DB	Data Bus	数据总线

续表

英文缩略语	英文含义	中文含义
DBMS	Database Management System	数据库管理系统
DNS	Domain Name System	域名系统
DOS	Disk Operating System	磁盘操作系统
DVD	Digital Versatile Disc	数字通用光碟
EBCDIC	Extended Binary-Coded Decimal Interchange Code	广义二进制编码的十进制交换码
EEPROM	Electronically Erasable Programmable Read-Only Memory	电擦除可编程只读存储器
EPROM	Erasable Programmable Read-Only Memory	可擦可编程只读存储器
FIFO	First In First Out	先进先出
FILO	First In Last Out	先进后出
FTP	File Transfer Protocol	文件传送协议
GIF	Graphics Interchange Format	可交换的图像文件格式
GUI	Graphical User Interface	图形用户界面
HTML	Hyper Text Markup Language	超文本标记语言
IP	Internet Protocol	互联网协议
ISO	International Organization for Standardization	国际标准化组织
ISDN	Integrated Services Digital Network	综合业务数字网
IT	Information Technology	信息技术
LAN	Local Area Network	局域网
LCD	Liquid Crystal Display	液晶显示
MAN	Metropolitan Area Networks	城域网
MIS	Management Information System	管理信息系统
OLE	Object Linking and Embedding	对象链接与嵌入
OS	Operating System	操作系统
PC	Personal Computer	个人计算机
PROM	Programmable Read-Only Memory	可编程只读存储器
RAM	Random Access Memory	随机存储器
ROM	Read-Only Memory	只读存储器
RISC	Reduced Instruction Set Computer	精简指令集计算机

英文缩略语	英文含义	中文含义
SQL	Structured Query Language	结构化查询语言
TCP	Transmission Control Protocol	传输控制协议
TIFF	Tag Image File Format	标签图像文字格式
TGA	Tagged Graphics	光栅图像文件格式
URL	Universal Resource Locator	统一资源定位符
USB	Universal Serial Bus	通用串行总线
WAN	Wide Area Network	广域网
WWW	World Wide Web	万维网